U0225984

"十三五"国家重点出版物出版规划项目

国家出版基金项目
NATIONAL PUBLICATION FOUNDATION

中国土系志

Soil Series of China

（中西部卷）

总主编 张甘霖

山 西 卷
Shanxi

张凤荣 靳东升 李 超 董云中 著

科学出版社
龙门书局
北京

内 容 简 介

《中国土系志·山西卷》论述了山西省的自然地理条件、社会经济活动等各种成土因素对土壤形成的影响、主要成土过程及产生的诊断层、诊断特性和主要土壤类型，详细描述了山西省 101 个土系的分布与环境条件、土系特征、代表性单个土体的剖面形态特性和理化性质、与其他土系的区别、土系的合理利用等。本书以最新的定量化的数据全面系统地展现了山西省的土壤特性及其发生特征，对调查土壤进行了土纲—亚纲—土类—亚类—土族—土系自上而下的系统分类，层级归属及与分类学上相近的土系的区分，为土地、农业、环境、生态等专业应用提供了科学翔实的数据资料。

本书可供从事土壤学和与土壤学相关的学科，包括农业、环境、生态和自然地理等学科的科学研究和教学工作者，以及从事土壤与环境调查的管理部门和科研机构人员参考。

审图号：GS（2020）3822 号

图书在版编目（CIP）数据

中国土系志. 中西部卷. 山西卷 / 张甘霖主编；张凤荣等著. —北京：龙门书局，2020.12

"十三五"国家重点出版物出版规划项目 国家出版基金项目

ISBN 978-7-5088-5700-8

Ⅰ. ①中… Ⅱ. ①张… ②张… Ⅲ. ①土壤地理-中国②土壤地理-山西 Ⅳ. ①S159.2

中国版本图书馆 CIP 数据核字（2019）第 291501 号

责任编辑：胡 凯 周 丹 曾佳佳/责任校对：杨聪敏
责任印制：师艳茹/封面设计：许 瑞

科 学 出 版 社
龙 门 书 局 出版
北京东黄城根北街 16 号
邮政编码：100717
http://www.sciencep.com
中国科学院印刷厂 印刷
科学出版社发行 各地新华书店经销
*
2020 年 12 月第 一 版 开本：787×1092 1/16
2020 年 12 月第一次印刷 印张：20 1/2
字数：486 000

定价：268.00 元
（如有印装质量问题，我社负责调换）

《中国土系志》编委会顾问

孙鸿烈　赵其国　龚子同　黄鼎成　王人潮
张玉龙　黄鸿翔　李天杰　田均良　潘根兴
黄铁青　杨林章　张维理　郧文聚

土系审定小组

组　长　张甘霖

成　员（以姓氏笔画为序）

王天巍　王秋兵　龙怀玉　卢　瑛　卢升高
刘梦云　李德成　杨金玲　吴克宁　辛　刚
张凤荣　张杨珠　赵玉国　袁大刚　黄　标
常庆瑞　麻万诸　章明奎　隋跃宇　慈　恩
蔡崇法　漆智平　翟瑞常　潘剑君

《中国土系志》编委会

主　编　张甘霖

副主编　王秋兵　李德成　张凤荣　吴克宁　章明奎

编　委　（以姓氏笔画为序）

王天巍	王秋兵	王登峰	孔祥斌	龙怀玉
卢　瑛	卢升高	白军平	刘梦云	刘黎明
李　玲	李德成	杨金玲	吴克宁	辛　刚
宋付朋	宋效东	张凤荣	张甘霖	张杨珠
张海涛	陈　杰	陈印军	武红旗	周　清
赵　霞	赵玉国	胡雪峰	袁大刚	黄　标
常庆瑞	麻万诸	章明奎	隋跃宇	董云中
韩春兰	慈　恩	蔡崇法	漆智平	翟瑞常
潘剑君				

《中国土系志·山西卷》作者名单

主要作者　张凤荣　靳东升　李　超　董云中

参编人员　（以姓氏笔画为序）

　　　　　　王秀丽　关小克　张　蕾　张变华

　　　　　　张滨林　周　建

丛 书 序 一

　　土壤分类作为认识和管理土壤资源不可或缺的工具,是土壤学最为经典的学科分支。现代土壤学诞生后,近 150 年来不断发展,日渐加深人们对土壤的系统认识。土壤分类的发展一方面促进了土壤学整体进步,同时也为相邻学科提供了理解土壤和认知土壤过程的重要载体。土壤分类水平的提高也极大地提高了土壤资源管理的水平,为土地利用和生态环境建设提供了重要的科学支撑。在土壤分类体系中,高级单元主要体现土壤的发生过程和地理分布规律,为宏观布局提供科学依据;基层单元主要反映区域特征、层次组合以及物理、化学性状,是区域规划和农业技术推广的基础。

　　我国幅员辽阔,自然地理条件迥异,人类活动历史悠久,造就了我国丰富多样的土壤资源。自现代土壤学在中国发端以来,土壤学工作者对我国土壤的形成过程、类型、分布规律开展了卓有成效的研究。就土壤基层分类而言,自 20 世纪 30 年代开始,早期的土壤分类引进美国 Marbut 体系,区分了我国亚热带低山丘陵区的土壤类型及其续分单元,同时定名了一批土系,如孝陵卫系、萝岗系、徐闻系等,对后来的土壤分类研究产生了深远的影响。

　　与此同时,美国土壤系统分类(soil taxonomy)也在建立过程中,当时 Marbut 分类体系中的土系(soil series)没有严格的边界,一个土系的属性空间往往跨越不同的土纲。典型的例子是迈阿密(Miami)系,在系统分类建立后按照属性边界被拆分成为不同土纲的多个土系。我国早期建立的土系也同样具有属性空间变异较大的情形。

　　20 世纪 50 年代,随着全面学习苏联土壤分类理论,以地带性为基础的发生学土壤分类迅速成为我国土壤分类的主体。1978 年,中国土壤学会召开土壤分类会议,制定了依据土壤地理发生的《中国土壤分类暂行草案》。该分类方案成为随后开展的全国第二次土壤普查中使用的主要依据。通过这次普查,于 20 世纪 90 年代出版了《中国土种志》,其中包含近 3000 个典型土种。这些土种成为各行业使用的重要土壤数据来源。限于当时的认识和技术水平,《中国土种志》所记录的典型土种依然存在"同名异土"和"同土异名"的问题,代表性的土壤剖面没有具体的经纬度位置,也未提供剖面照片,无法了解土种的直观形态特征。

　　随着"中国土壤系统分类"的建立和发展,在建立了从土纲到亚类的高级单元之后,建立以土系为核心的土壤基层分类体系是"中国土壤系统分类"发展的必然方向。建立我国的典型土系,不但可以从真正意义上使系统完整,全面体现土壤类型的多样性和丰富性,而且可以为土壤利用和管理提供最直接和完整的数据支持。

在科技部国家科技基础性工作专项项目"我国土系调查与《中国土系志》编制"的支持下，以中国科学院南京土壤研究所张甘霖研究员为首，联合全国二十多所大学和相关科研机构的一批中青年土壤科学工作者，经过数年的努力，首次提出了中国土壤系统分类框架内较为完整的土族和土系划分原则与标准，并应用于土族和土系的建立。通过艰苦的野外工作，先后完成了我国东部地区和中西部地区的主要土系调查和鉴别工作。在比土、评土的基础上，总结和建立了具有区域代表性的土系，并编纂了以各省市为分册的《中国土系志》，这是继"中国土壤系统分类"之后我国土壤分类领域的又一重要成果。

作为一个长期从事土壤地理学研究的科技工作者，我见证了该项工作取得的进展和一批中青年土壤科学工作者的成长，深感完善这项成果对中国土壤系统分类具有重要的意义。同时，这支中青年土壤分类工作者队伍的成长也将为未来该领域的可持续发展奠定基础。

对这一基础性工作的进展和前景我深感欣慰。是为序。

中国科学院院士

2017 年 2 月于北京

丛 书 序 二

土壤分类和分布研究既是土壤学也是自然地理学中的基础工作。认识和区分土壤类型是理解土壤多样性和开展土壤制图的基础，土壤分类的建立也是评估土壤功能，促进土壤技术转移和实现土壤资源可持续管理的工具。对土壤类型及其分布的勾画是土地资源评价、自然资源区划的重要依据，同时也是诸多地表过程研究所不可或缺的数据来源，因此，土壤分类研究具有显著的基础性，是地球表层系统研究的重要组成部分。

我国土壤资源调查和土壤分类工作经历了几个重要的发展阶段。20 世纪 30 年代至70 年代，老一辈土壤学家在路线调查和区域综合考察的基础上，基本明确了我国土壤的类型特征和宏观分布格局；80 年代开始的全国土壤普查进一步摸清了我国的土壤资源状况，获得了大量的基础数据。当时由于历史条件的限制，我国土壤分类基本沿用了苏联的地理发生分类体系，强调生物气候带的影响，而对母质和时间因素重视不够。此后虽有局部的调查考察，但都没有形成系统的全国性数据集。

以诊断层和诊断特性为依据的定量分类是当今国际土壤分类的主流和趋势。自 20世纪 80 年代开始的"中国土壤系统分类"研究历经 20 多年的努力构建了具有国际先进水平的分类体系，成果获得了国家自然科学奖二等奖。"中国土壤系统分类"完成了亚类以上的高级单元，但对基层分类级别——土族和土系——仅仅开展了一些样区尺度的探索性研究。因此，无论是从土壤系统分类的完整性，还是土壤类型代表性单个土体的数据积累来看，仅有高级单元与实际的需求还有很大距离，这也说明进行土系调查的必要性和紧迫性。

在科技部国家科技基础性工作专项的支持下，自 2008 年开始，中国科学院南京土壤研究所联合国内 20 多所大学和科研机构，在张甘霖研究员的带领下，先后承担了"我国土系调查与《中国土系志》编制"（项目编号 2008FY110600）和"我国土系调查与《中国土系志（中西部卷）》编制"（项目编号 2014FY110200）两期研究项目。自项目开展以来，近百名项目参加人员，包括数以百计的研究生，以省区为单位，依据统一的布点原则和野外调查规范，开展了全面的典型土系调查和鉴定。经过 10 多年的努力，参加人员足迹遍布全国各地，克服了种种困难，不畏艰辛，调查了近 7000 个典型土壤单个土体，结合历史土壤数据，建立了近 5000 个我国典型土系；并以省区为单位，完成了我国第一部包含 30 分册、基于定量标准和统一分类原则的土系志，朝着系统建立我国基于定量标准的基层分类体系迈进了重要的一步。这些基础性的数据，无疑是我国自第二次土壤普查以来重要的土壤信息来源，相关成果可望为各行业、部门和相关研究者，特别是土壤质量提升、土地资源评价、水文水资源模拟、生态系统服务评估等工作提供最新的、系统的数据支撑。

我欣喜于并祝贺《中国土系志》的出版，相信其对我国土壤分类研究的深入开展，对促进土壤分类在地球表层系统科学研究中的应用有重要的意义。欣然为序。

中国科学院院士

2017 年 3 月于北京

丛 书 前 言

　　土壤分类的实质和理论基础，是区分地球表面三维土壤覆被这一连续体发生重要变化的边界，并试图将这种变化与土壤的功能相联系。区分土壤属性空间或地理空间变化的理论和实践过程在不断进步，这种演变构成土壤分类学的历史沿革。无论是古代朴素分类体系所使用的土壤颜色或土壤质地，还是现代分类采用的多种物理、化学属性乃至光谱（颜色）和数字特征，都携带或者代表了土壤的某种潜在功能信息。土壤分类正是基于这种属性与功能的相互关系，构建特定的分类体系，为使用者提供土壤功能指标，这些功能可以是农林生产能力，也可以是固存土壤有机碳或者无机碳的潜力或者抵御侵蚀的能力，乃至是否适合作为建筑材料。分类体系也构筑了关于土壤的系统知识，在一定程度上厘清了土壤之间在属性和空间上的距离关系，成为传播土壤科学知识的重要工具。

　　毫无疑问，对土壤变化区分的精细程度决定了对土壤功能理解和合理利用的水平，所采用的属性指标也决定了其与功能的关联程度。在大陆或国家尺度上，土纲或亚纲级别的分布已经可以比较准确地表达大尺度的土壤空间变化规律。在农场或景观水平，土壤的变化通常从诊断层（发生层）的差异变为颗粒组成或层次厚度等属性的差异，表达这种差异正是土族或土系确立的前提。因此，建立一套与土壤综合功能密切相关的土壤基层单元分类标准，并据此构建亚类以下的土壤分类体系（土族和土系），是对土壤变异精细认识的体现。

　　基于现代分类体系的土系鉴定工作在我国基本处于空白状态。我国早期（1949 年以前）所建立的土系沿用了美国土壤系统分类建立之前的 Marbut 分类原则，基本上都是区域的典型土壤类型，大致可以相当于现代系统分类中的亚类水平，涵盖范围较大。"中国土壤系统分类"研究在完成高级单元之后尝试开展了土系研究，进行了一些局部的探索，建立了一些典型土系，并以海南等地区为例建立了省级尺度的土系概要，但全国范围内的土系鉴定一直未能实现。缺乏土族和土系的分类体系是不完整的，也在一定程度上制约了分类在生产实际中特别是区域土壤资源评价和利用中的应用，因此，建立"中国土壤系统分类"体系下的土族和土系十分必要和紧迫。

　　所幸，这项工作得到了国家科技基础性工作专项的支持。自 2008 年开始，我们联合国内 20 多所大学和科研机构，先后开展了"我国土系调查与《中国土系志》编制"（项目编号 2008FY110600）和"我国土系调查与《中国土系志（中西部卷）》编制"（项目编号 2014FY110200）两个项目的连续研究，朝着系统建立我国基于定量标准的基层分类体

　　　　　　中国土系志·山西卷

系迈进了重要的一步。经过 10 多年的努力，项目调查了近 7000 个典型土壤单个土体，结合历史土壤数据，建立了近 5000 个我国典型土系，并以省区为单位，完成了我国第一部基于定量标准和统一分类原则的全国土系志。这些基础性的数据，将成为自第二次全国土壤普查以来重要的土壤信息来源，可望为农业、自然资源管理、生态环境建设等部门和相关研究者提供最新的、系统的数据支撑。

　　项目在执行过程中，得到了两届项目专家小组和项目主管部门、依托单位的长期指导和支持。孙鸿烈院士、赵其国院士、龚子同研究员和其他专家为项目的顺利开展提供了诸多重要的指导。中国科学院前沿科学与教育局、重大科技任务局、科技促进发展局、中国科学院南京土壤研究所以及土壤与农业可持续发展国家重点实验室都持续给予关心和帮助。

　　值得指出的是，作为研究项目，在有限的资助下只能着眼主要的和典型的土系，难以开展全覆盖式的调查，不可能穷尽亚类单元以下所有的土族和土系，也无法绘制土系分布图。但是，我们有理由相信，随着研究和调查工作的开展，更多的土系会被鉴定，而基于土系的应用将展现巨大的潜力。

　　由于有关土系的系统工作在国内尚属首次，在国际上可资借鉴的理论和方法也十分有限，因此我们在对于土系划分相关理论的理解和土系划分标准的建立上难免会存在诸多不足；而且，由于本次土系调查工作在人员和经费方面的局限性以及项目执行期限的限制，书中疏误恐在所难免，希望得到各方的批评与指正！

张甘霖

2017 年 4 月于南京

前　言

　　《中国土壤系统分类：理论·方法·实践》总结了 20 世纪之前国内外土壤分类的研究成果，基于当时中国的土壤调查资料和数据，对中国土壤进行了土纲、亚纲、土类和亚类的分类。但是并没有全面提出土族和土系的划分标准。因此，2008 年起，科技部设置"我国土系调查与《中国土系志》编制"（2008FY110600）国家科技基础性工作专项，支持在全国开展基于中国土壤系统分类的土族和土系的系统性调查研究。首期支持完成了我国黑、吉、辽、京、津、冀、鲁、豫、鄂、皖、苏、沪、浙、闽、粤、琼 16 个省（直辖市）的土族和土系的系统性调查研究；第二期（项目编号 2014FY110200）自 2014 年开始，支持完成另外 15 个省（区、市）（未包括港澳台数据）的土族和土系的系统性调查研究。中国农业大学首期承担了北京和天津两市的土系调查和土系志编制任务，第二期与山西省农业科学院农业环境与资源研究所合作承担了山西省的土系调查和土系志编制任务。本书是 2014～2019 年五年期间关于山西省土系调查和土壤发生分类研究的成果。

　　《中国土系志·山西卷》分上、下两篇。上篇是总论部分，论述了山西省的自然地理条件、社会经济活动等各种成土因素对土壤形成的影响、主要成土过程及产生的诊断层、诊断特性和主要土壤类型；下篇是全书的重点，详细描述了 101 个土系所处的地理位置、土壤环境条件、土壤剖面形态特征、基本理化性质、土系的适宜性用途，并与分类学上相近的土系进行了比较分析。

　　山西省被大面积黄土覆盖，使得成土母质相对单一，从土壤剖面构型上看，大多数土壤相似。但纬度跨度较大，特别是海拔高差大，造成土壤温度状况多样，包括寒冻、寒性、冷性、温性和热性 5 个土壤温度状况，这就导致虽然土壤剖面构型相似，但因为土壤温度状况不同，使得土壤在土族一级分开了。当然，地形造成的干润（大多数地区）、湿润（中山区）和潮湿（低洼地）三种土壤水分状况的不同，使得土壤在亚纲一级就分开了。造成山西省土壤分异的另一个因素是土壤侵蚀。土壤侵蚀使得地质历史时期形成的一些古土壤，如保德红土、离石黄土出露地表；出露地表的保德红土、离石黄土等古土壤就使得土壤具有了黏化层，本书中那些淋溶土的主要成因便在于此。当然，严重的土壤侵蚀造成山坡土壤土层浅薄，土壤矿物质主要由物理风化形成的岩石碎屑组成，基岩在松散的土壤物质之下距地表不到 50cm 处出现，形成 A-C 型的正常新成土；而在河床、漫滩等低洼部位，经常接受沉积物，土壤得不到稳定的淋溶淀积过程，形成冲积新成土（河漫滩）或正常新成土（河床相砾质的）。同样地，即使出露的古土壤、山坡侵蚀的正常新成土、河漫滩上的冲积新成土在剖面构型上相似，如果所在地区的土壤温度状况不同，也先在土族一级被分开。总而言之，系统分类就是将不同的诊断层或诊断特性作为分类标准放在不同的分类阶层上，对土壤自上而下地划分，上一级分类标准必然累加在下一级土壤类型上，到土系这一级累加了之上所有土纲、亚纲、土类、亚类和土族的分类标准，使得即使剖面构型相似的土壤也被分类为不同的土系。

　　土壤分类是土壤科学发展水平的一面镜子。随着土壤数据资料的不断累积和人们对土壤认知的深化，土壤分类也在不断革新，这是历史必然。虽然，在 20 世纪开展的两次全国性土壤普查工作中，山西省积累了不少土壤数据资料；但是，受土壤分类研究的时代水平局限，当时所用的分类系统的各分类单元的界限模糊，特别是没有检索系统，影响了土壤分类和制图的准确性和精度；也由于剖面描述和分析标准缺乏科学规范，所形成的土壤剖面描述和分析数据在准确性和精度上也很不够。在本次土系调查过程中，我们严格按照《野外土壤描述与采样手册》，规范地记载了土壤剖面的环境条件、土壤剖面形态特征，采集了土壤分析样品；并对所采集的土壤样品依照《土壤调查实验室分析方法》，在标准实验室进行了土壤的理化性质的分析，得出的这 101 个土系的数据资料科学规范。因此，《中国土系志·山西卷》以最新的定量化的数据全面系统地展现了山西省的土壤特性及其发生特征，以《中国土壤系统分类检索（第三版）》和《中国土壤系统分类土族和土系划分标准》对调查土壤进行了土纲—亚纲—土类—亚类—土族—土系自上而下的系统分类，层级归属，并分析比较了与分类学上相近的土系的异同点，使得建立的各土系内涵边界清楚。本书可以为土地、农业、环境、生态等专业应用提供科学翔实的数据资料。

　　从野外调查到实验室分析，再到野外和室内数据的整理和分析，最后到土系确立，整个过程凝聚着课题组成员的辛勤劳动。在专著出版之际，我要对课题组全体成员说，你们辛苦了！向你们的科学奉献精神表示崇高的敬意。也借此机会感谢在《中国土系志·山西卷》编撰过程中给予指导和建议的专家们。

　　限于作者水平，疏漏之处在所难免，敬请读者批评指正。

张凤荣

2019 年 8 月

目　　录

上 篇　总　　论

上篇 总 论

第1章 区域概况与成土因素

土壤是历史自然体,它的形成和演变与所处的自然地理环境条件密切相关,当然,也受人类活动的影响。水热给土壤形成带来物质和能量;地形引起物质与能量的再分配;母质则是土壤形成的物质基础;生物通过生命运动,将无机物变为有机物而保留在土壤中,使土壤中有了动物和微生物;人类既可定向熟化土壤,也可破坏土壤。所以,气候、地形、母质、生物和人类生产活动等因素都直接影响土壤的形成过程、形态、特性和发展方向。因此,土壤类型的划分,必须先分析土壤所在区域的自然条件与人类活动等各种成土因素,弄清这些成土因素对土壤发生和土壤性质的影响。

1.1 区 域 概 况

1.1.1 地理位置

山西省是中国的一个内陆省份(图 1-1),位于黄河中游东岸,华北平原西面的黄土高原上(太行山与黄河北干流峡谷之间),即位于我国地貌的第二级阶梯上。东以太行山为界,与河北省为邻;西、南隔黄河与陕西省、河南省相望;北以外长城为界,与内蒙古自治区毗连。

山西省的范围南起 34°34′N,北到 40°44′N,西起 110°14′E,东至 114°33′E。东西跨度为 4°19′,南北跨度为 6°10′。全省地域轮廓呈东北斜向西南的平行四边形,南北长约 682 km,东西宽约 385 km。山西省的最南端在芮城县新南张村南;最北端在天镇县平远头村北;最东端在灵丘县南坑村东;最西端在永济市长旺村西。根据山西省行政区划,2015 年初,全省辖 11 个设区市,25 个市辖区、11 个县级市、81 个县(合计 117 个县级行政单位),202 个街道、564 个镇、632 个乡(合计 1398 个乡级行政单位)。

1.1.2 土地利用

第二次全国土地调查数据显示,山西省土地总面积 156 697.80 km^2。其中,八大地类中,林地面积最大,为 48 724.59 km^2,占全省土地总面积的 31.10%;其次是草地,面积为 41 170.57 km^2,占全省土地总面积的 26.27%;再次是耕地,面积为 40 684.32 km^2,占总面积的 25.96%;位居第四的是城镇村及工矿用地,面积 8354.69 km^2,占总面积的 5.33%;位居第五的是其他土地,面积 8172.50 km^2,占总面积的 5.22%;位居第六的是园地,面积 4153.24 km^2,占总面积的 2.65%;位居第七的是水域及水利设施用地,面积 2943.08 km^2,占总面积的 1.88%;位居第八的是交通运输用地,面积 2494.81 km^2,占总面积的 1.59%(图 1-2)。由此可见,山西省土地主要由林地、草地和耕地组成,这三大地类面积之和占全省土地总面积的 83.33%,其余五大地类总面积仅占全省土地面积的 16.67%。

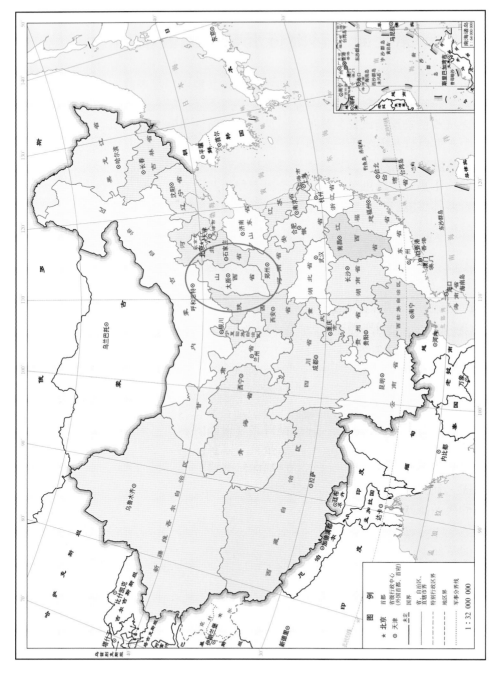

图 1-1 山西省在中国的位置

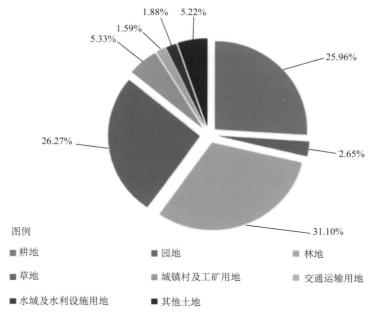

图例

■ 耕地　　　　　　　　　■ 园地　　　　　　　　　■ 林地

■ 草地　　　　　　　　　■ 城镇村及工矿用地　　　■ 交通运输用地

■ 水域及水利设施用地　　■ 其他土地

图 1-2　山西省土地利用类型比例饼图

1.1.3　社会经济基本情况

　　山西省是中华民族发祥地之一，有文字记载其历史达三千年，被誉为"华夏文明摇篮"，素有"中国古代文化博物馆"之称。在中国文博界，有"地下文物看陕西，地上文物看山西"之说，省内保存完好的宋、金以前的地面古建筑物数量占同期全国的 70%以上。古人类文化遗址（如西侯度遗址）、帝都古城（如北魏帝都）、宝刹禅院（如悬空寺）、石窟碑碣（如云冈石窟）、雕塑壁画（如永乐宫元代壁画）、古塔古墓（如佛宫寺释迦塔、晋侯墓地）、佛教圣地（如五台山）、险堡关隘（如娘子关、雁门关）及革命纪念馆（如平型关战役旧址、武乡县八路军总部旧址）、史迹（如平遥古城、皇城相府、关帝庙）等，从北到南，珠串全省，构成了山西省古今兼备的人文景观。在 2018 年山西省各大旅游景区的网络关注度 TOP5 排名中，五台山位居第一。

　　据 2018 年人口抽样调查，年末山西省常住人口 3718.34 万人，其中，城镇常住人口 2171.88 万人，占总人口比重（常住人口城镇化率）为 58.41%。户籍人口城镇化率为 40.85%。2018 年山西省出生人口 35.73 万人，人口出生率 9.63‰；死亡人口 19.74 万人，死亡率 5.32‰；自然增长率 4.31‰。山西省是少数民族散居省份，共有 53 个少数民族，少数民族人口占全省总人口的 0.27%。少数民族人口在万人以上的有回族、满族、蒙古族。2018 年山西省城镇新增就业 55.7 万人，转移农村劳动力 40.9 万人，年末城镇登记失业率 3.26%。

　　山西省位于中国东部沿海经济发达地区和西北内陆经济发展中地区之间，所谓经济上的"中部地区"。2018 年，实现地区生产总值 16 818.1 亿元，按不变价计算，比上年增长 6.7%。其中，第一产业增加值 740.6 亿元，增长 2.1%，占生产总值的比重 4.4%；

第二产业增加值 7089.2 亿元，增长 4.5%，占生产总值的比重 42.2%；第三产业增加值 8988.3 亿元，增长 8.8%，占生产总值的比重 53.4%。

2018 年，山西省出口煤炭 0.9×10^4t，下降 70.2%；出口焦炭 10×10^4t，下降 51.2%；出口镁及其制品 4.1×10^4t，下降 4.5%；出口钢材 129.8×10^4t，下降 2.6%，其中不锈钢 86.5×10^4t，下降 9.9%。出口机电产品 584.8 亿元，增长 24.8%；出口高新技术产品 499.3 亿元，增长 24.6%。

2018 年，山西省农作物种植面积 3555.2×10^3hm²，其中，粮食种植面积 3137.1×10^3hm²，油料种植面积 111.9×10^3hm²，中草药材种植面积 74.7×10^3hm²，蔬菜种植面积 176.9×10^3hm²。在粮食种植面积中，玉米种植面积 1747.7×10^3hm²，小麦种植面积 560.3×10^3hm²。2018 年全省粮食产量 1380.4×10^4t。

2018 年，山西省城镇居民人均可支配收入 31 035 元，增长 6.5%，城镇居民人均消费支出 19 790 元，增长 7.5%；农村居民人均可支配收入 11 750 元，增长 8.9%，农村居民人均消费支出 9172 元，增长 8.9%。

1.2 成 土 因 素

气候、生物、母质、地形、时间及人类活动等因素都对土壤的发生产生影响。这些因素的不同组合，对土壤的综合作用不同，则产生各种各样的土壤类型。每种土壤都是在气候、地形、母质、植被及人类活动等成土因素的综合作用下形成的。气候从宏观地理尺度，即水热条件上决定着土壤类型的不同。地形可引起地表物质与能量的再分配，如土壤侵蚀和堆积，也影响着区域气候、植被和土壤的垂直分异规律及水文规律。山西省整个地形地貌格局可分为北部缓坡丘陵高寒冷凉风沙区、西部吕梁山残塬丘陵区、中部断陷盆地区、东南部太行山地区，是区域土壤类型变化的主要影响因素。母质因素则支配了土壤的基本矿物质组成的差异，也因风化难易不同影响着土壤发育及其特性。生物，主要是植被类型影响着土壤形成过程的生物小循环，对土壤有机质含量及其在土壤剖面中的分布起着重要影响。水文则影响着土壤的水分运行及其在土壤中的状态。

1.2.1 气候

山西省地处中纬度地带的内陆，在气候类型上属于温带大陆性季风气候。由于太阳辐射、季风环流和地理因素影响，山西省气候具有四季分明、雨热同期、光照充足、南北气候差异显著、冬夏气温悬殊、昼夜温差大的特点。山西省境内年平均气温介于 4.2～14.2℃，总体分布趋势为由北向南升高，由盆地向高山降低；山西省境内年降水量介于 358～621 mm，季节分布不均，夏季 6～8 月降水相对集中，约占全年降水量的 60%，且省内降水分布受地形影响较大。气候总的特征是：冬季漫长，寒冷干燥；夏季南长北短，雨水集中；春季气候多变，风沙较多；秋季短暂，天气温和。

从气温来看，山西省由于海拔较高，比同纬度华北平原低 2～4℃，气温分布规律是南暖北凉；又受到复杂地形的影响，由盆地向高山降低，形成了许多区域性的小气候，使气温的分布复杂多样，垂直变化也很明显。总的分布趋势是：晋西北地区年均温 4～

6℃，中高山在 4℃以下；忻定盆地、晋中盆地及晋东南大部分地区为 8～10℃；临汾、运城盆地及中条山以南黄河谷地，为山西省热量资源最丰富的地区。山西省气温年较差一般变化在 27.0～35.0℃。北部和西部因气候干燥，大陆性特征强，气温年较差大，南部和东南部年较差小（图 1-3）。山西省气温以春秋两季变化较大，冬夏两季变化较小，各地极端最高气温和极端最低气温多出现在 7 月和 1 月。

从降水量来看，山西全省总平均年降水量为 508.8 mm，基本上能满足一茬夏季作物生长的需要；但季节分配不均，各地分布差异明显。全年降水总量季节分布，春季占 15%～20%，夏季占 50%～60%，秋季占 15%～20%，冬季只占 2%～3%。5、6 月份是农作物需水的关键时刻，但大部分地区月降水量只有 50 mm 左右。7～9 月降水量占全年降水总量的 70% 左右。全省各地年降水的相对变率介于 18%～33%，最大的可达 50% 左右，降水年变率一般规律是由东南向西北逐渐增大。正因为 7～9 月降水量占全年降水总量的 70% 左右，正好处于夏秋季节，热量充足，有利于作物生长，所以"广种薄收"现象严重，土地垦殖率较高。但因为降水年变率大，旱灾甚至绝收现象也会发生。全省降水东部多于西部，南部多于北部，山区多于盆地（图 1-4）。由于降水的水汽主要来源于东南和西南气流，省内主要山脉多为东北—西南走向，迎风的东南坡降水较多，如中条山东段，太行、太岳、吕梁等山区的上部，年均降水量可达 700～800 mm，最高的五台山，多达 1000 mm，背风的西北坡及盆地内部，降水较少，如大同市、繁峙、偏关等地，年均降水量只有 400 mm 左右，大同市仅 384 mm，为本省降水量最少的地方。另外，晋西北在 450 mm 左右，忻州盆地、太原盆地在 450～500 mm，临汾、运城盆地在 500～550 mm。

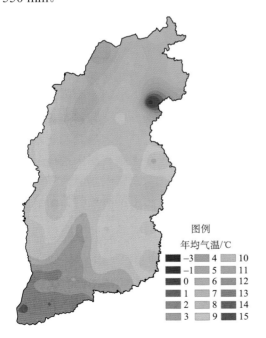

图例
年均气温/℃

-3	4	10
-1	5	11
0	6	12
1	7	13
2	8	14
3	9	15

图例
年均降雨量/mm

高：752.12
低：312.78

图 1-3　山西省年均气温状况图（1961～2011 年）　　图 1-4　山西省年均降水量分布图（1961～2011 年）

从无霜期来看，山西各地无霜期一般在 120～220 天，分布特点是南部长于北部，河谷长于山地。晋南的垣曲、平陆最长，为 239 天；雁北的右玉最短，为 113 天；临汾、运城、阳城、晋城四个盆地及中条山南坡各地在 180 天以上，完全满足一年两熟作物生长对于热量的需要；太原、忻州两盆地、晋东南和晋西黄土丘陵区的大部分地区为 160～180 天；大同盆地、晋西北高寒区和东部较高的山地少于 160 天，只能一年一熟；地势高、气候最冷的五台山只有 85 天，是山西省无霜期最短的地方，只能种些短生长期的"小杂粮"。

从蒸发量来看，山西省全年蒸发总量在 1500～2300 mm，蒸降比为 3.5～4.0。蒸发量的高低主要受气温、相对湿度、风和植被状况的影响。晋西北平鲁一带风大风多，年蒸发量为 2293.8 mm，蒸降比达 5.28，是山西省蒸发量第一高位区。南部平陆、垣曲等地，则由于气温高，年蒸发量超过 2200 mm，蒸降比为 3.99，为山西省蒸发量第二高值区。西部黄河沿岸的兴县、临县一带，是蒸发量第三高值区。此外，阳曲、阳泉、临汾三地蒸发量也较高。位于海拔 2895.8 m 的五台山中台顶，因全年气温很低，昼夜温差大，蒸发量仅 1117.5 mm，是山西省蒸发量最低区，也是相对湿润区。气候的干燥程度决定土壤水分的收支平衡，土壤干湿状况主要决定于降水量与最大可能蒸发量。按干燥度划分，五台山是全省最湿润区，年干燥度小于 1；各中山区和晋东南，干燥度在 1～1.5，属半湿润地区；忻州、太原及晋南盆地、晋西北及黄河沿岸，年干燥度均在 1.5～2，为半干旱气候；雁北盆地干燥度在 2 以上，为较干旱地区。

总体来看，山西省由于纬度跨度较大且地形高差大，气候在全省各区域内的变化较大。气候对土壤的影响主要在于水热状况，其决定着土壤中的物理、化学和生物等过程，如土壤的剥蚀与堆积、土体内的黏粒和碳酸盐的淋溶与淀积及矿物的风化。所以，气候是直接影响土壤的发生、发展方向的因素。从水热条件的变化看，夏季高温多雨，是土壤物质与能量迁移转化最剧烈的时期，土壤中的黏粒、可溶性盐分、碳酸钙及可溶性养分等处于淋溶阶段，同时土内风化作用明显。春季干旱，是土壤中可溶盐物质的相对累积时期。冬季寒冷干燥，生物处于休眠期，土内物质处于相对稳定时期。这种季节性变化对土壤形成影响很大。夏秋季降水蓄纳于土壤中，在冬季发生冻结、春季融化，冻融交替，对矿物风化和土壤结构形成具有明显作用。

1.2.2 水文

山西省的主要水资源量由地表水资源和地下水资源组成，水资源的主要补给来源是当地降水。由于降水量分布不均及下垫面条件的差异，在地域上水资源分布极不均匀，总的趋势是由东南向西北递减。山西是全国水资源贫乏省份之一。1956～2000 年全省多年平均水资源总量 123.8 亿 m³，其中，河川径流量为 86.77 亿 m³，地下天然水资源量（即降水入渗补给量）84.04 亿 m³，河川基流量（重复量）为 47.01 亿 m³。山西省水资源可利用量为 83.8 亿 m³，为全国平均水平的 67.7%，且多分布于盆地边缘及省境四周，人均占有量为全国的 17%，亩均占有量只有全国的 11%。

1. 地表水

山西省共有大小河流 1000 余条，分属黄河、海河两大水系。其中，我国第二大河流黄河沿山西省境界流程 968km。境内流域面积大于 10 000 km² 的河流有 5 条（不包括黄河），小于 10 000 km² 且大于 1000 km² 的河流有 48 条，小于 1000 km² 且大于 100 km² 的河流有 397 条。汾河是山西省境内第一大河，干流全长 694 km。山西省属于黄河水系的较大河流有汾河、沁河、丹河、涑水河、三川河，属于海河水系的较大河流有桑干河、滹沱河、浊漳河、清漳河。黄河流域在山西省境内的面积有 97 138 km²，占全省总面积的 62%；海河流域在山西省的流域面积有 59 133 km²，占全省总面积的 38%。山西省主要特点是河流较多，但以季节性河流为主，水量变化的季节性差异大。

山西省的河流水文有以下特点：

（1）径流量小。山西省地表径流主要来自大气降水，多年平均降水量为 508.8 mm，降水总量为 835 亿 m³，其中形成河川径流仅 86.77 亿 m³。汾河是山西省境内最大的河流，多年平均年径流总量仅 25.9 亿 m³（河津水文站测定），不及闽江径流总量的 1/20。

（2）径流变率大。山西省河川径流，大部分集中在汛期 6～9 月，一般河流汛期水量占全年水量的 60%～80%。洪水的一般特性是：来势猛，洪峰高，持续时间不长。最小流量一般发生在 12 月至次年 5 月，枯水期间仅占全年水量的 10%，很多河流枯水期间往往断流，形成干沟，比如桑干河，全年大部分时间是干枯的。此外，径流量的年际变化也很大，如丰水年（1964 年）来水量达 184 亿 m³，比正常年多 70 亿 m³，枯水年（1972 年）来水仅 63.4 亿 m³，仅为正常年的 60%。

（3）水资源供需下空间分布极不平衡。山西省年径流的分布，一般是山区较大，盆地较小；东山地区，石山裸露，降水不能下渗蓄积，产水量较多，约占全省水量的 38.3%；西北山地区，黄土覆盖，降水下渗蓄积于深厚多空的黄土中，产水量较少，占 21.6%。工农业集中的全省六大盆地占地 40.1%，分属黄河流域和海河流域，是山西省主要的棉粮产区，河川径流量仅占全省的 4.9%，这就反映了水资源供需极不平衡。

（4）泥沙含量多。山西省位于黄土高原上，境内植被稀少，黄土裸露，易遭流水侵蚀，侵蚀模数平均为 3000 t/km²，晋西黄土丘陵区侵蚀模数达 15 000 t/km²，是中国也是世界土壤侵蚀最严重的地区之一。全省年输沙量达 4.5639 亿 t，其中 80%（3.6578 亿 t）流入黄河，20%（0.9061 亿 t）流入海河。这些泥沙多来自表土和耕作层，富含氮、磷、钾矿物质养分和有机质。水土流失如此严重，不仅使大量泥沙拥塞河床，对下游造成威胁，而且使耕地遭受破坏，农业生产条件恶化，导致农业产量下降。

2. 地下水

地下水埋深及其性状对土壤发生影响很大，一般来讲，地下水埋深大于 4 m 时，对土壤形成影响不大。小于 4 m 时，地下水即不同程度地参与土壤形成，或使土壤发生潴育化、盐渍化，乃至潜育化。

山西省是由断块隆起、山地和断陷盆地所组成的一个特殊的水文地质单元。根据含水岩类不同，地下水可分为松散岩类孔隙水、碳酸盐岩类岩溶裂隙水、碎屑岩变质岩类裂隙水和黄土中的地下水。

松散岩类孔隙水，主要分布在大同、忻定、太原、临汾、运城、天阳、长治盆地，以及灵丘、广灵、神池、岚县、黎城、寿阳等山间盆地。地下水均由降水渗入补给。地下水总的趋势是由四周向盆地集中，浅层向深层运动，如长治盆地地下水由北、西、南向东运动，浅层向深层运动。

碳酸盐岩类岩溶裂隙水，主要分布于太行山、吕梁山、太岳山和晋西北地区。山西省碳酸盐类岩石分布甚广，沉积厚度可达上千米，裂隙岩溶化程度自晋西北向晋东南由弱变强。山西省岩溶大泉一般有较大范围的补给汇水区，流量比较稳定。但近十几年来，由于气候的周期性变化、工农业生产的发展、上下游开采量的增加，地表水渗入量减少，泉水流量都有不同程度的减少。

碎屑岩、变质岩类裂隙水，主要分布于沁水、大同、静乐盆地和吕梁山、中条山、五台山等地的砂页岩煤系地层与古老变质岩系。这类地下水埋藏都较浅，一般为 0～50 m，直接受大气降水垂直渗入补给，通过散泉就近排泄，水位与流量变化都较大。地下水质多属碳酸氢钙型水和硫酸盐型水。

山西省黄土覆盖面积大，而黄土中一般缺少地下水，仅在某些地段含水量较大。黄土因其组成物质颗粒细，具有给水度弱、富含石灰质等特点，经过长期的地质作用，常形成形状不同、大小不等、方向各异的大孔洞和裂隙，构成地下水储存和运移的主要孔道。黄土中的大孔洞和裂隙发育程度从上至下逐渐减少，在水平方向上变化规律不明显。黄土中含水性还与其下伏地层的含水特征有关，下伏地层为洪积相、冲积相和湖积相的区域，地下水一般水质较好，水量较丰富；下伏地层为湖沼相物质时，上部黄土中的地下水可开采利用；下伏地层为黄土台塬，则贫水，仅能在一些凹地和基岩中寻找富水地段。

山西省地下水的排泄方向主要是东部排向华北平原，中部排向断陷盆地，西部排向黄河峡谷。山西省海相地层发育，碳酸盐岩类分布广泛，地下水化学成分多属于含碳酸氢盐的淡水。在盆地中部的局部地方，分布有碳酸盐和氯化物型的地下水，矿化度可达 10 g/L。在煤系地层以及金属矿床附近的地下水，多属碳酸盐类型，矿化度在 2 g/L 以内。山西省地下水可采资源为 55 亿 m³/a，现已开采 30.3 亿 m³/a，其中农业用水 22.0 亿 m³/a，工业用水 8.3 亿 m³/a。近年来，特别是工业区、盆地和人口集中的市区，因开采过量而造成地下水位急剧下降，如太原市城区 80 km² 的范围内，地下水位（1978 年）最深达 34 m，而且每年还在继续以 2 m 的速度下降。

1.2.3　地形

地形影响地表物质与能量的分配，支配着地表径流，在很大程度上决定着土壤的发育，因而在一定的生物气候条件下，不同地形部位有着不同的水热状况和土壤物质的剥蚀与堆积，从而影响土壤的形成和分布。

1. 地形特征

山西省是一个被黄土广泛覆盖的山地和高原，属于黄土高原的一部分，也常称为"山西高原"。地势东北高西南低，总的地势轮廓是"两山夹一川"（图 1-5），东西两侧为山地和丘陵的隆起，高原内部起伏不平，河谷纵横，地貌类型复杂多样，有山地、丘陵、台地、平原。山多川少，山地、丘陵面积为 12.55 万 km^2，占全省总面积的 80.1%，平川、河谷面积仅 3.12 万 km^2，占 19.9%。五台山主峰北台顶（叶斗峰）海拔 3061.1 m，中条山的舜王坪海拔 2321.8 m，吕梁山主峰（南阳山）海拔 2831 m，山西境内太行山的最高峰（太白维山）海拔 2234 m，大同盆地海拔 1000 m，忻定盆地海拔 800 m 左右，晋中盆地海拔 750 m 左右，运城盆地海拔 350 m。山西省地貌类型可划分为山地、丘陵、盆地三个区。山西省大部分地区海拔在 1500 m 以上，最高点为五台山主峰北台顶（叶斗峰），海拔 3061.1 m，有"华北屋脊"之称；最低点为垣曲县亳清河入黄河处的河滩，海拔仅 180 m。

（1）山地。基本由吕梁山和太行山两大山脉构成，大部分是燕山期发生的褶皱断裂，喜马拉雅运动期沿断裂带进一步抬升而形成。山脉连绵不断，主要由高中山、中山、低山、河谷等相交错面构成。

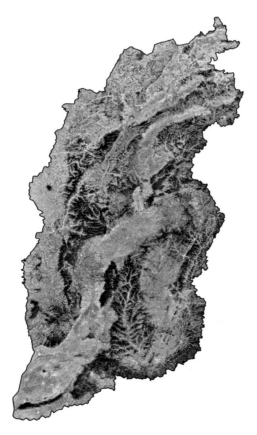

图 1-5　山西省 Landsat 卫星影像示意图

高中山：主要包括恒山、五台山、太行山主峰、霍山、中条山、芦芽山、云中山和管涔山。海拔一般在 2400～2800 m，相对高度为 1000～1500 m，大部分是褶皱断块山的最高部位，山顶保存着古老的剥蚀面，山势高大雄伟，沟谷深切，地表多以石灰岩为主。如芦芽山，山的顶部一般都较开阔平坦，生长有耐寒喜湿的草甸植被，在 2700 m 以上有明显的冻土丘，山坡上缓下陡，山谷岭背区宽阔，山麓区狭窄，土壤呈垂直分布。主要土壤类型有亚高山草甸土、山地草甸土、棕壤。

中山：主要分布于吕梁山、太行山中段以南、中条山、采凉山、黑山及金山一带，海拔 1300～2400 m，相对高度 500～800 m。吕梁山北段和南段，晋中盆地东部和西部，由石灰岩构成的山体，山势陡峭；由砂页岩构成的山体，山势较缓；黑山、金山一带为火山渣与玄武岩组成。太行山中段的左权、和顺、昔阳及吕梁山南段，主要由花岗片麻岩、石灰岩组成，山顶通常较平或呈狼牙状，山坡多呈阶梯状，整个山体千姿百态，沟谷发育。五寨、岢岚、紫金山、孤峰山等地带，黄土覆盖较深，山势较缓。

低山：海拔多在 1300 m 左右，相对高度 200～500 m，一般坡度较小，很少有陡峭的山崖，大部分由砂页岩构成，地形起伏平缓，有黄土覆盖，沟谷比较发育，地表切割破碎。吕梁山以西以黄土为主，其覆盖面积达 70%以上，下覆基岩大部分在河谷出露。吕梁山南段的蒲县—乡宁和太岳山东坡沁水流域，主要以石炭纪、二叠纪、三叠纪砂页岩组成，其他岩类较少；地表溪流较多，山势较缓。太行山中段主要由寒武纪、奥陶纪灰岩组成，山势较为陡峭；南段和广灵南部、忻州西部，主要以花岗片麻岩及其他变质岩系组成，表层风化物较厚。

（2）丘陵。丘陵与山地主要是按高度来区分。丘陵一般海拔在 100 m 以下，相对高度小于 300 m，坡度较缓，少见陡坡。

在乡宁、吉县、蒲县、隰县、武乡、榆社、汾阳、汾西、大宁等县，主要以黄土梁为主，呈长条状的黄土山脊，多由羽状沟壑切割而成，顶部平坦，梁坡较为陡峭，坡折线明显，走向清晰。在离石、中阳、柳林、石楼等地带，主要是黄土峁梁，从整体来看是一条狭长的弯状峁，由若干峁连接而成，沟谷发育，水土流失较严重，土体干旱。另外，在吕梁山以西还集中分布有黄土峁，呈一种相对孤立的黄土小丘，明显成馒头状，峁坡较陡，多呈凸形坡，四周冲沟发育，呈放射状。如临汾盆地的九原山就是一个典型的孤立峁。吕梁山山前黄河沿岸和韩侯岭，以及襄垣、榆社等土石丘陵区，黄土或黄土状物质覆盖面积为 30%～70%。

台地包括冲洪积台地、黄土残塬、侵蚀剥蚀台地。台地一般有较平的台面和较陡的台坡，台坎坡度大于 10°（表 1-1），其高度大都在 30 m 以上，土壤母质由残、坡积物

表 1-1　山西省地面坡度分级

分级	类型	面积/hm²	占全省总土地面积比例/%
0°～3°	平坦	1.27×10^7	12.10
4°～7°	较平坦	3.30×10^7	31.60
8°～15°	平缓坡	3.91×10^7	37.43
16°～25°	缓坡	1.61×10^7	15.45
26°～35°	较陡坡	3.12×10^6	2.98
>35°	陡坡	3.68×10^5	0.44

组成，多分布在山地或丘陵前沿倾斜平原过渡带，如临汾盆地东部和大同盆地南缘。黄土残塬是由于流水切割保留下来的大小不等的塬面，土壤发育较好。如吕梁山以西的黄土地带，侵蚀剥蚀台地是在古老的剥蚀面上覆盖着松散物质——黄土，地面比较平坦，也是地带性土壤的分布区。

（3）盆地。盆地系构造断裂而成，四周被低山、丘陵围绕，在盆地内部多有河流贯穿，形成小的冲积平原或河谷川地，边缘多为冲积洪积扇，地面比较开阔平坦，一般坡度小于 7°，主要有大同、忻定、晋中、临汾、运城和上党盆地。

在山西省几个大型盆地和大的河流两岸，冲积面较为平坦宽广，土壤肥沃。在盆地低洼处，由于地下水位较浅，分布有盐渍土。

2. 地貌格局

山西省地形复杂，从总的趋势看，大致分为以下几种。

1）东部山地区

东部山地区北起恒山，南达中条山，西邻中部断陷盆地，东至省界，包括六棱山、恒山、五台山、系舟山、太行山、太岳山和中条山。恒山为滹沱河与桑干河分水岭，系舟山为典型的褶皱断块，太行山为典型的岩溶化中山，太岳山是个台穹，其东部为单面山。中条山为典型的地垒山地。在太行山、太岳山和中条山之间为有名的上党盆地，区内地势突起、山岭嵯峨，海拔一般都在 2000 m 以上，是全省高差较大的山地。

2）中部断陷盆地

中部断陷盆地主要由断裂沉降和隆起作用形成彼此相隔的独立盆地。自北向南为大同、忻定、晋中、临汾、运城等盆地。在各盆地中，地表普遍为现代沉积物所覆盖。盆地边缘是第四纪堆积物形成的阶状平原或丘陵。各盆地的海拔自北而南逐渐降低，是全省重要的农业生产基地。

（1）大同盆地。位于本省北部桑干河上游，地势较高，面积较大，四周为山、丘环绕，是一个向中心倾斜的洪积、冲积平原。除山阴、大同部分地区有玄武岩以外，其余地区均覆盖有洪积、冲积物。广泛分布着第四纪早期的河湖相沉积物。低洼处有盐渍化。

（2）忻定盆地。海拔在 800 m 左右，主要由河流沉积堆积而成，地面起伏不大，低洼处土壤有盐碱化现象。

（3）晋中盆地。海拔 700～800 m，北起上兰村，南至介休义棠。东西两侧以断层崖与山地相接，主要为河流堆积物。在盆地的边缘可见到被分割的平顶黄土台地，有的已被切割成丘陵。太原以南，地势平坦，局部低洼处出现土壤盐碱化。

（4）临汾盆地。海拔 400～600 m，由于汾河的侵蚀、堆积作用，在河床两侧形成多级阶地。盆地东部发育着纵贯南北的黄土丘陵和一些侵入岩山地。

（5）运城盆地。海拔 330～500 m，是本省最低的盆地。在盆地南部中条山前，有一串古湖的遗迹，现在依然碧波荡漾的有盐池、硝池等。沿中条山山麓一带有粗粒物质组成的洪积扇，大部分以淤泥湖相沉积为主。

3）西部吕梁山地

西部吕梁山地北起采凉山，南至龙门山，为吕梁复背斜的核心部分，基本上由一系列高中山和中山组成，包括七峰山、洪涛山、黑驼山、管涔山、云中山、芦芽山、关帝山等。核部为古老变质岩及寒武纪—奥陶纪石灰岩组成，两侧为石炭纪—二叠纪砂页岩组成。吕梁山顶部为破碎高原，局部地方保存着唐县期宽谷及夷平面，其上覆三趾马红土。

在吕梁山系中，有许多特殊的地貌，如云中山和芦芽山之间的宁武—静乐盆地，是典型的新生代向斜盆地。山地的形态受构造和岩性的影响显著。凡是以断层与盆地相接或由石灰岩组成的山段，均较陡峭，分割破碎，覆盖黄土的宽展河谷，一般均深入山地，贯通东西。东坡一般较为陡直，森林茂密，逐渐过渡为黄土丘陵区。

4）河东黄土丘陵区

河东黄土丘陵区为鄂尔多斯高原的东延部分，西迄黄河，东到吕梁山，北起左云、右玉，南至乡宁、吉县。除右玉县的花林山、圣山，平鲁的黑驼山，临县的紫金山，吉县的人祖山以外，全部由黄土覆盖，海拔800～1400 m。北部较高，黄土下伏基岩主要为奥陶纪灰岩，中南部大部分为中生代砂页岩。从整体来看，呈自东向西倾斜，黄土地貌承袭了古地貌，一般黄土的覆盖可达50 m以上，厚者可达200 m。

区内水土流失严重，北部受强劲北风干旱气候的影响，以风蚀为主；中南部以水蚀为主。由于黄土的抗蚀能力较差，在地表水营力的长期作用下，侵蚀沟谷发育，下切强烈，黄土塬变成梁、峁、丘状地形。梁峁之间成为陡峭的羽毛状沟壑，形成沟壑纵横交错的黄土丘陵地貌景观。

地形影响着沉积物，也影响着土壤侵蚀。山区坡陡，植被破坏严重，在强烈侵蚀下，土层变薄，多形成土层较薄、粗骨类的石质亚类的新成土。山区沟谷及河漫滩地区，沉积物一般较粗，底层多为大砾石。丘陵大部分分布在山地的外围，丘陵间沟谷发育，残积层较薄，坡积物较厚，大部分已开垦为耕地或栽植果树。

海拔影响气温、降水和湿度，通过对植被的影响进而影响着土壤的发生。在海拔3000 m左右的高寒地区，由于土壤冻层，草甸植被盘结形成草毡层。在海拔2300 m以上的一些中山顶部，气候冷湿，草甸植被茂密，形成表层土壤具有团粒结构、颜色黑暗的暗沃表层。在海拔800～1800 m的中山针阔叶混交林带，有枯枝落叶层，但林间常伴生有草本植物，形成暗沃表层。但在同样的高海拔地区，植被破坏严重的，土壤腐殖质化过程不明显，形成淡薄表层。在800 m以下的低山丘陵区，降水明显减少，植被条件差，形成具有淡薄表层的雏形土或淋溶土。由于淋溶不充分，在碳酸盐岩类（包括黄土）母质上，大多数发育为具有石灰反应的雏形土；但是，在地表稳定的情况下，土内发生次生黏化作用，也有碳酸盐反应的淋溶土分布。在水土流失严重地区，裸岩出露，多为石质类的新成土。山间盆地地势平坦开阔，土壤物质多为壤土，剖面物质均一，大多数为干润雏形土。河流低阶地，地下水位较高，土体中下部常有氧化还原过程形成的锈纹锈斑。在部分湖泊洼地，土壤积水时间较长，以潮湿和潜育化的土壤为主。

1.2.4　母质

土壤是由地表各种岩石风化物和松散沉积物，经生物、气候及人类生产活动的影响，随时间的推移，逐步发育而成的。母质是土壤形成发育的物质基础，是土壤的固相部分和矿物质营养的主要来源。不同的成土母质对土壤形成分布，特别是对土层厚度、质地、土体构型及其保水性能、耕作性能等均有主要影响。母质是中国土壤地理发生分类系统划分土属的重要依据，也对中国土壤系统分类的土族指标有重要影响。

年轻土壤的一些性质主要是继承母质的，如正常新成土、砂质新成土、冲积新成土和部分雏形土。母质的机械组成和化学成分直接影响土壤的形成、属性和肥力状况。山地丘陵区的成土母岩为各类基岩，以及岩石风化后形成的残积、坡积风化物。因其母岩不同，矿物组成各异，故成土母质特性亦不相同。山地坡麓多为含砾石的堆积物及第四纪黄土性母质，山间盆地主要由次生黄土组成，河谷地区多为冲积母质所组成。湖泊、洼淀为静水沉积物。山西省土壤母质类型主要有各种岩石风化的残积、坡积物，黄土和黄土状物质，新近纪—古近纪红土，洪积、洪冲积、冲积、湖积、洪淤、沟淤和堆垫等物质。

（1）酸性岩类风化物。主要分布在恒山、五台山、吕梁山、太行山、中条山、孤峰山附近，包括花岗岩、花岗片麻岩、片麻岩、流纹岩、花岗正长岩及正长岩等，其中以花岗片麻岩所占面积最大，具有代表性，是山西最常见的岩石。这类岩石矿物组成复杂，因为矿物的膨胀收缩系数不同，易发生物理性风化，产生的风化壳较厚，其风化物质粗，多为砂质或粗骨质土壤，疏松且通透性良好。在植被茂密、地形较缓的山地多发育雏形土和淋溶土。但在山势较陡、水土流失严重地区，土层也较薄，多为砂质新成土。

（2）碳酸盐岩类风化物。包括石灰岩、白云岩、硅质灰岩、白云质灰岩等沉积岩及其变质岩。山西主要有石灰岩、白云岩和大理岩，其中以石灰岩分布最广。石灰岩是山西省台背斜的主要覆盖层，多分布于大背斜的两翼。石灰岩风化壳上发育的土壤，以化学风化溶解作用为主。暴露大气中以后，它的主要成分碳酸钙溶解在含有二氧化碳的雨水中并随水流失，少量不溶于水的氧化硅、氧化铝、氧化铁等和细粒物质，则残积于地表形成土壤。石灰岩形成的土壤，质地黏重、紧实，并富含钙、镁，土壤 pH 一般都较高。石灰岩残积风化物一般土层较薄，含棱角鲜明、大小不等的岩石碎屑，其细土物质的质地黏重。大多数石灰岩山地为裸岩或覆盖非常薄的风积黄土与石灰岩物理崩解碎块的土石混合物，与下面连续坚硬的基岩过渡突然，为正常新成土。碳酸盐岩类红色黏质风化物一般发现于基岩残丘的凹形部位，为古风化壳，所形成的土壤主要有铁质或简育的干润淋溶土。

（3）硅质岩类风化物。山西省境内硅质岩类风化物分布也较为广泛，地貌上多形成于中山-丘陵，包括砂岩、页岩、砾岩、石英砂岩、石英岩、千枚岩、片岩、板岩等沉积岩和变质岩，以砂岩、页岩最具代表性。这类岩石岩性的差别较大，由于岩石矿物中胶结物质不同，性质有别：以钙质或泥质为胶结物而形成的砂岩，风化较快，能形成较厚的土层；而以硅质为胶结物而形成的砂岩，即石英砂岩的碎屑物质几乎全部由石英（包括石英岩屑、硅质岩屑）组成，含量在 90% 以上，长石含量和岩屑含量都小于 5%，形成土层较薄，肥力差。砂、页岩形成的土壤多为粗骨质的雏形土。砂、页岩类在山西省主要是在石炭纪、二叠纪、三叠纪、侏罗纪、白垩纪、古近纪和震旦纪形成的，发育于白垩纪砂页岩母质上的土壤，富含碳酸钙。

（4）中性和基性岩类风化物。主要分布在大同、左云、平定、云台山等地，包括安

中国土系志·山西卷

山岩、闪长岩、玄武岩等中性和基性火成岩。这类岩石含铁、镁矿物质多，物理风化较强，化学风化弱。风化后多岩屑，水分状况差，常有裸岩出露，利用困难。土壤类型较复杂，但多粗骨质的土壤。

（5）红黏土红土。形成于新近纪—古近纪中晚期（保德红土、静乐红土），一般出现于深切沟底部和侵蚀严重的黄土丘陵下部，呈间断性地出露于地表。保德红土为深红色，静乐红土为紫红色。质地黏重，多为黏土，呈块状结构。其结构面上具有铁、锰胶膜，无石灰反应，土壤属于淋溶土。由于质地黏重，通透性差，易引起土壤板结。主要分布于静乐、保德及晋东南的沁源、高平、长子、阳城和临汾地区的安泽等县。红黏土分布面积不大。

（6）黄土状母质黄土。广泛覆盖于全省山地、丘陵地带，覆盖厚度为10～100 m，最厚可达200 m。山西省此类母质上发育的土壤面积最大。黄土状母质属棕色的疏松堆积体，固结程度差，孔隙度可达59%，颗粒多数为粉粒。黄土矿物成分中粗颗粒多数是石英，含量在25%～90%，此外，含少量长石、云母等。黏土矿物为伊利石、绿泥石。

黄土状母质包括新黄土和红黄土两大类。从断面上看，新黄土位于上部，色黄，富含碳酸钙，垂直节理发育，群众称为黄土。红黄土位于新黄土下部，年代较久，色红黄—棕红，碳酸钙含量少，棱块结构发育。部分红黄土出露地表，是造成山西省有淋溶土分布的主要原因之一。由于碳酸盐淋溶程度不同，在山地，红黄土上形成非石灰性的干润淋溶土；新黄土上形成具有石灰反应，个别有假菌丝体或砂姜新生体的雏形土。

红黄土，包括午城黄土和离石黄土，属老黄土。午城黄土形成于早更新世，离石黄土形成于中更新世。离石黄土呈淡红色，并夹有多层棕红色的古土壤层，群众称之为"红腰带"，质地一般为黏壤，古土壤层中的微孔隙较为发育，呈多孔状，钙积作用较明显，含有多层石灰结核，群众称之为"料姜石"。而午城黄土颜色较深，质地较黏，一般为黏壤土至黏土。土体中也含有一定的姜石，但无条带状层次。这两种母质质地都比较黏重，形成的土壤耕性不良，易板结。

新黄土，包括马兰黄土，属原生黄土，是第四纪晚更新世风积物，覆盖于离石黄土上部，特点是颜色呈淡灰黄色，碳酸钙含量较高，一般为10%～14%，质地均匀，多为轻壤疏松多孔，无层理，垂直节理发育，透水性强，土层深厚，结构松散，抗蚀能力较差。在长期的地表水营力作用下，侵蚀性沟谷发育，下切强烈，沟壑纵横，水土流失严重，土壤养分较为贫瘠。

还有一类称为"黄土状物质"，系马兰黄土经水的重力搬运再次沉积而成的物质，故称次生黄土。一般分布于二级阶地及洪积扇的下部或山间盆地。由于在搬运过程中对砂粒进行了分选，有细微的水平层理，故称卧黄土。质地差异较大，一般呈轻壤偏重。

（7）壤质沉积物。包括全新世的洪积冲积物、冲积洪积物和冲积物。主要分布于河流两侧的一级阶地或高河漫滩，系岩石风化物或黄土物质，经水流搬运在流速减缓时沉积于河谷地段。盆地中，冲积物以较细的物质为主。从山区剥蚀下来的河流沉积物以粉砂壤土为主，因为山区表层土壤也都是黄土。

（8）黏质沉积物。主要为全新世冲积物。分布在洼地、湖泊地区。土质黏，地下水位高，同时土体的中下部又多伴有砂姜出现。在此区域，水生植物生长旺盛，残落的大量枯枝落叶，在还原的条件下得到累积，故在土壤剖面中，常出现埋藏的腐殖质层。

（9）砂质沉积物。为全新世近期冲积物、风积物，质地为粗砂或细砂。细砂经风力搬运，形成沙丘，典型的地区如偏关、右玉、朔州、河津、河曲等地。此外，河流冲积来的砂土，又经风力搬运在河流一侧的背风处，形成砂质沉积物，典型地区如河津禹门口下游。砂质沉积物多为单粒状，无结构，质地均匀，颗粒较粗，以石英为主，保水性极差，土地干旱。易受风蚀和水蚀影响。

（10）砂砾质沉积物。以大砾石、卵石和粗砂为主，主要分布在洪积扇上部和河流河床两侧部位。典型地区如吕梁山、恒山、太行山、五台山等地的山前地带。土层浅薄，卵石层或砂砾石层厚，甚至就是卵石滩。干旱缺水，利用时须除石垫土或挖坑填土种树。

（11）人工堆垫物。主要分布于丘陵、川谷、沿河两岸。堆垫物是以人工搬土堆积而成，主要指山区谷地人造梯田和卵石滩造田时所堆垫的物质，一般为黄土状母质。山西省人口密度大，向来有"修滩造地"传统，人工堆垫物不少，特别是"农业学大寨"时。堆垫层厚度一般为 30～60 cm，物质组成较为混杂，形成的土壤一般土层较厚，地面比较平坦。近些年，山西省为补充耕地，进行矿山治理，在低山区域煤矸石堆垫的台地上，人工搬运铺垫黄土造田，形成煤矸石复垦土地。堆垫层厚度一般为 80 cm 左右，地面比较平坦，但复垦时间较短，利用过程中需不断熟化和培肥。

山西省除黄土堆垫以外，还有煤灰堆垫物，主要是由工厂排出的粉煤灰，通过灌溉渠道或人工搬运而形成的一种独特的母质。如太原市的金胜、晋源等乡镇。煤灰堆垫物厚度一般在 30 cm 左右，最厚的可达 2 m 以上。粉煤灰覆盖层以下为原土壤层，但土壤已不显示原土层的母质特征，其化学组成主要是氧化硅、氧化铝、氧化铁、氧化钙、氧化镁、氧化钾、氧化钠及微量元素等。由于粉煤灰中含有一定的碱土金属，故呈碱性反应。质地一般为砂壤，较松散，结持力弱，易耕作，通气性好，适当的淤垫对改善黏质土壤的物理性状有明显的效果。

1.2.5 植被

山西省的植被群落受气候、地形、土壤等因素的影响，从东南向西北依次更替为落叶阔叶林—林灌草原—干草原。由于长期受人类生产活动和战争的影响，原始植被已破坏殆尽。平川和黄土丘陵区植被多为人工种植，山地有重新恢复的天然灌木林和次生林，也有少数人工林。在不同地形部位、不同气候条件下，随着水热条件的变化，全省分布有不同的植被类型，为土壤发育演化提供了各种生态环境条件。

山西省植被从南到北的分布特征为：南部和东南部是以落叶阔叶林和次生落叶灌丛为主的夏绿阔叶林或针叶阔叶混交林分布区，也是植被类型最多、种类最丰富的地区；中部是以针叶林及中生的落叶灌丛为主分布区、夏绿阔叶林为次分布区，是森林分布面积较大的地区；北部和西北部是温带灌草丛和半干旱草原分布区，森林植被较少，优势植物是长芒草、旱生蒿类和柠条、沙棘等。

在山区，自高而低分布着山地草甸、针阔叶混交林、落叶阔叶林和灌木植被。海拔2300 m 以上的山顶平台发育着山地杂类草甸，常见有地榆、银莲花、薹草、蒿草、零陵香等山地草甸植被。海拔 800～1800 m 的中山地带，森林覆盖率增大，常见有华北落叶松、白桦、侧柏、油松、栎树、白皮松、栓皮栎等针阔叶混交林，林下常见有灌丛和草本。海拔 800 m 以下的低山，代表性的植被类型是栓皮栎林、槲树林、油松林和侧柏林。由于受人为破坏严重，目前这些群落主要分布在自然保护区、旅游景区、名胜古迹附近，为残存的次生林或经人工抚育的半自然林。广大低山地区占优势的群落是落叶灌丛或灌草丛。土壤侵蚀严重的阳坡，以荆条、酸枣、白羊草等灌草丛占优势，植被稀疏，生长矮小；阴坡以蚂蚱腿子、大花溲疏、三桠绣线菊等中生落叶灌木组成的杂灌丛占优势。海拔 400 m 以下的低山丘陵区，土层较深厚处多数已开辟为果园或果粮间作地。

在平川和黄土丘陵区，由于农业生产历史悠久，对植被影响深刻，目前绝大部分地区已成为农田和城镇。只在河岸两旁或局部洼地还有小面积的以芦苇、香蒲、慈姑等为主的沼生植被。湖泊和水塘中发育着沉水和浮水的水生植被。

植被类型通常对土壤侵蚀和土壤中有机质的含量和特性有影响。在植被保存较好的中山地带，植被覆盖度较大，水土得以保持，降水为植物吸收利用，生产有机物，土壤有机质积累较多，腐殖质层厚，土壤淋溶程度也高。但低山区人为影响大，植被遭破坏的地区水土流失严重，多形成淡薄表层。阔叶林与针叶林比较，前者灰分中的 Ca、K 含量较后者高，后者灰分中 Si 占优势；因此，阔叶林下的表土颜色比针叶林下的黑。

1.2.6　时间

时间影响一定区域内土壤的发育状况，但是土壤的发育速度又取决于成土条件。如果土壤发育条件有利，母质可以在较短的时间内转变为幼年土。这个阶段的特征是有机质在表面累积，而风化、淋洗或胶体的迁移都是微弱的，仅存在 A 层与 C 层；随着 B 层的发育，土壤达到成熟阶段，出现了 Ah-Bt-C 的剖面构型。但由幼年土到成熟土的发育阶段并非定式，有些成熟的土壤因受到侵蚀而被剥掉土体，新的成土过程又重新开始。山西省成土速度主要受地形与成土母质的影响。在大部分山区，由于坡度陡，常遭受土壤侵蚀，土壤发育受阻，多为雏形土和新成土。在半湿润气候条件下，石灰岩相对比花岗岩难以风化，所以，石灰岩山地多裸岩和幼年土壤，而花岗岩山地多雏形土。冲积平原上，沉积物本来就是上游的土壤，沉积下来的母质在很短的时间内，由于冻融交替形成土壤结构，很快成为雏形土。事实上，无论是受剥蚀的山区，还是堆积的盆地，因为成土母质大多数是黄土，土壤质地为壤土，在冻融交替和湿胀干缩作用下，很容易形成块状土壤结构，成为雏形土。所以雏形土是山西省分布最广的土壤。在低山丘陵区，受侵蚀的影响，过去湿热气候条件下形成的淋溶土的黏化层出露，成为淋溶土。

1.2.7　人类活动

平整土地、深翻、堆垫土杂肥等人类活动对土壤形成具有一定影响，从而形成堆垫表层、肥熟表层等诊断表上层。山西省很多河道干涸，当地为增加耕地数量，在河道上堆垫土壤进行开发，堆垫厚度多大于 50 cm，形成人为土纲或其他自然土壤土纲的堆垫亚类。在不合理滥垦滥伐情况下，林、草、灌植被遭到破坏，表土裸露，水土流失加剧，抑制了土壤的成土过程，坡地土壤变得干旱、瘠薄；有的成为薄层型粗骨土。这种过度的垦殖，造成土壤生态环境恶化，群众称之为"越垦越穷，越穷越垦"的恶性循环。长期大量使用有机肥，同时改善了耕层土壤的肥力和物理性状，形成肥熟旱耕人为土。但是在耕作过程中大量使用农药和灌溉污水，也造成了土壤中有毒物质的残留，在不合理的施肥情况下，过多地施用含某种营养元素的肥料，可能诱发土壤中另一些元素的缺乏，导致农作物产量下降，而长期少施和不施肥，进行掠夺性生产，可使土壤肥力减退。

1.3 主要土壤类型空间分布

山西省的主要土壤类型有人为土、火山灰土、盐成土、潜育土、淋溶土、雏形土、新成土；以雏形土分布最广泛；火山灰土分布面积很小，就是在大同盆地几个火山锥体上。

人为土分布面积不大，主要分布在城市郊区，多年种植蔬菜或耕作的耕地上。

盐成土主要分布在大同盆地、运城盆地等地区，地势低平，潜水埋藏浅，地下水矿化度高，形成盐分含量高的盐成土，多为盐碱荒地，但近年来盐成土改良治理取得一定效果，且随着地下水位的下降，盐成土面积有所减少。

潜育土面积很小，分布在盆地内几个地势低洼的沼泽湿地。

淋溶土主要分布在盆地丘陵区。在盆地丘陵区的一些黄土母质上，碳酸盐发生淋溶淀积，但并未被淋洗出土体的，发育成一些钙积干润淋溶土；碳酸盐充分淋洗被淋洗出土体的，发育成一些简育干润淋溶土。在中山地带，由于降水多，淋溶强度大，因为土壤温度状况为冷凉，也有淋溶土分类为冷凉淋溶土而不是湿润淋溶土。山西省的淋溶土主要是红黄土母质或红黏土母质上发育的，往往是因为这些古土壤被剥蚀、出露而形成，分布在基岩残丘、高阶地、洪积台地等区域，以铁质干润淋溶土为主。

雏形土在各地貌区均有分布，是山西省面积最大的土纲，并且类型多。其中以半干润雏形土亚纲分布最为广泛。在山区、丘陵和盆地，不受地下水影响的广大区域内，基本上都是干润雏形土。在海拔较高的中山地区，由于气候寒冷，降水较多，而蒸发量少，水分状况为湿润，发育着湿润雏形土。海拔 2700 m 以上的台山顶部缓坡平台上，由于地势高亢，冰冻期长，冻融交替进行，土体有锈纹锈斑，自然植被以耐湿寒性的蒿草、蘽草为主，低矮密织的草甸植被，草根茂密，交织成网，土壤表层为松软富有弹性的草毡层，地表呈"草丛土丘"景观，为草毡寒冻雏形土。而当没有冻层顶托时，虽然表层根系多，有机质含量高，但不能形成草毡层，形成暗沃表层，则为暗沃冷凉湿润雏形土。

新成土主要分布在山区陡峭的山坡上，侵蚀强烈，土层十分浅薄，土壤物质主要是岩石风化的粗碎屑，形成微弱的 Ah-C-R 构型的正常新成土。在一些干涸的河床与河流低阶地上，为补充耕地，进行填土造地，由于堆垫时间较短，土壤尚未发育成形，形成扰动人为新成土。在深厚的煤矸石堆垫区，铺垫黄土造地，但由于堆垫时间较短，土壤尚未发育成形，也形成扰动人为新成土。而在一些大的河道两边与冲积扇决口区及风沙地区，沉积物堆积年代非常短，分别有砂质新成土与冲积新成土的分布。

第 2 章　成土过程与主要土层

现在覆盖于陆地表面的土壤是在一定的时间和空间条件下，在气候、母质、地形、植被乃至人类活动等诸多成土因素的共同作用下，经过一定的土壤形成过程而产生的。成土过程中发生了物质和能量的迁移和转化。在不同的成土因素作用下，有不同的成土作用和成土过程，从而形成不同类型的土壤。土壤的形成往往是几种成土过程作用的综合结果。在每一个土壤中都发生着一个以上的成土过程，其中有一个起主导作用的成土过程决定着土壤发展的大方向，其他辅助成土过程对土壤也起到程度不同的影响。各种土壤类型正是在不同的成土条件组合下，通过一个主导成土过程加上其他辅助成土过程作用形成的。

2.1　成 土 过 程

山西省土壤的成土过程主要有：腐殖质化过程、黏化过程、钙积过程、氧化-还原过程、盐渍化过程、碱化过程、还原过程。虽然土壤学一般把侵蚀过程与堆积过程作为地质作用过程，而不是成土过程，但事实上，侵蚀过程与堆积过程对山西省土壤类型的形成有重要影响，具有普遍性。

2.1.1　腐殖质化过程

腐殖质化过程指的是土壤中的粗有机物质，如植物的根、茎、叶等分解转化为腐殖质的过程，是土壤中普遍存在的过程。只是，土壤腐殖质化过程因土壤水分、温度和植物残体类型的影响不同，土壤腐殖质层的厚度、腐殖质含量及其性质有所不同。

在山西省，土壤水分和温度主要与地势高低和地貌类型有关。同时，因为海拔不同所造成的土壤水分和热量条件差异，也带来了植被状况和微生物活动的差异，使土壤有机质的积累与转化状况随着地形有一定的差异。

海拔 1 800 m 以上的山顶平台或缓坡地带，生长着茂密的山地草甸草原植被（有时有岛状分布的灌木丛和森林植被）。这里较山前平原区年平均土温低 9～10 ℃，土温仅 2～3 ℃，寒冷潮湿，使夏季产生的大量有机残体的分解受到抑制，有利于有机质的累积，有机碳含量为 25～30 g/kg。因是草本植被，有机碳在剖面中的分布也是自上而下逐渐减少的，腐殖质层厚度可达 30 cm 以上，形成暗沃表层，如荷叶坪系、洞儿上系。特别是在海拔 3 000 m 左右的高寒山地顶部，冻层顶托，形成的草毡层粗腐殖质化现象明显，如北台顶系、岭底系和五里洼系。

海拔 800～1 800 m 的山地土壤，处于森林灌丛植被下。夏季产生的大量有机物质，秋后主要以枯枝落叶形式堆积在地表，产生一个 1～5 cm 厚的枯枝落叶层，之下是 20～30 cm 厚的腐殖质层，进入 B 层有机质含量明显减少，反映了森林灌木植被的特点。由于接踵而来的长期低温，有机残体的分解受到抑制，腐殖质层的有机碳含量为 20～25 g/kg。

低山山地的土壤，其植被主要为旱生灌丛与杂草，其生物学产量远不如中山地区；加之土壤温度较高，微生物对有机残体的分解快，有机质的累积水平更低，腐殖质化过程不明显。有的腐殖质层有机碳含量仅 5 g/kg 或更低。这也和土壤经常遭受侵蚀，有机碳只是在表层积累有关。

盆地或部分平缓的低山丘陵及黄土台地，大部分已开辟为农田。土壤有了人工熟化过程参与，加速了有机质的分解。同时，作物多被收割走，施用有机肥不多，使得土壤有机碳含量不高。一般表层为 10～13 g/kg，心土层在 4 g/kg 左右。但在蔬菜种植区域，由于施用大量有机肥，有机碳含量较高，可达 25 g/kg 以上。值得指出的是，近些年，由于大量施用化肥，作物的生物学产量大增，秸秆还田，大田作物耕地土壤的有机碳含量在增加。

在低洼地区，多生长着繁茂的芦苇、菖蒲等水生和湿生植物。在积水的还原条件下，厌氧型微生物活跃，极有利于这些有机物质的累积。当地下水位下降时，好氧型微生物活跃起来，使有机质得以分解，呈现黑色；有时茂盛的植物被洪积物所覆盖而得不到分解时，腐烂形成黑色的粗纤维层，有机碳含量也较高。

2.1.2　黏化过程

黏化过程是指黏粒在剖面中积聚的过程，其突出的形态表现就是在亚表层或心土层形成颜色鲜艳、质地较黏重，乃至在土壤结构体表面有红棕色胶膜的黏化层。黏化过程分为残积黏化和淀积黏化两种。

残积黏化过程是指黏粒由原生矿物进行原地风化形成次生黏土矿物的过程，如云母脱钾水化变成水云母或伊利石的过程。残积黏化过程可以没有黏粒的机械移动，没有光性定向黏粒，在土壤结构体面上看不到黏粒胶膜。但是，看不到黏粒胶膜，不代表没有黏化过程。实际上，原生矿物进行原地风化变成次生黏土矿物的残积黏化过程是地球表面普遍存在的基本土壤形成过程，只是其黏化过程的强烈程度不同，显现度不一样。在降水较少和温度较低的地区，以物理风化为主，残积黏化的强度较低。随着温度和湿度的增加，逐渐向化学风化过渡，残积黏化的强度加大。含铁矿物的氧化与水解，形成部分游离氧化铁，与黏土矿物结合使土壤颜色发红，也可称之为铁红化作用。这也是黏化层的颜色一般呈棕色或红棕色的原因。山西省地处半湿润大陆性季风气候区，雨季与高温耦合，有利于残积黏化的发生，特别是在水分条件好的心土部位。因此，只要地形稳定，不遭受剥蚀，经过一定时间，心土就会形成黏化层。但可惜的是，山西省大部分地区土壤侵蚀严重，成土过程并不稳定，所以难以因残积黏化形成黏化层；残积黏化层仅发现在稳定的黄土盆地中，如运城盆地（图 2-1）。

淀积黏化过程是指土体上层风化的黏粒分散于土壤下渗水中形成悬液，并随渗漏水活动而在土体内迁移，也称为悬迁作用或黏粒的机械淋溶。这种黏粒移动到一定土体深度，由于物理（如土壤质地较细的阻滞层）或化学（如 Ca^{2+} 的絮凝作用）作用或因为迁移介质水分被吸收而淀积下来，在结构体面上形成明显的胶膜，在偏光显微镜下可见到黏粒的叠瓦状淀积或光性定向黏粒。由淀积黏化形成的黏化层,在山西省主要出现在受剥蚀严重的地方;大多数是古湿热气候形成的,在深厚的黄土沉积物中的夹层,因为上覆土层被剥蚀而出露地表或接近地表(图 2-2)。

图 2-1　运城盆地黄土上发育的残积黏化层

图 2-2　由于侵蚀,黄红色古土壤出露

2.1.3　钙积过程

钙积过程指土壤剖面中碳酸盐(主要是碳酸钙)的淋溶与淀积过程。碳酸盐的淋溶与淀积是矛盾的对立统一体,其反应式是:$CaCO_3 + H_2O + CO_2 \longleftrightarrow Ca(HCO_3)_2$。

淋溶/脱钙作用发生于水和二氧化碳存在的情况下，此反应式向右移动，形成可溶的碳酸氢盐，并随水分移动淋溶出某一土层或整个土体；当土壤脱水或二氧化碳分压降低的情况下，上述反应式向左移动，溶液中的碳酸氢盐转化为难溶的碳酸盐，在土壤中淀积下来即为钙积层。碳酸盐的淋溶与淀积过程有两个先决条件，其一是母质或土壤中含有碳酸盐，这是物质基础；其二是土壤中水分的季节性移动与停滞，这是外在条件。

在山西省，土壤存在着季节性的干湿交替。在雨季，母质中原有的碳酸盐，通过 CO_2 与土壤水的作用，由难溶的碳酸盐变为可溶的碳酸氢盐随土壤重力水向下移动，其淋溶深度即为水分被毛管吸收而停止下渗之处。由于降水量不大，而且其中很多以地面径流形式损失，实际进入土壤参与淋洗过程的水分并不多，碳酸盐下移的深度并不大，因而土体不能完全脱碳酸盐。由于植被生长状况不太茂盛，根区的 CO_2 分压低，加之雨季与高温同步，土壤溶液的 CO_2 含量更低，造成了碳酸盐的溶解度降低，延缓了碳酸盐的淋溶过程。山地土壤常遭到侵蚀，土壤表层首当其冲，土壤剖面常处于幼年期，使碳酸盐的淋溶时间较短可能是造成碳酸盐淋洗不充分的主要原因。在旱季，土壤水沿毛管上升，一些溶解的碳酸盐也随之上升，随着干旱程度的加剧，土壤溶液浓缩，碳酸盐逐渐以晶体形式析出，似假菌丝状。由于黄土富含碳酸钙，在导水孔隙中常见断断续续的白色碳酸盐结晶（图 2-3）。

图 2-3　黄土中白色的假菌丝体

在山区，土壤剖面中有无碳酸钙的积聚层及其层次位置和母质类型有极为密切的关系。非钙质母质上发育的土壤中，整个剖面中没有钙积层，并且大多通体无石灰反应；但即使是非钙质母质，由于黄土降尘的覆盖，有些土壤也呈弱石灰反应，pH 呈弱碱性；而在黄土母质上发育的土壤，通体石灰反应，并有大量的碳酸钙次生体存在，如白色假菌丝体、砂姜等。在山区，有些历史上湿润时期已经脱钙的土壤表层，由于近代风带来的含钙尘土降落或人为施肥（如施用含石灰、钙质土粪等），表土层的含钙量大于 B 层，或者表层有石灰反应，心土层没有石灰反应，称为复钙过程，其土壤 pH 也呈微碱性。

在山西省发现的最为明显的钙积层实际上是黄土剖面中不同时期的黄土层（主要是离石黄土）界面上，形成砂姜层（红色之间的白色层），有的甚至砂姜连接在一起形成钙磐。这实际上是古湿润气候下黄土中碳酸钙大量淋溶淀积的结果（图2-4）。

图 2-4　离石黄土层中的砂姜层

2.1.4　氧化–还原过程

氧化-还原过程也称潜育化过程，是指潜水经常处于变动状况下，土体干湿交替，土壤中变价的铁锰物质淋溶与淀积交替，而使土体出现红棕色的铁锈斑纹、棕黑色的锰斑纹或较硬的铁锰结核、红色胶膜及"鳝血斑"等新生体。

山西省土壤受地表水、地下水及土层滞水的影响，在土体的一定部位由于季节性的干湿交替，引起该土层中铁、锰化合物的氧化态与还原态的变化，从而形成一个具有黑色、棕色的锰或铁的结核，在大的通气孔隙中具有锈纹的土层。挖土壤剖面时，锰或铁的结核被铁锹顶着，在土壤中擦出锈色擦痕，看似锈纹。

2.1.5　盐渍化过程

盐渍化过程多发生于干旱、半干旱、半湿润地区。$NaCl$、Na_2SO_4、$MgSO_4$、$Ca(HCO_3)_2$ 等易溶、可溶盐被淋洗到地下水中，并随地下水流动迁移到排水不畅的低洼地区，在蒸发量大于降水量的情况下，盐分又被土壤毛管上升水携带到土壤表层集聚，从而形成盐化层。

山西省具有盐化层的土壤主要分布在各大河流的一级阶地、冲积平原及其局部低洼处，如大同盆地。在半干旱和半湿润的气候条件下，蒸发量是降水量的3.3～4.5倍，盐分随水上升而使土壤表层产生不同程度的盐渍化。运城盐湖的盐土很可能是地质历史时期的产物。

脱盐过程是积盐过程的反方面。在山西省，积盐过程主要发生于旱季，脱盐过程主要发生于雨季。半干旱和半湿润的气候条件下，蒸发量大于降水量，因此，只要地下水位高，含有盐分，盐分就会沿土壤毛细管，随水分上升到地表，水分散发造成地表积盐，如大同盆地的兰玉堡。但是，由于农田水利工程的实施和排水体系建设的完善，降低了地下水位，地下水不再能够沿着土壤毛细管上升到地表，土壤水分改为以下行水（无论是天然降水还是灌溉水）为主，土壤就朝着脱盐化方向发展，原来的盐土、重度盐渍化土壤中的盐分均已降低（如褚村系），有的甚至已经完全脱盐。在有些低洼地，雨季积水可能造成上部土体的脱盐，如位于运城盐湖滩地上的曲村系。

2.1.6　碱化过程

碱化过程指钠离子在土壤胶体上的累积，使土壤呈强碱性反应，并形成物理性质恶化的碱化层。具有碱化层的土壤称为碱积盐成土。土壤溶液中的所有阳离子可与胶体负电荷吸附的阳离子起可逆置换反应。在 Na^+ 析出之前，大多数 Ca^{2+} 和 Mg^{2+} 先被沉淀。这样，大大提高了留在土壤溶液中 Na^+ 的浓度，使 Na^+ 与胶体上吸附的其他阳离子起置换反应的概率增大了，从而发生碱化过程，造成胶体分散；黏重的土壤胶体分散后干裂形成棱柱状结构体（土壤干时缩水造成）。因此，碱化过程需要有三个条件：一是土壤质地黏，含有大量黏粒；二是土壤溶液中含有钠离子；三是 Ca^{2+} 和 Mg^{2+} 先被沉淀，钠离子替换 Ca^{2+} 和 Mg^{2+} 到土壤胶体上。

在山西省，由于土壤溶液中富含钙镁离子，土壤胶体依然吸附大量钙镁离子，所以土壤胶体并没有分散，没有棱柱状土壤结构体产生，但是，虽没有碱积层，由于土壤的 pH 和 ESP 较高，碱化过程明显，因此，土壤呈碱性，如兰玉堡系。

土壤的 pH 与土壤溶液中的碳酸钠和碳酸氢钠有关。砂质土壤或壤质土壤即使土壤溶液中有碳酸钠和碳酸氢钠，土壤的 pH 高，但物理性质并不恶化，因其渗透性很强。

2.1.7　潜育过程

还原过程也称为潜育化过程，发生在土壤有渍水（包括常年或季节性渍水），且土壤含有大量有机物质的情况下。由于有机物质分解耗氧，土壤处于嫌气性状态，土壤矿物质中的铁处在还原低价状态下，可产生磷铁矿、菱铁矿等次生矿物，从而将土体染成灰蓝色或青灰色，见樊村系和西滩系。

潜育化过程发生在盆地的低洼地带，即"洼"地。这里长期积水或季节性积水，或地下潜水接近地表，造成土内水气比例失调，水分饱和而闭气缺氧，还原过程占优势。

山西省的沼泽或湖泊，因为面积较小，旱年和涝年造成水面和水位变化大，水置换频繁，水中的氧气并不缺乏；因此，虽然土壤淹水，其还原特征并不明显。或者是由于缺乏沼生植被的有机质积累，没有消耗那么多氧气，还原特征也不明显。

2.1.8　侵蚀过程

严格说来，侵蚀过程并不是土壤发生过程，是地质过程。但在山西省，侵蚀过程是对土壤影响最大的过程。如果没有土壤侵蚀，在半干旱半湿润气候条件下，壤土质地的黄土母质土内发生残积黏化或淀积黏化，会广泛存在淋溶土。但是由于侵蚀，阻断或延缓了这个过程，下面的"生黄土"不断上升，所以黄土母质上的土壤大多数是雏形土。

2.1.9 堆积过程

堆积过程对应侵蚀过程，是一个事物的两个方面。堆积过程也不是土壤发生过程，是地质过程。在山西省，堆积过程与侵蚀过程一样，是对土壤影响最大的过程。上部侵蚀下来的土壤物质在下部不断堆积，也阻断或延缓了土壤发生过程。一般来说，黄土堆积物因为其本身黏粒含量高，具有一定黏结性，容易形成土壤结构，多为雏形土。而河道地带，因为经常接受新鲜沉积物，没有来得及形成土壤结构，则保留在冲积新成土阶段（图 2-5 中棕色层即黏土层）。

图 2-5　河道中土壤剖面中的沉积层理

2.2　土壤诊断层与诊断特性

2.2.1　诊断表层

1. 暗沃表层

暗沃表层指有机碳含量高或较高、盐基饱和、结构良好的暗色腐殖质表层。它具有以下条件。

（1）厚度：

①若直接位于石质、准石质接触面或其他硬结土层之上，为≥10 cm；或

②若土体层（A＋B）厚度＜75 cm，应相当于土体层厚度的 1/3，但至少为 18 cm；或

③若土体层厚度≥75 cm，应≥25 cm。

（2）颜色：具有较低的明度和彩度；搓碎土壤的润态明度＜3.5，干态明度＜5.5；润态彩度＜3.5；若有 C 层，其干、润态明度至少比 C 层暗 1 个芒塞尔单位，润态彩度应至少低 2 个单位。

（3）有机碳含量≥6 g/kg。

（4）盐基饱和度（NH_4OAc 法，下同）≥50%。

（5）主要呈粒状结构、小角块状结构和小亚角块状结构；干时不呈大块状或整块状结构，也不硬。

山西省的暗沃表层主要出现在海拔 1800 m 以上的山顶平台或缓坡地带，那里气温低，寒冷潮湿，生长着草甸草原植被，夏季产生的植物有机残体在严寒的冬季其分解受到抑制，有利于有机质的累积；因此，形成有机质含量高、有机质含量在剖面中自上而下逐渐减少、颜色暗黑，土壤结构为团粒状或屑粒状，疏松的土壤表层。暗沃表层主要出现在雏形土的 5 个土系中，其厚度介于 4～7 cm，平均为 5.8 cm，干态明度介于 3～5，润态明度介于 2～3，润态彩度介于 2～4，有机碳含量介于 24.1～54.2 g/kg，平均为 38.5 g/kg，土壤发育为屑粒或者团粒状结构。暗沃表层上述指标在各土纲中的统计见表 2-1。

表 2-1　暗沃表层表现特征统计

土纲	厚度/cm		干态明度	润态明度	润态彩度	有机碳/(g/kg)		结构
	范围	平均				范围	平均	
雏形土（5）	4～7	5.8	3～5	2～3	2～4	24.1～54.2	38.5	屑粒、团粒

2. 淡薄表层

淡薄表层指发育程度较差的淡色或较薄的腐殖质表层。它具有以下一个或一个以上条件：

（1）搓碎土壤的润态明度≥3.5，干态明度≥5.5，润态彩度≥3.5；

（2）有机碳含量<6 g/kg；

（3）颜色和有机碳含量同暗沃表层或暗瘠表层，但厚度条件不能满足者。

淡薄表层是山西省土壤中最普遍存在的表土层。只要表层土壤不符合暗沃表层、盐积层、堆垫/土垫表层、肥熟表层等条件，所有土壤，无论是山地林灌植被的自然土壤，还是耕种的土壤，其表层基本上都是淡薄表层。山西地区淡薄表层主要出现在火山灰土、淋溶土、雏形土、新成土的 22 个土系中，其厚度介于 5～27 cm，平均为 15.5 cm，干态明度介于 4～6，润态明度介于 3～5，润态彩度介于 3～6，有机碳含量由于地上植被类型不同，差异较大，介于 3.5～47 g/kg，平均为 21.2 g/kg。一般来说，淡薄表层的有机碳含量比暗沃表层的低。淡薄表层上述指标在各土纲中的统计见表 2-2。

表 2-2　淡薄表层表现特征统计

土纲	厚度/cm		干态明度	润态明度	润态彩度	有机碳/(g/kg)	
	范围	平均				范围	平均
火山灰土（1）	22	22.0	5	3	6	20.9	20.9
淋溶土（3）	9～27	18.3	5	3～4	4～6	3.5～47.0	26.9
雏形土（15）	5～25	14.6	5～6	3～5	3～6	4.4～27.6	17.0
新成土（3）	8～20	15.3	4～5	3～4	3～6	17.5～22.7	20.0
合计	5～27	15.5	4～6	3～5	3～6	3.5～47.0	21.2

3. 堆垫表层

堆垫表层指长期施用大量土粪、土杂肥或河塘淤泥等并经耕作熟化而形成的人为表层。它具有以下全部条件：

（1）厚度≥50 cm。

（2）全层在颜色、质地、结构、结持性等方面相当均一，相邻亚层的质地在美国农部制土壤质地分类三角表中也处于相同或相邻位置。

（3）土表至50 cm有机碳加权平均值≥4.5 g/kg。

（4）受堆垫物质来源影响，除具有与邻近起源土壤相似的颗粒组成外，并且具有下列之一的特征：

①有残留的和新形成的锈纹、锈斑、潜育斑或兼有螺壳、贝壳等水生动物残体等水成、半水成土壤的特征（泥垫特征）；或

②有与邻近自成型土壤相似的某些诊断层碎屑或诊断特性（土垫特征）。

（5）含煤渣、木炭屑、砖瓦碎屑、陶瓷碎片等人为侵入体。

堆垫现象（cumulic evidence）：具有堆垫表层的特征，但厚度为20～50 cm。

在山西省，耕种土壤施用土杂肥是普遍的农事耕作现象，因此耕层土壤常见有煤渣、木炭屑、砖瓦碎屑、陶瓷碎片等人为侵入体。由于过去"农业学大寨"和"农田基本建设"，深翻耕地，平整土地，造成耕地土壤从地表往下的50 cm深度内（甚至更深）具有煤渣、木炭屑、砖瓦碎屑、陶瓷碎片等人为侵入体的情况不少。因此，不少耕地土壤具有堆垫表层（由于深翻土壤掺和，煤渣、木炭屑、砖瓦碎屑、陶瓷碎片等人为侵入体含量并不多，更具土垫特征），或具有堆垫现象。堆垫表层出现在人为土、新成土的2个土系中，堆垫厚度25 cm和40 cm，土表至50 cm有机碳加权平均含量为8.5 g/kg和2.0 g/kg，含有煤渣、木炭屑、砖瓦碎屑、陶瓷碎片等人为侵入体。堆垫表层上述指标在各亚类中的统计见表2-3。

表2-3 堆垫表层表现特征统计

亚类	厚度/cm	土表至50 cm有机碳含量/(g/kg)	人为侵入体	土系
普通土垫旱耕人为土	25	8.5	煤渣、木炭屑、陶瓷碎片	大寨系
石灰扰动人为新成土	40	2.0	煤矸石	南梁上系

4. 肥熟表层

肥熟表层是因长期种植蔬菜，大量施用人畜粪尿、厩肥、土杂肥等，精耕细作，频繁灌溉而形成的高度熟化的人为表层。它具有以下条件：

（1）厚度≥25 cm（包括上部的高度肥熟亚层和下部的过渡性肥熟亚层）；

（2）有机碳加权平均值≥6 g/kg；

（3）0～25 cm土层内0.5 mol/L NaHCO$_3$浸提有效磷加权平均值≥35 mg/kg（有效P$_2$O$_5$≥80 mg/kg）；

（4）有多量蚯蚓粪；间距＜10 cm 的蚯蚓穴占一半或一半以上；

（5）含煤渣、木炭屑、砖瓦碎屑、陶瓷碎片等人为侵入体。

肥熟现象（fimic evidence），具有肥熟表层的某些特征：①厚度不够，但有效磷含量符合要求，即厚度＜25 cm，但≥18 cm，有效磷加权平均值≥35 mg/kg；②厚度和有机碳含量符合要求，有效磷含量稍低，即虽厚度≥25 cm，而且有机碳加权平均值≥6 g/kg，但 0～25 cm 土层内有效磷加权平均值为 18～35 mg/kg（有效 P_2O_5 为 40～80 mg/kg）；③厚度符合要求，但有机碳含量较低，则有效磷指标应提高，即厚度虽≥25 cm，但全层有机碳加权平均值为 4.5～6 g/kg，则 0～25 cm 土层有效磷加权平均值应≥35 mg/kg。

过去，在城市郊区的老菜地，施用大量人畜粪便为主的有机肥，形成了肥熟表层。但因为近些年的城市化发展，这些耕地被建设占用了，肥熟表层被压在固化的水泥地或柏油路之下。而新的菜地，以化肥为主，大多土壤腐殖质和有机磷积累不够，达不到肥熟表层标准，只有肥熟现象。本次调查肥熟表层只出现在大北村系 1 个土系中，高度熟化的土层厚 16 cm，有机碳含量为 26.9 g/kg。

5. 盐积层与盐积现象

1）盐积层

盐积层是指在冷水中溶解度大于石膏的易溶性盐富集的土层。它具有以下条件：

（1）厚度至少为 15 cm；

（2）含盐量为：

①干旱土或干旱地区盐成土中，≥20 g/kg；或 1∶1 水土比提取液的电导（EC）≥30 dS/m；或

②其他地区盐成土中，≥10 g/kg；或 1∶1 水土比提取液的电导（EC）≥15 dS/m；

（3）含盐量（g/kg）与厚度（cm）的乘积≥600，或电导（dS/m）与厚度（cm）的乘积≥900。

2）盐积现象

盐积现象土层中有一定易溶性盐聚积的特征。其含盐量下限为 5 g/kg（干旱地区）或 2 g/kg（其他地区）。

盐积层和盐积现象是盐渍化过程形成的。主要分布在一级阶地、冲积平原及其局部低洼处等一些水盐汇集的地方。盐积层出现在盐成土的 2 个土系中，厚度介于 9～85 cm，含盐量范围介于 14.2～25.7 g/kg；盐积现象出现在雏形土的 2 个土系中，厚度介于 13～25 cm，含盐量平均为 11.3 g/kg。不同亚类土壤的盐积层、盐积现象特征的统计见表 2-4。

表 2-4 盐积层与盐积现象特征统计

亚类	盐积层厚度/cm		盐积层含盐量/(g/kg)	
	范围	平均	范围	平均
普通潮湿正常盐成土（2）	9～85	31.5	14.2～25.7	15.2
亚类	盐积现象厚度/cm		盐积现象含盐量/(g/kg)	
	范围	平均	范围	平均
弱盐淡色潮湿雏形土（2）	13～25	19.0	5.1～17.5	11.3

6. 灌淤表层与灌淤现象

长期引用富含泥沙的浑水灌溉（siltigation），水中泥沙逐渐淤积，并经施肥、耕作等交叠作用影响，失去淤积层理而形成的由灌淤物质（参见 2.2.3 节中人为淤积物质）组成的人为表层，它具有以下条件：

（1）灌淤表层厚度≥50 cm；

（2）全层在颜色、质地、结构、结持性、碳酸钙含量等方面均一；相邻亚层的质地在美国农部制土壤质地分类三角表中也处于相邻位置；

（3）土表至 50 cm 有机碳加权平均值≥4.5 g/kg；随深度逐渐减少，但至该层底部最少为 3g/kg；

（4）泡水 1h 后，在水中过 80 目筛，可见扁平状半磨圆的致密土片，在放大镜下可见淤积微层理；或在微形态上有人为耕作扰动形貌——半磨圆、磨圆状细粒质团块，内部或可见有残存的淤积微层理；

（5）全层含煤渣、木炭屑、砖瓦碎屑、陶瓷碎片等人为侵入体。

灌淤现象：具有灌淤表层的特征，但灌淤表层厚度为 20～50 cm。

有些老灌淤土由于每年灌溉带来的新泥沙不多，即新灌淤层不再形成或形成得不足够，过去的老灌淤层经过多年的干湿交替和冻融风化后，微沉积层理日渐式微，野外肉眼很难发现。南方平系就是这种老灌淤土的代表。

2.2.2　诊断表下层

1. 雏形层

风化-成土过程中形成的无或基本上无物质淀积，未发生明显黏化，带棕、红棕、红、黄或紫等颜色，且有土壤结构发育的 B 层。与联合国世界土壤图图例制（下称 FAO/Unesco 制）和世界土壤资源参比基础制（下称 WRB 制）一样，也将潜育指标排除在外，另设潜育特征。另外，在厚度上做了与国外不同的规定，美国土壤系统分类制（下称 ST 制）中无厚度指标，FAO/Unesco 制和 WRB 制均为 15 cm，而我国则考虑到干旱土及具寒性或更冷土壤温度状况土壤的特点，规定至少为 5 cm，其他土壤则≥10 cm。它具有以下一些条件：

（1）除具干旱土壤水分状况或寒性、寒冻温度状况的土壤，其厚度至少 5 cm；其余应≥10 cm，且其底部至少在土表以下 25 cm 处；

（2）具有极细砂、壤质极细砂或更细的质地；

（3）有土壤结构发育并至少占土层体积的 50%，保持岩石或沉积物构造的体积<50%；

（4）与下层相比，彩度更高，色调更红或更黄；

（5）若成土母质含有碳酸盐，则碳酸盐有下移迹象；

（6）不符合黏化层、灰化淀积层、铁铝层和低活性富铁层的条件。

雏形层是山西省土壤中最普遍存在的表下层。雏形层很容易形成，只要土壤含有一定数量的黏粒，比如土壤是壤土或更黏的质地，在干湿交替、冻融交替作用下，土壤结构就很容易形成；有水分存在的情况下，土壤中游离出来的铁吸附在土壤胶体上，也使得土壤颜色变艳；至于碳酸盐的淋溶淀积，在半湿润气候条件下，含碳酸盐的母质很容易产生。

在山西省出现的土纲中，除新成土土纲外，其余土纲均有雏形层出现。

2. 黏化层

黏粒含量明显高于上覆土层的表下层。其质地分异可以由表层黏粒分散后随悬浮液向下迁移并淀积于一定深度中而形成黏粒淀积层，也可以是由原土层中原生矿物发生土内风化作用就地形成黏粒并聚集而形成的次生黏化层（secondary clayified horizon）。若表层遭受侵蚀，此层可位于地表或接近地表。它具有以下条件：

（1）无主要是沉积成因的黏磐的，或河流冲积物中黏土层的，或由表层黏粒随径流水移失等而造成 B 层黏粒含量相对增高的特征。

（2）由于黏粒的淋移淀积：

①在大形态上，孔隙壁和结构体表面有厚度＞0.5 mm 的黏粒胶膜①而且其数量应占该层结构体面和孔隙壁的 5%或更多；或

②在黏化层与其上覆淋溶层之间不存在岩性不连续的情况下，黏化层从其上界起，在 30 cm 范围内，总黏粒（<2 μm）和细黏粒（<0.2 μm）含量与上覆淋溶层相比，应高出：

（a）若上覆淋溶层任何部分的总黏粒含量＜15%，则此层的绝对增量应≥3%（例如 13%对 10%）；细黏粒与总黏粒之比一般应至少比上覆淋溶层或下垫土层多 1/3；

（b）若上覆淋溶层总黏粒含量为 15%～40%，则此层的相对增量应≥20%（即≥1.2 倍，例如 24%对 20%）；细黏粒与总黏粒之比一般应至少比上覆淋溶层多 1/3；

（c）若上覆淋溶层总黏粒含量为 40%～60%，则此层总黏粒的绝对增量应≥8%（例如 50%对 42%）；

（d）若上覆淋溶层总黏粒含量≥60%，则此层细黏粒的绝对增量应≥8%；或

③在微形态上，淀积黏粒胶膜、淀积黏粒薄膜、黏粒桥接物等应至少占薄片面积的 1%：

（a）在砂质疏松土层中，可见砂粒表面有黏粒薄膜，颗粒间或有黏粒桥接物连接，或形成黏粒填隙体；

（b）在有结构或多孔土层中，可见土壤孔隙壁有淀积黏粒胶膜，有时在结构体表面有黏粒薄膜。和

④厚度至少为上覆土层总厚度的 1/10；若其质地为壤质或黏质，则其厚度应≥7.5 cm；若其质地为砂质或壤砂质，则厚度应≥15 cm；和

⑤无碱积层中的结构特征和无钠质特性，即不符合碱积层的条件；但在干旱土中可因土壤碱化而伴随有钠质特性，称为具钠质特性的黏化层，简称钠质黏化层（natroargic horizon）。

---

① 在野外应仔细观察，确认系淀积黏粒胶膜，而非具发亮光泽的滑擦面或其他。

（3）由于次生黏化的结果：

①黏粒含量比上覆和下垫土层高，但一般无淀积黏粒胶膜；土体和黏粒部分硅铝率或硅铁铝率与上覆和下垫土层基本相似；和

②比上覆或下垫土层有较高的彩度，较红的色调，而且比较紧实；和

③在均一的土壤基质中，与表层相比，其总黏粒增加量与"黏粒淀积层"的相同；或

④在薄片中可见较多不同蚀变程度的矿物颗粒和原生矿物的黏粒镶边、黏粒假晶、黏粒斑块等风化黏粒体及其残体，并占薄片面积的≥1%，或因受土壤扰动作用影响，它们"解体"后形成的各种形态纤维状光性定向黏粒；和

⑤出现深度和厚度因地而异。在具半干润水分状况的土壤中多见于剖面中、上部或地表 25 cm 以下，厚度≥10 cm；在干旱土中多位于干旱表层以下，厚度≥5 cm；若表层遭侵蚀，可出露地表；和

⑥若下垫土层砾石表面全为碳酸盐包膜，则此层有些砾石有一部分无碳酸盐包膜，下垫土层砾石仅底面有碳酸盐结皮，则此层砾石应无碳酸盐包膜。

要点：

（1）在《中国土壤系统分类（首次方案）》（未出版）中曾分别设立淀积黏化层和次生黏化层。鉴于在野外有时很难区分两者，不少应用者又缺乏微形态鉴定条件，故将之归并为一个诊断层。

（2）归并后在指标上似乎较为烦琐。在实际应用时可先初步简化如下：

①在形态上黏粒胶膜按体积计≥5%，或色调较红，较紧实；和

②黏粒含量符合条件（2）②项。

（3）最终确认，应作微形态观察。

山西省土壤诊断表下层中，最普遍的是雏形层，其次是黏化层。理论上说，只要土壤发育过程稳定，既不遭受侵蚀，也不接受覆盖物，雏形层继续发育都可能转变为黏化层，即无论是残积黏化过程，还是淀积黏化过程，黏粒含量积累到一定量，就会达到上述黏化层的标准。其实，雏形层并不排除有黏化过程发生，只是其黏粒含量或黏化现象没有达到黏化层的标准。黏化层是判定淋溶土纲的基本条件，本次调查黏化层出现在淋溶土、雏形土的 19 个土系中，黏化层的厚度介于 33～145 cm，黏化层与上覆层的黏粒比介于 0.7～6.3。需要说明的是，有些淋溶土的黏粒比小于 1.2，是因为我们以发现黏粒胶膜而鉴定为淋溶土的，这时不再依据黏化层是否比上面的淋溶层的黏粒含量大于 20%。这种淋溶土的黏化层多是古土壤的黏化层。各亚类土壤的黏化层特征的统计见表 2-5。

表蚀铁质干润淋溶土的黏粒比平均值为 1.1。这些土壤多是出露地表的第四纪乃至上新世的古土壤。在第四纪乃至上新世的湿热时期，形成了质地黏重的黏化层。这些古土壤后来被黄土覆盖，在现代侵蚀强烈地区又出露于地表。一般来说，目前的表层土壤为古黏化层，因此，表层之下的黏化层与上覆层的黏粒比自然就低。当然，如果上覆层是现代风积黄土，则黏化层与上覆层的黏粒比也会很高。

没有发现胶膜的淋溶土的黏化层与上覆层的黏粒比平均值为 1.1，以残积黏化过程为主，土体内铁元素水解与氧化，形成游离氧化铁，土体颜色发红，土壤质地变细，形

成黏化层，但是黏化率与其他黏化层土壤相比偏低。

表 2-5 黏化层特征统计

亚类	厚度/cm		黏化层与上覆层的黏粒比
	范围	平均	
表蚀铁质干润淋溶土（4）	33～145	111	0.9～2.9
普通钙积干润淋溶土（1）	84	84	1.3
普通简育干润淋溶土（5）	42～100	66	1.1～1.4
普通简育冷凉淋溶土（5）	38～140	76	1.9～6.3
普通钙质干润淋溶土（2）	60～81	71	1.2～1.3
石化钙积干润淋溶土（1）	100	100	0.7
钙积简育干润雏形土（1）	41	41	1.5
合计	33～145	78	0.7～6.3

3. 碱积层、碱积现象和碱性特征

（1）碱积层是交换性钠含量高的特殊淀积黏化层。它除具有黏化层条件（2）①～④项外，还具有以下特性：

①呈柱状或棱柱状结构；若呈块状结构，则应有来自淋溶层的舌状延伸物伸入该层，并达 2.5 cm 或更深；和

②在上部 40 cm 厚度以内的某一亚层中交换性钠饱和度（ESP）≥30%，pH≥9.0，表层土壤含盐量＜5 g/kg。

（2）碱积现象是指土层中具有一定碱化作用的特征。具有碱积层的结构，但发育不明显；上部 40 cm 厚度以内的某一亚层中交换性钠饱和度为 5%～29%；pH 一般为 8.5～9.0。

（3）碱性特征是指土体中有某一土层其交换性钠饱和度（ESP）为≥10%，或某一土层的 pH≥9.0，或两者兼有之。

山西省交换性钠饱和度（ESP）≥30%、pH≥9.0 的土壤，由于土壤胶体的钙镁饱和度高，没有棱柱状土壤结构体，因此没有土壤符合碱积层的标准。有些土壤的交换性钠饱和度为 5%～29%，pH 在 8.5～9.0，但距地表 40 cm 深度的土层内即使发育不明显的棱柱状结构也没有，因此，也不符合碱积现象标准。本次调查未出现碱积层、碱积现象和碱性特征。

4. 钙积层与钙积现象

钙积层与钙积现象都是钙积过程造成的，只是在表现形态和程度上不同。

1）钙积层

钙积层是指富含次生碳酸盐的未胶结或未硬结土层。它具有以下一些条件：

（1）厚度≥15 cm；

（2）未胶结或硬结成钙磐；

（3）至少有下列之一的特征：

①$CaCO_3$ 相当物为 150～500 g/kg，而且比下垫或上覆土层至少高 50 g/kg；或

②$CaCO_3$ 相当物为 150～500 g/kg，而且可辨认的次生碳酸盐，如石块底面悬膜、凝团、结核、假菌丝体、软粉状石灰、石灰斑或石灰斑点等按体积计≥5%；或

③$CaCO_3$ 相当物为 50～150 g/kg，而且细土部分黏粒（<2 μm）含量<180 g/kg；颗粒大小为砂质、砂质粗骨、粗壤质或壤质粗骨；可辨认的次生碳酸盐含量比下垫或上覆土层中高 50 g/kg 或更多（绝对值）；

④$CaCO_3$ 相当物为 50～150 g/kg，而且颗粒大小比壤质更黏；可辨认的次生碳酸盐含量比下垫或上覆土层中高 100 g/kg 或更多；或按体积计≥10%。

2）钙积现象

钙积现象是指土层中有一定次生碳酸盐聚积的特征：

（1）符合钙积层条件（3）①或（3）②项，但土层厚度仅 5～14 cm；

（2）土层厚度>15 cm，$CaCO_3$ 相当物也符合条件（3）③或（3）④项，但可辨认的次生碳酸盐数量低于条件（3）③或（3）④项的规定；

（3）$CaCO_3$ 相当物只比下垫或上覆土层高 20～50 g/kg 或可辨认的次生碳酸盐按体积计只占 2%～5%。

在山西省，山地丘陵区的钙积层主要出现在富含碳酸盐的黄土母质发育的土壤中，以假菌丝体、石灰斑点的形式出现，也有些具有碳酸盐结核（砂姜）。在盆地地区，钙积层主要以碳酸盐结核（砂姜）的形式出现。钙积层出现在淋溶土、雏形土的 5 个土系中，出现层位上限 11～42 cm。钙积现象出现在雏形土、火山灰土的 7 个土系中，多满足钙积现象的（2）、（3）标准，出现层位上限 20～50 cm。钙积层与钙积现象特征的统计分别见表 2-6、表 2-7。

表 2-6　钙积层特征统计

亚类	钙积层出现层位上限/cm	碳酸钙结核含量(体积分数)/%	质地	土系
普通简育冷凉淋溶土	12	5	粉砂壤土	南京庄系
石化钙积干润淋溶土	11	5～40	粉砂质黏土,粉砂质黏壤土	潘家沟系
普通钙积干润淋溶土	24	12	粉砂质黏土,粉砂质黏壤土	大南社系
钙积简育干润雏形土	18	10～70	粉砂壤土	小铎系
石灰底锈干润雏形土	42	20～60	粉砂壤土	古台系

表 2-7　钙积现象特征统计

亚类	钙积现象出现层位上限/cm	碳酸钙结核含量(体积分数)/%	假菌丝体含量(体积分数)/%	碳酸钙含量/(g/kg)	质地	土系
普通简育干润雏形土	20～50	0～3	2～20	65.1～178.9	粉砂壤土,壤土,砂质壤土	五里墩系、上营系、邵家庄系、龙咀系、小庄系、上东村系
普通干润玻璃火山灰土	22	15～20		28.7	砂土	艾家洼系

5. 钙磐

由碳酸盐胶结或硬结，形成连续或不连续的磐状土层。它具有以下条件：

（1）厚度，除直接淀积在坚硬基岩上者外，一般 ≥10 cm；

（2）此层厚度(cm)与 $CaCO_3$ 相当物(g/kg)的乘积 ≥2000；

（3）干时铁铲可以穿入，干碎土块在水中不消散。

钙磐以潘家沟系为代表。

2.2.3　诊断特性

1. 冲积物岩性特征

目前仍承受定期泛滥，有新鲜冲积物质加入的岩性特征。它具有以下两个条件：

（1）0～50 cm 范围内某些亚层有明显的沉积层理；

（2）在 125 cm 深度处有机碳[①]含量 ≥2 g/kg；或从 25 cm 起，至 125 cm 或至石质、准石质接触面，有机碳含量随深度呈不规则的减少。

山西省冲积物主要分布于境内河流两侧的一级阶地或高河漫滩，系岩石风化物或黄土物质，经水流搬运在流速减缓时沉积于河谷地段。盆地中，冲积物以较细的物质为主。而在山区的沟谷中，冲积物则较粗，多为砂壤并常夹有砾石。山西地区冲积物分布面积约 1072.9 万亩，占总土壤面积的 4.91%。

2. 砂质沉积物岩性特征

它具有以下全部条件：

（1）土表至 100 cm 或至石质、准石质接触面范围内土壤颗粒以砂粒为主，土壤质地为壤质细砂土或更粗；

（2）呈单粒状，含一定水分时或呈结持极脆弱的块状结构；无沉积层理；

（3）有机碳含量 ≤1.5 g/kg。

3. 黄土和黄土状沉积物岩性特征

（1）色调为 10YR 或更黄，干态明度 ≥7，干态彩度 ≥4；

（2）上下颗粒组成均一，以粉砂或细砂占优势；

（3）$CaCO_3$ 相当物 ≥80 g/kg。

黄土是山西省广泛分布的沉积物，特别是在山区。但处于暖温带半湿润的季风气候下，黄土母质很容易发生碳酸盐的淋溶淀积，即很容易看到假菌丝体；另一方面，黄土含有一定的黏粒，特别是粉砂含量多，也很易形成土壤结构（屑粒状或次棱块状）；因此，作为土壤分类的鉴别特征，在山西省很少见到黄土和黄土状沉积物岩性特征；黄土和黄土状沉积物岩性特征只是在山地深厚黄土母质上发育的土壤的土体以下部位出现。

---

① 应属于全新世以后形成的，即一万年以来的。

4. 石质接触面

土壤与紧实黏结的下垫物质（岩石）之间的界面层，不能用铁铲挖开。下垫物质为整块状者，其莫氏硬度＞3；为碎裂块体者，在水中或六偏磷酸钠溶液中振荡 15h 不分散。

石质接触面主要出现在山地正常新成土和部分土层浅薄的淡色雏形土中。任何坚硬的基岩埋藏浅于 50 cm，都鉴定为石质接触面。本次调查石质接触面出现在新成土、雏形土的 4 个土系中，出现层位从土表至 45 cm。石质接触面特征的统计见表 2-8。

表 2-8　石质接触面特征统计

亚类	石质接触面出现位置/cm	土系
石质草毡寒冻雏形土	45	北台顶系
石质干润正常新成土	18～20	街棚系、燕家庄系
石灰淡色潮湿雏形土	45	茨林系

5. 准石质接触面

土壤与连续黏结的下垫物质（一般为部分固结的砂岩、粉砂岩、页岩或泥灰岩等沉积岩）之间的界面层，湿时用铁铲可勉强挖开。下垫物质为整块状者，其莫氏硬度＜3；为碎裂块体者，在水中或六偏磷酸钠溶液中振荡 15h，可或多或少分散。

准石质接触面主要出现在山地浅薄的淡色雏形土中。一般其基岩类型是易于发生物理风化的花岗岩类，风化的土状物厚度小于 50 cm，其下面就是用铁镐可以刨动的半风化的岩石。本次调查准石质接触面出现在新成土、雏形土的 3 个土系中，出现层位从土表至 80 cm。准石质接触面特征的统计见表 2-9。

表 2-9　准石质接触面特征统计

亚类	准石质接触面出现位置/cm	土系
普通简育干润雏形土	60～75	南马会系、左家滩系
普通干润正常新成土	20	姬家庄系

6. 潜育特征

潜育特征是还原过程造成的土壤形态特征。即长期被水饱和，导致土壤发生强烈还原留下的特征。它具有以下一些条件：

（1）50%以上的土壤基质（按体积计）的颜色值为：

①色调比 7.5Y 更绿或更蓝，或为无彩色（N）；或

②色调为 5Y，但润态明度≥4，润态彩度≤4；或

③色调为 2.5Y，但润态明度≥4，润态彩度≤3；或

④色调为 7.5YR～10YR，但润态明度为 4～7，润态彩度≤2；或

⑤色调比 7.5YR 更红或更紫，但润态明度为 4～7，润态彩度为 1。

（2）在上述还原基质内外的土体中可以兼有少量锈斑纹、铁锰凝团、结核或铁锰管状物。

（3）取湿土土块的新鲜断面，用 10 g/kg 铁氰化钾［$K_3Fe(CN)_6$］水溶液测试，显深蓝色；或用 2 g/kg αα'-联吡啶于中性的 1 mol/L 醋酸铵溶液①测试，显深红色。

（4）rH≤19，计算公式：rH=［Eh(mV) / 29］+2pH。

潜育现象：土壤发生弱-中度还原作用的特征。

（1）仅 30%～50%的土壤基质（按体积计）符合"潜育特征"的全部条件；

（2）50%以上的土壤基质（按体积计）符合"潜育特征"的颜色值，但 rH 为 20～25②。

具有潜育特征的土系为樊村系和西滩系。

7. 氧化还原特征

氧化还原特征是氧化还原过程形成的土壤性质特征。即由于潮湿水分状况、滞水水分状况或人为滞水水分状况的影响，大多数年份某一时期土壤受季节性水分饱和，发生氧化还原交替作用而形成的特征。它具有以下一个或一个以上条件：

（1）有锈斑纹，或兼有由脱潜而残留的不同程度的还原离铁基质；

（2）有硬质或软质铁锰凝团、结核和（或）铁锰斑块或铁磐；

（3）无斑纹，但土壤结构体表面或土壤基质中占优势的润态彩度≤2；若其上、下层未受季节性水分饱和影响的土壤的基质颜色本来就较暗，即占优势润态彩度为 2，则该层结构体表面或土壤基质中占优势的润态彩度应<1；

（4）还原基质按体积计<30%。

本次调查氧化还原特征主要出现在盐成土、淋溶土、雏形土的 15 个土系中，主要表现特征为具有锈纹锈斑。建立的土系中，具有氧化还原特征的统计见表 2-10。

表 2-10　氧化还原特征统计

亚类	锈纹锈斑/%	土系数量	土系名称
石灰简育正常潜育土	5～50	1	樊村系
弱盐淡色潮湿雏形土	3～30	2	黄庄系、褚村系
石灰淡色潮湿雏形土	5～30	3	苏家堡系、上湾系、茨林系
普通简育干润雏形土	0～5	2	铺上系、连伯村系
石灰底锈干润雏形土	5～35	4	古台系、涑阳系、孙家寨系、大白登系
斑纹简育湿润雏形土	3	1	瓦窑头系
普通潮湿正常盐成土	3～10	2	兰玉堡、曲村系

---

① 不用 10%醋酸溶液是为了避免因溶解 $CaCO_3$ 而造成土壤条件的变化。

② rH 的上限（25）系根据我国习惯上将 Eh≤+250mV 作为潜育还原的指标之一和 pH 设定为 8 的条件而规定的。

8. 土壤水分状况

山西省土壤水分状况分布图见图 2-6。可分为以下三类水分状况。

1）半干润土壤水分状况

是介于干旱和湿润水分状况之间的土壤水分状况。大多数年份 50 cm 深度处年平均土温≥22 ℃或夏季平均土温与冬季平均土温之差<5 ℃时，土壤水分控制层段的某些部分或其全部每年累计干燥时间≥90 天；而且每年累计 180 天以上或连续 90 天是湿润的。

如果大多数年份 50 cm 深度处年平均土温<22 ℃或夏季平均土温与冬季平均土温之差≥5 ℃时，则土壤水分控制层段的某些部分或其全部每年累计干燥时间≥90 天；但当 50 cm 深度处土温>5 ℃时，则水分控制层段全部湿润的时间应累计有一半以上的天数。

若大多数年份在冬至后 4 个月内，土壤水分控制层段全部连续湿润时间≥45 天，则在夏至后 4 个月内水分控制层段全部连续干燥时间应<45 天。

在热带亚热带季风气候地区多具一个或两个旱季，夏、冬季意义不大；因此至少应有一个为期 3 个月或更长的雨季。

若按 Penman 经验公式估算，相当于年干燥度 1～3.5。

必要时可按每年累计干燥天数或年干燥度把半干润土壤水分状况细分为"偏湿润的"、"典型的"和"偏干旱的"三种。

在山西地区，广大的低山丘陵区和盆地，只要土壤不受地下水影响，土壤的水分状况基本都是干润的。

2）湿润土壤水分状况

一般见于湿润气候地区的土壤中，降水分配平均或夏季降水多，土壤储水量加降水量大致等于或超过蒸散量；大多数年份水分可下渗通过整个土壤。其指标是大多数年份水分控制层段每年累计干燥时间<90 天。若 50 cm 深度处年平均土温<22 ℃，而且冬季平均土温与夏季平均土温之差≥5 ℃，则大多数年份夏至后 4 个月内土壤水分控制层段的全部呈现连续干燥的时间不足 45 天。另外，当土温>5 ℃时，除短期外，土壤水分控制层段的一部分或全部应具有固、液、气三相体系。

若按 Penman 经验公式估算，相当于年干燥度<1，但每月干燥度并不都<1。

在山西地区，湿润土壤水分状况只出现在降水量较多的中山地带。那里降水量较多，坡度不是很陡，土层深厚，降水基本含蓄在土壤中。发育在河流沉积物上的土壤，如果地下水埋藏不深，其土体借助毛管上升得到地下水补给，也可能是湿润土壤水分状况。

3）潮湿土壤水分状况

大多数年份土温>5 ℃（生物学零度）时的某一时期，全部或某些土层被地下水或毛管水饱和并呈还原状态的土壤水分状况。若被水分饱和的土层因水分流动，存在溶解氧或环境不利于微生物活动（例如<1 ℃），则不认为是潮湿水分状况。

在山西省部分山地地区，由于气候寒冷，冬季冻结时间长，夏季融通的时间短，春秋季节土壤水分受冻层不同程度的顶托，形成类似于毛管支持水的湿润状况的土壤上层滞水，随着海拔的升高而突出。在高山顶部（晋中地区 2300 m 以上，恒山 2400 m 以上）

土壤水分大大超过盆地河谷土壤的湿度。本高度范围部分地区土壤由于高山气候，蒸发力减小，降水量加大，具有潮湿水分状况，例如五里洼系。潮湿土壤水分状况往往与氧化还原特征伴生，但具有氧化还原特征并不意味着土壤具有潮湿土壤水分状况，因为，氧化还原特征也可能是历史遗留下来的。潮湿土壤水分状况还是根据地形，特别是地下水位来判断。

图例
湿润水分状况
半干润水分状况

图 2-6　山西省土壤水分状况分布图

9. 土壤温度状况

指土表下 50 cm 深度处或浅于 50 cm 的石质或准石质接触面处的土壤温度。山西省土壤温度状况分布图见图 2-7。

1）寒冻土壤温度状况

年平均土温≤0 ℃，个别年份或月份可能＞0 ℃。

2）寒性土壤温度状况

年平均土温≥0 ℃，但＜9 ℃，且夏季平均土温＜13 ℃（地表上枯枝落叶层、密集草毡层的有机质层）或＜16 ℃（地表无有机质层）。

3）冷性土壤温度状况

年平均土温＜9 ℃，但夏季平均土温高于具寒性土壤温度状况土壤的夏季平均土温。

4）温性土壤温度状况

年平均土温≥9 ℃，但＜16 ℃。

5）热性土壤温度状况

年平均土温≥16 ℃，但＜23 ℃。

在山西省，没有 50 cm 深度处的土壤温度观测数据。土壤温度状况是通过年平均气温加 2 ℃计算得出的（李连捷等，1988）。山区土壤的气温根据海拔进行了修正，即海拔每上升 100 m，气温下降 0.6 ℃。

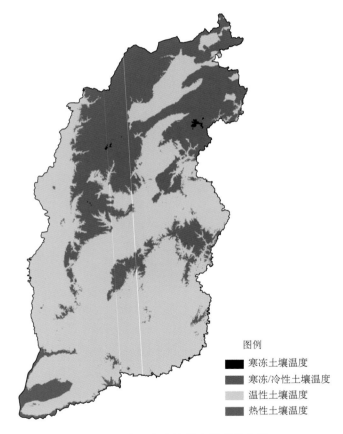

图例
■ 寒冻土壤温度
■ 寒冻/冷性土壤温度
□ 温性土壤温度
■ 热性土壤温度

图 2-7　山西省土壤温度状况分布图

10. 铁质特性

铁质特性是土壤中游离氧化铁非晶质部分浸润和赤铁矿、针铁矿微晶形成，并充分分散于土壤基质内使土壤红化的特性。它具有以下一个或两个条件：

（1）土壤基质色调为 5YR 或更红；

（2）整个 B 层细土部分 DCB 法浸提游离铁≥14 g/kg（游离 Fe_2O_3≥20 g/kg），或游离铁占全铁的 40%或更多。

本次调查具有铁质特性的土壤主要是一些古土壤，当时的气候比现在湿热得多，所以土壤的铁红化过程强烈。颜色介于 10R～5YR，游离 Fe_2O_3 含量介于 14.7～23.7 g/kg，游离 Fe_2O_3 占全铁的比例介于 27.2%～48.3%。不同亚类土系的铁质特性统计见表 2-11。

表 2-11　铁质特性指标统计

亚类	色调	游离铁(Fe_2O_3)/(g/kg)	游离铁(Fe_2O_3)占全铁的比例/%
表蚀铁质干润淋溶土（4）	2.5YR～10R	19.2～23.2	34.8～48.3
普通简育冷凉淋溶土（3）	2.5YR～5YR	14.7～20.8	27.2～36.5
石化钙积干润淋溶土（1）	2.5YR～5YR	18.1～19.7	30.1～37.6
普通钙积干润淋溶土（1）	5YR	21.6～22.2	32.1～42.0
钙积简育干润雏形土（1）	2.5YR	—	—
合计	10R～5YR	14.7～23.2	27.2～48.3

11. 石灰性

土表至 50 cm 范围内所有亚层中 $CaCO_3$ 相当物均≥10 g/kg，用 1∶3 HCl 处理有泡沫反应。

若某亚层中 $CaCO_3$ 相当物比其上、下亚层高时，则绝对增量不超过 20 g/kg，即低于钙积现象的下限。

山西地区的沉积物多与黄土有渊源，黄土富含碳酸盐，因此很多土壤存在石灰性反应。具有石灰性特征的有人为土的 3 个土系，火山灰土的 1 个土系，盐成土的 2 个土系，潜育土的 2 个土系，淋溶土的 16 个土系，雏形土的 45 个土系，新成土的 17 个土系，总计 86 个土系。

12. 碳酸盐岩岩性特征

它具有以下一些条件：

（1）有上界位于土表至 125 cm 范围内，沿水平方向起伏或断续的碳酸盐岩石质接触面；界面清晰，界面间有时可见分布有不同密集程度的白色碳酸盐根系；

（2）土表至 125 cm 范围内有碳酸盐岩岩屑或风化残余石灰；

（3）所有土层盐基饱和度≥50%，pH≥5.5。

13. 人为淤积物质

由人类活动造成的淀积物质，包括：①以灌溉为目的引用浑水灌溉形成的灌淤物质；②以淤地为目的渠引含高泥沙河水（放淤）或筑坝围堾截留含高泥沙洪水（截淤）造成的截淤物质。前者是灌淤表层的物质基础，后者是淤积人为新成土（俗称淤土）的诊断依据。

它具有以下全部条件：

（1）灌淤物质大多数年份每年淤积厚度≥0.5 cm，而截淤物质大多数年份每年淤积厚度≥10 cm。

（2）有明显或较明显的淀积层理和微层理。但灌淤物质的层理因每年耕翻扰动，随后消失；而截淤物质若一年中淤积厚度超过当年或翌年耕犁深度，则在耕作层以下的某些亚层中保留有层理和微层理。

（3）失去层理的层次泡水 1h 后，在水中过 80 目筛，可见扁平状半磨圆的致密土片，在放大镜下可见淤积微层理；或在微形态上有人为耕作扰动形貌——半磨圆、磨圆状细粒质团块，内部或可见有残存的淤积微层理。

第 3 章 土 壤 分 类

分类是认识自然事物的线索。土壤是由无数单个土体组成的复杂庞大的群体系统。如果不对土壤群体进行分类，就难以认识单个土体之间的差异性或相似性，也很难理解它们之间的关系。因此，人们就选择土壤的某些性质，比如诊断层或诊断特性，作为区分标准，根据在这些性质上的异同，将土壤群体中的单个土体进行分类或归类，形成类别或类型。一个土壤类型就是在所选择的作为区分标准的土壤性质上相似的一组单个土体，并且依据这些性质区别于其他土壤类型。土壤分类不仅是在不同的概括水平上认识和区分土壤的线索，也是进行土壤调查、土地评价、土地利用规划和交流有关土壤科学和农业生产实践研究成果以及转移地方性土壤生产经营管理经验的依据。

3.1 土壤分类的历史回顾

不同时期的土壤分类反映了当时土壤科学发展的水平，即土壤分类是土壤科学发展水平的一面镜子。随着人们对土壤知识的增加与深化，特别随着认识到的土壤个体在增加，即通过土壤调查，认识到了更多的土壤，土壤分类也在不断革新。另一方面，由于土壤知识背景不同，组织土壤知识进行土壤分类的思想方法也不同，同一时期也会存在多种土壤分类体系，每个土壤分类体系都有其自身的分类特点。

3.1.1 农业土壤系统分类（1958～1959 年）

1958 年中央决定在全国开展群众性的土壤普查，目的是改良土壤，发展农业生产。因此，调查对象也以耕作土壤为主。山西省组织土壤调查队伍进行了当地的土壤普查鉴定工作。在制定分类系统时，以群众鉴别土壤的经验为基础，运用土壤发生观点以充分反映土壤的肥力情况、耕作性能和生产性能，采用自下而上的方法逐级归纳，再自上而下地加以验证。这项工作作于 1959 年完成，并根据农民群众对土壤的称谓做了系统的整理和分类。

1. 分类标准

土壤分类系统以土类、土种为基本单元，土类、土种间的中间类型是土组。土类可再分为亚类，土种可再分为变种。

土类：在自然因素及人类活动的综合影响下，相应的成土过程所发生的土壤性质上较为稳定的特征，土壤基本性态相似，足以反映农业利用方向和重大的改良措施，作为农业分区和土壤改良分区的依据。

亚类：在土类范围内发生了一定程度的变异，但还没有脱离本土类的范畴，或可根据几个土组的共性，进行归纳；亚类较土类所反映的改良利用方向更趋向一致。

土组：是土种的共同特性进一步编组，同时亦反映土类、亚类发育程度的差异，同组土壤在利用改良上有一致性，演变规律上有关联性，可作为改良措施上的依据。

土种：是农民区分土壤的基本单位，同一土种具有共同的土壤性状，反映土壤的肥力和耕性，各土种间在施肥、耕作宜种作物上有一定的差别。

变种：同一土种内土壤性质和肥力有一定程度上的差异时，再细分为变种。

土种、变种可作为农业生产措施、深耕改土和施肥措施的依据。

2. 命名原则

土种和变种大多采用农民对土壤的称谓，如鸡粪土、二合土。土类、亚类和土组名称，尽量从土种中提炼，同时土类、亚类名称考虑全国的统一性，避免重复。

这次农业土壤普查，主要是鉴别低级分类类型，即土种和变种。

3.1.2　土壤发生分类（1979～1988 年）

山西省第二次土壤普查是在认真贯彻落实国务院（1979 年）111 号文件，按照《全国第二次土壤普查暂行技术规程》《山西省土壤普查规程》的要求进行的。1979～1988 年期间，全国召开了多次土壤分类会议，山西省也多次召开技术顾问组会议，研究土壤分类问题，不断补充修订土壤分类系统。尽管做过几次较大变更，但分类仍以成土条件、成土过程和土壤属性为原则依据，特别注意了山西省普遍受黄土母质影响的土壤特点，如黄绵土和栗褐土都是山西省第二次土壤普查时新划分出来的土类（表 3-1）。丰富了土壤分类科学。

1. 分类标准

采用四级分类制，即土类、亚类、土属和土种。其中土类、亚类属高级分类单元，主要反映土壤形成过程的主导方向和发育分段。土属和土种属基层分类单元，主要反映土壤形成过程中土壤属性和发育程度上的差异。

土类：是根据成土条件、成土过程及由此而产生的土壤属性的特点（包括剖面层次发育）划分的，土类之间是质的差别。

亚类：是土类范围或土类之间的过渡类型，根据主导土壤形成过程或主要形成过程以外的另一附加过程来划分。例如，在平原土壤中着重反映土壤水分状况和盐渍作用，如从潮土中划出盐化潮土；在山地着重反映淋溶淀积类型与强度及其与植被和垂直地带的关系。

土属：亚类与土种间具有承上启下意义的单元，既是亚类的续分，又是土种的归纳，以反映土壤的地区性特征。主要根据成土母质类型、地区性水文特征和盐分组成类型以及某些特殊熟化类型来划分。

土种：是土属内具有相类似的发育程度和剖面层次排列（土体质地构型）的土壤，土种特性具有相对稳定性。主要根据发育程度、腐殖质层厚度及剖面构型来划分。山地土壤按土层厚度及耕种情况来划分，平原土壤按质地、夹层类型及其层位厚度来划分。

2. 命名原则

采用发生学的分级连续命名法，并附以群众名称提炼的统一名称，以资比较。

这次土壤普查，相对上次农业土壤普查，重视了高级分类类型，即土类和亚类的调查。

表 3-1 山西土壤发生分类系统表（第二次土壤普查）

土类	亚类	土属	土种
亚高山草甸土	亚高山草甸土	亚高山草甸土	冷潮土
山地草甸土	山地草甸土	麻砂质山地草甸土	麻砂质潮毡土
		硅质山地草甸土	硅质潮毡土
		泥质山地草甸土	薄泥质潮毡土
		灰泥质山地草甸土	灰泥质潮毡土
		黄土质山地草甸土	潮毡土
		红黄土质山地草甸土	红黄土质潮毡土
	山地草原草甸土	麻砂质山地草原草甸土	薄麻砂质草毡土
			麻砂质草毡土
		灰泥质山地草原草甸土	灰泥质草毡土
		黄土质山地草原草甸土	草毡土
			耕草毡土
棕壤	棕壤	麻砂质棕壤	麻砂质林土
		硅质棕壤	薄硅质林土
		泥质棕壤	泥质林土
		灰泥质棕壤	薄灰泥质林土
			灰泥质林土
		黄土质棕壤	黄土质林土
			耕黄土质林土
		红黄土质棕壤	红黄土质林土
	棕壤性土	麻砂质棕壤性土	薄麻砂质棕土
			麻砂质棕土
			耕麻砂质棕土
		硅铝质棕壤性土	薄硅质棕土
		硅质棕壤性土	硅质棕土
		砂泥质棕壤性土	薄砂泥质棕土
			耕砂泥质棕土
		灰泥质棕壤性土	薄灰泥质棕土
			灰泥质棕土
			耕灰泥质棕土
		黄土质棕壤性土	黄土质棕土
			耕黄土质棕土
褐土	褐土	黄土质褐土	浅黏垣绵垆土
			深黏垣绵垆土
		黄土状褐土	深黏绵垆土
			浅黏绵垆土
		洪积褐土	浅黏洪黄垆土
	石灰性褐土	黄土质石灰性褐土	深黏垣黄垆土
			浅黏垣黄垆土
		红黄土质石灰性褐土	浅黏垣红绵垆土
		黄土状石灰性褐土	浅黏黄垆土
			深黏黄垆土
			底黑黄垆土

土类	亚类	土属	土种
褐土	石灰性褐土	黄土状石灰性褐土	二合黄垆土
			夹砂黄垆土
			底砾黄垆土
			二合深黏黄垆土
		红黄土状石灰性褐土	浅黏红黄垆土
			二合浅黏红黄垆土
		洪积石灰性褐土	洪黄垆土
			底黑洪黄垆土
			底砾洪黄垆土
			二合洪黄垆土
			夹砂红黄垆土
			黏洪黄垆土
		灌淤石灰性褐土	深黏淤黄垆土
			二合淤黄垆土
	淋溶褐土	麻砂质淋溶褐土	薄麻砂质淋土
			麻砂质淋土
			耕麻砂质淋土
		硅铝质淋溶褐土	薄硅铝质淋土
		铁铝质淋溶褐土	薄铁铝质淋土
			铁铝质淋土
			耕铁铝质淋土
		硅质淋溶褐土	薄硅质淋土
			硅质淋土
		砂泥质淋溶褐土	薄砂泥质淋土
			砂泥质淋土
			耕砂泥质淋土
		灰泥质淋溶褐土	薄灰泥质淋土
			灰泥质淋土
			耕灰泥质淋土
		黄土质淋溶褐土	薄黄淋土
			黄淋土
			耕黄淋土
		红黄土质淋溶褐土	红黄淋土
			耕红黄淋土
		洪积淋溶褐土	耕洪淋土
	潮褐土	黄土状潮褐土	浅黏潮黄土
			深黏潮黄土
			二合浅黏潮黄土
	褐土性土	麻砂质褐土性土	麻砂质立黄土
			耕麻砂质立黄土
			麻砾立黄土

土类	亚类	土属	土种
褐土	褐土性土	砂泥质褐土性土	薄砂泥质立黄土
			耕薄砂泥质立黄土
			砂泥质立黄土
			耕砂泥质立黄土
			耕砾砂泥质立黄土
		灰泥质褐土性土	薄砾灰泥质立黄土
			耕薄灰泥质立黄土
			灰泥质立黄土
			砾灰泥质立黄土
			耕灰泥质立黄土
		黄土质褐土性土	薄立黄土
			薄二合立黄土
			立黄土
			砾立黄土
			二合砾立黄土
			黏立黄土
			耕立黄土
			垣坡立黄土
			耕多姜立黄土
			少姜立黄土
			耕少砾立黄土
			耕底黑立黄土
			二合立黄土
			耕二合立黄土
			耕少姜立黄土
			耕砾多姜立黄土
			耕多砾立黄土
			耕夹红立黄土
			耕夹红黄立黄土
		红黄土质褐土性土	红立黄土
			耕红立黄土
			浅姜红立黄土
			二合红立黄土
			耕二合红立黄土
			耕少姜红立黄土
			黏少姜红立黄土
			耕黏红立黄土
		黑垆土质褐土性土	耕黑立黄土
		洪积褐土性土	洪立黄土
			耕洪立黄土
			多砾洪立黄土
			夹砾洪立黄土
			底砾洪立黄土

续表

土类	亚类	土属	土种
褐土	褐土性土	洪积褐土性土	少姜洪立黄土
			二合洪立黄土
			二合夹砾洪立黄土
			二合底砾洪立黄土
			少砾洪立黄土
			黏少姜洪立黄土
			黏洪立黄土
		沟淤褐土性土	荒沟淤土
			沟淤土
			夹砾沟淤土
			底砾沟淤土
			夹黑沟淤土
			底砾二合沟淤土
			夹砾二合沟淤土
			黏沟淤土
		灌淤褐土性土	灌淤土
			黏灌淤土
		堆垫褐土性土	堆垫土
			二合堆垫土
		黄土状褐土性土	卧黄土
			耕卧黄土
			底盐砂卧黄土
			二合卧黄土
		冲洪积褐土性土	菜园土
栗钙土	栗钙土	黄土质栗钙土	深钙积栗土
			浅钙积栗土
		黄土状栗钙土	砂浅钙积栗土
			砂底白干栗土
			多砾夹白干栗土
			夹白干栗土
			底白干栗土
		洪积栗钙土	浅钙积洪栗土
			多砾洪栗土
			夹白干洪栗土
			底白干洪栗土
	草甸栗钙土	黄土状草甸栗钙土	砂底白干潮栗钙土
			潮栗土
			二合潮栗土
			夹白干潮栗土
		灌淤草甸栗钙土	底白干淤栗土
	栗钙土性土	砂泥质栗钙土性土	粗砂泥质栗性土
			砂泥质栗性土
			耕砂泥质栗性土

续表

土类	亚类	土属	土种
栗钙土	栗钙土性土	黄土质栗钙土性土	砂黄栗性土
			黄栗性土
		红黄土质栗钙土性土	砂红栗性土
			红栗性土
		洪积栗钙土性土	洪栗性土
			耕洪栗性土
		灌淤栗钙土性土	砂淤栗性土
			二合淤栗性土
栗褐土	栗褐土	麻砂质栗褐土	薄麻砂质栗黄土
			麻砂质栗黄土
			耕麻砂质栗黄土
		铁铝质栗褐土	薄铁铝质栗黄土
		砂泥质栗褐土	薄砂泥质栗黄土
			砂泥质栗黄土
		灰泥质栗褐土	薄灰泥质栗黄土
			灰泥质栗黄土
		黄土质栗褐土	栗黄土
			耕栗黄土
			二合栗黄土
			耕二合栗黄土
		红黄土质栗褐土	红栗黄土
			少姜红栗黄土
			二合红栗黄土
			耕二合红栗黄土
		黄土状栗褐土	砂卧栗黄土
			卧栗黄土
			夹白干卧栗黄土
			底白干卧栗黄土
			二合卧栗黄土
		洪积栗褐土	洪栗黄土
			多砾洪栗黄土
			二合洪栗黄土
		灌淤栗褐土	淤栗黄土
			底砾淤栗黄土
			黏底砾淤栗黄土
	淡栗褐土	黄土质淡栗褐土	淡栗黄土
			耕淡栗黄土
			底黑淡栗黄土
		红黄土质淡栗褐土	红淡栗黄土
			二合红淡栗黄土
			少姜红淡栗黄土
		黑垆土质淡栗褐土	黑淡栗黄土

续表

土类	亚类	土属	土种
栗褐土	淡栗褐土	黄土状淡栗褐土	卧淡栗黄土
			底黑卧淡栗黄土
			二合卧淡栗黄土
		洪积淡栗褐土	洪淡栗黄土
			底砾洪淡栗黄土
			二合红淡栗黄土
			底砾二合洪淡栗黄土
		灌淤淡栗褐土	黏淤淡栗黄土
	潮栗褐土	黄土状潮栗褐土	潮栗黄土
黄绵土	黄绵土	黄绵土	黄绵土
			耕黄绵土
			耕少姜黄绵土
红黏土	红黏土	红黏土	大瓣红土
			耕大瓣红土
			小瓣红土
			耕小瓣红土
新积土	冲积土	冲积土	砂河漫土
			耕砂河漫土
			河漫土
			耕河漫土
			耕底砾河漫土
			耕夹砾河漫土
风砂土	草原风砂土	半固定草原风砂土	流砂土
		固定草原风砂土	漫砂土
			耕漫砂土
	草甸风砂土	半固定草甸风砂土	河砂土
		固定草甸风砂土	耕河砂土
火山灰土	基性岩火山灰土	铁铝质火山灰土	浮石砾土
石质土	中性石质土	麻砂质中性石质土	麻石砾土
		砂泥质中性石质土	砂石砾土
	钙质石质土	钙质石质土	灰石砾土
粗骨土	中性粗骨土	麻砂质中性粗骨土	薄麻渣土
			麻渣土
			耕麻渣土
		硅铝质中性粗骨土	粗渣土
		铁铝质中性粗骨土	浮石渣土
		砂泥质中性粗骨土	薄砂渣土
			砂渣土
			耕砂渣土
		硅质中性粗骨土	白砂渣土
	钙质粗骨土	钙质粗骨土	薄灰渣土
			灰渣土

续表

土类	亚类	土属	土种
潮土	潮土	冲积潮土	河砂潮土
			砂潮土
			河潮土
			绵潮土
			蒙金潮土
			底黏潮土
			底砾潮土
			二合潮土
			耕二合潮土
			夹砾潮土
			底砂潮土
			黏潮土
			底砂黏潮土
		洪冲积潮土	洪潮土
			耕洪潮土
			夹白干洪潮土
			夹砾洪潮土
			底砾洪潮土
			蒙金洪潮土
			底黏洪潮土
			二合洪潮土
			夹砾二合洪潮土
			底砾二合洪潮土
			黏洪潮土
		湖积潮土	湖泥潮土
		堆垫潮土	堆垫潮土
			夹砾堆垫潮土
			二合堆垫潮土
			底砾堆垫潮土
			底砾黏堆垫潮土
		煤化潮土	煤灰潮土
		洪积潮土	菜园潮土
	脱潮土	冲积脱潮土	脱潮土
			耕脱潮土
			蒙金脱潮土
			二合脱潮土
			黏脱潮土
		洪冲积脱潮土	洪脱潮土
			二合洪脱潮土
			黏洪脱潮土
	湿潮土	洪冲积湿潮土	潮湿土

土类	亚类	土属	土种
潮土	盐化潮土	硫酸盐盐化潮土	轻白盐潮土
			耕轻白盐潮土
			底白干轻白盐潮土
			夹砾轻白盐潮土
			黏轻白盐潮土
			中白盐潮土
			耕中白盐潮土
			夹砂中白盐潮土
			底砂中白盐潮土
			黏中白盐潮土
			重白盐潮土
			耕重白盐潮土
			底白干重白盐潮土
			夹砂重白盐潮土
			黏重白盐潮土
			底砂黏重白盐潮土
		氯化物盐化潮土	底白干轻盐潮土
			轻盐潮土
			黏轻盐潮土
			砂中盐潮土
			中盐潮土
			重盐潮土
		苏打盐化潮土	轻苏打盐潮土
			耕轻苏打盐潮土
			黏轻苏打盐潮土
			中苏打盐潮土
			耕中苏打盐潮土
			重苏打盐潮土
			耕重苏打盐潮土
			底白干重苏打盐潮土
		混合盐化潮土	轻混盐潮土
			黏轻混盐潮土
			底砂轻混盐潮土
			中混盐潮土
	碱化潮土	碱化潮土	轻碱潮土
			黏轻碱潮土
			中碱潮土
			重碱潮土
沼泽土	沼泽土	冲积沼泽土	湿沼土
	草甸沼泽土	冲积草甸沼泽土	湿土
	盐化沼泽土	硫酸盐盐化沼泽土	盐沼土

续表

土类	亚类	土属	土种
盐土	草甸盐土	硫酸盐草甸盐土	白盐土
		氯化物草甸盐土	黑油盐土
		碳酸盐氯化物草甸盐土	黑盐土
		氯化物硫酸盐草甸盐土	灰盐土
		苏打硫酸盐草甸盐土	苏打白盐土
	碱化盐土	氯化物碱化盐土	黑油碱盐土
		硫酸盐氯化物碱化盐土	灰碱盐土
			底白干灰碱盐土
		硫酸盐碱化盐土	白碱盐土
		混合碳碱化盐土	混合碱化盐土
		硫酸盐碱化盐土	碱盐土
水稻土	渗育型水稻土	洪积渗育型水稻土	黄泥田
	潴育型水稻土	洪冲积潴育型水稻土	灰泥田
	潜育型水稻土	冲积潜育型水稻土	烂泥田
	盐渍型水稻土	洪冲积盐渍型水稻土	盐性田

受当时技术力量、野外调查和实验室分析条件及时间资金等的限制，第二次土壤普查成果在野外土壤剖面形态描述、室内样品分析结果、土壤类型鉴定和制图精度等方面，也存在不少问题。因此，本次山西省的土系调查和建立工作，没有参考第二次土壤普查成果中的土壤剖面。

3.1.3　土壤系统分类（1981～2019 年）

随着国际交往的日渐频繁，土壤系统分类和联合国土壤制图单元逐步传入我国。1981年秋季，北京农业大学李连捷院士邀请曾经当过国际土壤学会第 5 组（土壤发生分类组）主席、德国土壤学家 E. Schlichting 教授来北京农业大学讲授联合国的土壤分类，现代土壤分类学首次引入我国。当时，正值全国土壤普查进行得如火如荼之际，全国土壤普查办公室和各省区市的土壤普查技术负责人，包括许多大学的著名土壤地理学家，如沈阳农业大学的唐耀先、徐湘成、山西农业大学的张毓庄、浙江农业大学的陆景岗等和北京农业大学的师生（77 级本科生）共 50 多人听课，场面热烈空前，给刚刚开放了国门的中国土壤分类学界带来一阵清风。为了取得美国土壤系统分类的"真经"，李连捷教授又于 1982 年秋季邀请曾经当过国际土壤学会第 5 组（土壤发生分类组）主席、时任美国农业部土壤保持局土壤调查处主任的著名土壤学家 R. W. Arnold 教授来北京农业大学讲授美国土壤系统分类学。场面同样火爆，国内各省区市的土壤普查技术负责人和许多大学讲授土壤地理学的教师共 40 多人听课。R. W. Arnold 在北京农业大学的讲课，将现代美国土壤诊断分类引入了我国，他的讲课稿被北京农业大学农业遥感技术应用与培训中心翻译整理成专册——《土壤分类》，并在土壤学界广为传播（没有正式出版），推动了美国土壤系统分类在中国的传播。张凤荣教授的硕士论文《北京南口山前冲洪积扇部分地区土壤系统分类》（张凤荣，1984）是中国第一篇应用美国土壤系统分类（Soil

Taxonomy）的概念和方法，进行土壤调查、分类和制图的硕士论文。在硕士论文基础上，张凤荣的博士论文《北京山地与山前土壤的系统分类》（张凤荣，1988），博采美国土壤诊断分类和地理发生分类系统之优点，提出将土壤温度和水分状况放在最高分类阶层，以体现土壤宏观地理特性，将诊断层放在第二级分类阶层以体现土壤自然综合体特性的高级分类的原则、分类标准，并以北京山地山前地区的土壤为例进行了系统分类。

我国自 1985 年开始了中国土壤系统分类的研究。从《中国土壤系统分类（首次方案）》，而后又提出了《中国土壤系统分类检索（第三版）》（中国科学院南京土壤研究所土壤系统分类课题组等，2001），确定了以发生学理论为指导，以诊断层和诊断特性为分类依据的中国土壤系统分类。《中国土壤系统分类检索（第三版）》拟定了高级分类单元，包括土纲、亚纲、土类、亚类四级。中国土壤系统分类与发生分类的最大区别是建立了定量化的鉴别土壤的诊断层和诊断特性，并配备了一个各级分类单元的检索系统，每一类土壤可以在这个检索系统中找到所属的分类位置，也只能找到一个位置。而此前的发生分类因为没有检索系统，只有一个各级分类单元的分类表，往往可能在鉴别土壤时，出现"同土异名"或"异土同名"的现象。

以土壤系统分类的方法为指导，1983～2000 年，张凤荣等在北京等地区，挖掘、描述、采样和分析了共计 276 个剖面。这些剖面，在 2000 年，根据《中国土壤系统分类检索（修订方案）》，被整理成山地土系 36 个，平原土系 19 个；2009 年"我国土系调查与《中国土系志》编制"项目启动，京津地区的土系调查和土系志编制工作由中国农业大学负责。2009～2013 年，张凤荣、王秀丽等在北京、天津地区，挖掘、描述、采样和分析了共计 276 个剖面，并依据《中国土壤系统分类检索（第三版）》中关于高层分类的划分标准和"我国土系调查与《中国土系志》编制"项目技术组拟定的土族和土系划分标准（张甘霖等，2013），确立了京津地区土壤从土纲到土系的各级分类单元的鉴定标准，并依据此标准，对调查的剖面进行了从土纲到土系的系统分类，共建立了 151 个土系，并编制了《中国土系志·北京天津卷》（张凤荣等，2017）。本次土系调查之前的这些工作，为本次山西地区土系野外调查和土系的建立奠定了良好的基础。

中国农业大学和山西省农业科学院农业环境与资源研究所共同承担了山西省土系调查和土系志编制工作，中国农业大学为第一负责单位。依据《中国土壤系统分类检索（第三版）》中关于高层分类的划分标准和"我国土系调查与《中国土系志》（中西部卷）编制"项目技术组拟定的土族和土系划分标准，根据 2014～2018 年 5 年间山西地区土系调查的经验，确立了山西地区土壤从土纲到土系的各级分类单元的鉴定标准；并依据此标准，对调查的剖面进行了自上而下、从土纲到土系的系统分类。

中国土壤系统分类共六级，即土纲、亚纲、土类、亚类、土族和土系。

土纲：最高土壤分类级别，根据主要成土过程产生的或影响主要成土过程的性质划分。所谓成土过程产生的性质，是一些诊断层或诊断特性。如人为土，根据耕作中人为过程产生的性质，如堆垫表层、肥熟表层划分；盐成土根据盐渍过程产生的盐积层和碱积层划分；淋溶土根据黏化过程产生的黏化层划分；潜育土根据潜育过程产生的潜育特征划分。影响主要成土过程的性质，如水分状况，我国干旱区面积广大，干旱是影响土壤发生的重要因素；因此，以干旱土壤水分状况作为干旱土土纲的标准。但山西地区并无干旱土。

亚纲：土纲的辅助级别，主要根据影响现代成土过程的控制因素所反映的性质（如水分状况、温度状况和岩性特征）划分：①按水分状况划分的亚纲有雏形土纲中的潮湿雏形土、干润雏形土和湿润雏形土，潜育土纲中的正常（地下水）潜育土，淋溶土纲中的干润淋溶土；②按岩性特征划分的亚纲有新成土纲中的砂质新成土、冲积新成土和正常新成土。

土类：亚纲的续分，多根据反映主要成土过程强度或次要成土过程或次要控制因素的表现性质划分。根据次要成土过程的表现性质划分的如：干润淋溶土中反映钙积、土内风化等次要过程的钙积干润淋溶土、简育干润淋溶土等土类；反映气候控制因素的冷凉湿润雏形土、简育湿润雏形土、干润砂质新成土、湿润冲积新成土、干润正常新成土等。

亚类：土类的辅助级别，主要根据是否偏离中心概念，是否具有附加过程的特性和是否具有母质残留的特性划分。代表中心概念的亚类为普通亚类，具有附加过程特性的亚类为过渡性亚类，如弱盐、斑纹、堆垫、肥熟等；具有母质残留特性的亚类为继承亚类，如石灰、石质等。

土族：是在亚类范围内，主要反映与土壤利用管理有关的土壤理化性质发生明显分异的续分单元。同一亚类的土族划分是地域性（或地区性）成土因素引起土壤性质在不同地理区域的具体体现。不同类别的土壤划分土族所依据的标准各异。供土族分类选用的主要指标是土壤剖面控制层段的土壤颗粒大小级别及其在控制层段内的突然变化、不同颗粒级别的土壤矿物组成类型、土壤温度状况、土壤酸碱性及人类活动赋予的其他特性等。

土系：中国土壤系统分类最低级别的基层分类单元，是发育在相同母质上，由若干剖面性质特征相似的单个土体组成的聚合土体所构成，其性状的变异范围较土族更窄。同一土系的土壤的成土母质、所处地形部位及水热状况均相似；在一定剖面深度内，土壤的诊断土层或诊断特性的种类、排列层序和层位，土壤物理化学性质及其土壤生产利用的适宜性能大体一致。如红黏土上发育的淋溶土，因发育的程度不同，因而黏化层的厚度、出现层位高低、黏粒含量等土壤性状均有明显差异，按土系分类依据的标准，可分别划分相应的土系单元。又如，冲积母质发育的雏形土或新成土，由于所处地形距河流远近以及受水流大小的影响，其剖面中不同性状沉积物的质地特征、土层的层位高低和厚薄不一，按土系分类依据的标准，分别划分出相应的土系。

对照《中国土壤系统分类检索（第三版）》各高级分类单元的划分标准，以土壤剖面性状为依据，参考环境条件，目前为止，山西省划分出的高级分类单元如表 3-2 中前 4 列所示。

表 3-2　山西土系及其上级分类归属表

土纲	亚纲	土类	亚类	土族	剖面号	土系名称
人为土	旱耕人为土	灌淤旱耕人为土	普通灌淤旱耕人为土	壤质混合型石灰性温性	14-093	南方平系
		土垫旱耕人为土	普通土垫旱耕人为土	壤质混合型石灰性温性	14-054	大寨系
		肥熟旱耕人为土	普通肥熟旱耕人为土	壤质混合型石灰性温性	14-110	大北村系
火山灰土	玻璃火山灰土	干润玻璃火山灰土	普通干润玻璃火山灰土	粗骨质硅型石灰性冷性	14-011	艾家洼系
盐成土	正常盐成土	潮湿正常盐成土	普通潮湿正常盐成土	壤质混合型石灰性热性	14-079	曲村系
				壤质混合型石灰性冷性	14-001	兰玉堡系
潜育土	正常潜育土	简育正常潜育土	石灰简育正常潜育土	壤质混合型温性	14-069	樊村系
				砂质混合型热性	14-091	西滩系
淋溶土	冷凉淋溶土	简育冷凉淋溶土	普通简育冷凉淋溶土	黏质伊利石型	14-014	红沟梁系
				壤质盖黏质混合型石灰性	14-016	南京庄系
				砂质混合型石灰性	14-022	太安岭系
				壤质混合型石灰性	14-029	东瓦厂系
				壤质盖粗骨黏质混合型石灰性	14-056	坪地川系
	干润淋溶土	钙质干润淋溶土	普通钙质干润淋溶土	粗骨黏质混合型温性	14-064	窑底系
				粗骨黏壤质混合型石灰性温性	14-085	下川村系
		钙积干润淋溶土	普通钙积干润淋溶土	黏质混合型温性	14-083	大南社系
			石化钙积干润淋溶土	黏质混合型温性	14-107	潘家沟系
		铁质干润淋溶土	表蚀铁质干润淋溶土	黏壤质混合型石灰性温性	14-086	勾要系
				黏壤质混合型石灰性温性	14-103	墕头系
				黏质伊利石型石灰性温性	14-106	土门口系
				黏壤质混合型温性	14-037	崖底系
		简育干润淋溶土	普通简育干润淋溶土	壤质混合型石灰性温性	14-052	段王系
				壤质混合型石灰性温性	14-099	辛庄系
				壤质混合型石灰性热性	14-080	南花村系
				黏壤质混合型石灰性温性	14-059	故驿系
				黏质混合型石灰性温性	14-039	南家山系
雏形土	寒冻雏形土	草毡寒冻雏形土	石质草毡寒冻雏形土	粗骨壤质混合型	14-023	北台顶系
			普通草毡寒冻雏形土	壤质混合型	14-024	岭底系
				壤质混合型	14-025	五里洼系
		暗沃寒冻雏形土	普通暗沃寒冻雏形土	壤质混合型	14-031	荷叶坪系
				壤质混合型	14-032	洞儿上系
	潮湿雏形土	淡色潮湿雏形土	弱盐淡色潮湿雏形土	砂质混合型石灰性温性	14-010	黄庄系
				壤质混合型石灰性温性	14-075	褚村系
			石灰淡色潮湿雏形土	壤质混合型温性	14-046	苏家堡系
				壤质混合型温性	14-097	茨林系
				砂质混合型温性	14-008	上湾系
	干润雏形土	底锈干润雏形土	石灰底锈干润雏形土	壤质混合型温性	14-092	涑阳系
				壤质混合型温性	14-067	古台系
				壤质混合型温性	14-045	孙家寨系
				砂质混合型温性	14-009	大白登系
		简育干润雏形土	钙积简育干润雏形土	壤质混合型温性	14-065	小铎系

土纲	亚纲	土类	亚类	土族	剖面号	土系名称
雏形土		干润雏形土	简育干润雏形土	普通简育干润雏形土	砂质混合型石灰性冷性	14-003	五里墩系
				砂质混合型石灰性冷性	14-019	新河峪系
				砂质混合型石灰性冷性	14-102	岩头寺系
				砂质混合型石灰性冷性	14-105	坪上系
				粗骨砂质混合型冷性	14-036	磨盘沟系
				壤质混合型石灰性冷性	14-104	赵二坡系
				壤质混合型石灰性冷性	14-006	于八里系
				壤质混合型石灰性冷性	14-007	上营系
				壤质混合型石灰性冷性	14-018	邵家庄系
				粗骨壤质混合型石灰性冷性	14-030	铺上系
				粗骨壤质混合型石灰性冷性	14-017	沙岭村系
				壤质盖粗骨壤质混合型石灰性冷性	14-021	龙咀系
				粗骨壤质混合型冷性	14-057	西喂马系
				砂质混合型石灰性温性	14-062	潞河系
				砂质混合型石灰性温性	14-101	万家寨系
				壤质混合型石灰性温性	14-042	岩南山系
				壤质混合型石灰性温性	14-066	小庄系
				壤质混合型石灰性温性	14-094	上东村系
				壤质混合型石灰性温性	14-068	南马会系
				壤质混合型石灰性温性	14-048	柳沟系
				壤质混合型石灰性热性	14-076	大沟系
				壤质混合型石灰性温性	14-063	西沟系
				黏壤质混合型石灰性温性	14-074	车辐系
				粗骨砂质混合型石灰性温性	14-043	东峪口系
				粗骨壤质混合型石灰性温性	14-084	神郊村系
				粗骨壤质混合型石灰性温性	14-047	左家滩系
				壤质盖砂质混合型石灰性温性	14-050	回马系
				壤质盖粗骨壤质混合型石灰性温性	14-053	黄岭系
				壤质混合型温性	14-061	茶棚滩系
				黏壤质混合型石灰性热性	14-090	连伯村系
	湿润雏形土	冷凉湿润雏形土	暗沃冷凉湿润雏形土	壤质混合型	14-026	东台沟系
				壤质盖粗骨壤质混合型	14-027	狮子窝系
				粗骨壤质混合型	14-028	小马蹄系
			普通冷凉湿润雏形土	壤质混合型石灰性	14-004	鲍家屯系
				壤质混合型石灰性	14-005	柳子堡系
		简育湿润雏形土	斑纹简育湿润雏形土	黏壤质混合型石灰性温性	14-073	瓦窑头系
			普通简育湿润雏形土	黏壤质混合型石灰性温性	14-109	贾家庄系
				壤质混合型石灰性温性	14-071	北孔滩系
新成土	人为新成土	扰动人为新成土	石灰扰动人为新成土	壤质混合型温性	14-041	南梁上系
				壤质混合型温性	14-088	木坂村系
				壤质混合型温性	14-100	上冶峪系
		淤积人为新成土	石灰淤积人为新成土	砂质混合型热性	14-081	岸堤村系

土纲	亚纲	土类	亚类	土族	剖面号	土系名称
	砂质新成土	干润砂质新成土	石灰干润砂质新成土	粗骨硅质混合型冷性	14-012	三府坟系
				硅质混合型温性	14-049	申奉系
				硅质混合型热性	14-078	太吕系
				砂质盖壤质混合型温性	14-060	小南峧系
				混合型温性	14-089	宛曲村系
				硅质混合型冷性	14-013	苑家庄系
	砂质新成土	湿润砂质新成土	普通湿润砂质新成土	硅质温性	14-095	壶口系
新成土				硅质混合型石灰性热性	14-077	鹳雀楼系
				粗骨质混合型石灰性冷性	14-020	小寨系
				粗骨质混合型石灰性温性	14-070	三友系
	冲积新成土	湿润冲积新成土	普通湿润冲积新成土	黏壤质混合型石灰性热性	14-082	圪坨村系
	正常新成土	黄土正常新成土	普通黄土正常新成土	黏壤质混合型温性	14-108	大沟里系
		干润正常新成土	石质干润正常新成土	粗骨壤质混合型冷性	14-034	街棚系
				壤质混合型石灰性温性	14-044	燕家庄系
			石灰干润正常新成土	粗骨质混合型温性	14-038	崖头系
			普通干润正常新成土	粗骨砂混合型冷性	14-035	王明滩系
				粗骨壤质混合型温性	14-040	姬家庄系
		湿润正常新成土	普通湿润正常新成土	粗骨质混合型冷性	14-033	后店坪系

　　表 3-2 中，只有钙积干润淋溶土、草毡寒冻雏形土和简育干润雏形土在《中国土壤系统分类检索（第三版）》的基础上有少许修改，其余都是按照《中国土壤系统分类检索（第三版）》进行目前发现剖面的划分。钙积干润淋溶土中增加了一个石化钙积干润淋溶土亚类；草毡寒冻雏形土中增加了一个石质草毡寒冻雏形土亚类；简育干润雏形土中增加了钙积简育干润雏形土亚类。这些新增亚类的划分依据分别见第 6 章、第 9 章。这些新增亚类都是《中国土壤系统分类检索（第三版）》中没有出现的，现在经过调查，有新的类型出现，增补新的亚类，属于正常现象。美国土壤系统分类在发展过程中有很多的亚类，甚至土类、亚纲被增加。分类是在土壤调查过程中，随着知识的增加，不断进步完善的。

3.2　土族与土系划分标准

以下为山西省土族与土系划分标准。

3.2.1　土族与土系划分的原则

1. 土族划分原则

（1）使用区域性成土因素所引起的相对稳定的土壤属性差异作为划分依据，而不用成土因素本身。土壤物理性质是较稳定的土壤性质，因而更适合作为土族划分的指标，如土壤颗粒大小级别会直接影响水分和养分等物质在土壤中的运移，因而被优先考虑。

（2）在同一亚类中土族的鉴别特征应当一致，主要表现在控制层段内其"量"的差异，在不同亚类中土族的鉴别特征可有所不同。划分土族的土壤控制层段也充分考虑了不同土壤发生层的特点，特别是这些发生层对溶质迁移的潜在影响，如钙积层、黏磐层。在没有石质接触面存在的情况下，一般为 25～100 cm。

（3）鉴别土族的依据指标不能与上或下级分类单元交叉或重复使用。如砂质新成土中的土族，因为在亚类中已明确了"砂质"，因而颗粒大小级别就不再作为土族划分指标。

2. 土系划分原则

（1）土系鉴别特征必须在土系控制层段内使用。与土族不同，土系控制层段始于土表，也包括根系限制层或准石质接触面以下的 25 cm。考虑到土壤的多功能性，一般情况下（即没有明显限制层的情况下），土系的控制层段为 0～150 cm。

（2）土系鉴别特征的变幅范围不能超过土族，但要明显大于观测误差。土系中某几个土壤特征的变幅可与其所在土族的范围完全一致，但至少有某一个鉴别特征的变化范围小于土族。

（3）使用易于观测且较稳定的土壤属性，如表土质地、土体深度、某一特征层的厚度等。

（4）不同利用强度和功能的土壤，土系属性变幅可以不同。一般地，具有重要功能的土壤类型（如耕作土壤等）可以适当细分，否则划分可以相对较粗。

3.2.2　土族与土系划分标准的特点

（1）借鉴了国内外经验，结合中国实际。如对于土族温度等级的划分，美国根据其作物种植类型和种植方式确定了 8 ℃、15 ℃、22 ℃为冷性、温性、热性、高热性的临界点。而中国受冬夏季风的明显影响，物候特征与美国大陆有所不同，在中国土壤系统分类土族与土系划分标准中，结合季风气候特点与农作物受影响的种植分布实际状况，将土族温度等级临界点分别提高 1 ℃，即设为 9 ℃、16 ℃、23 ℃。

（2）鉴别特征简化，实用性强。对土族鉴别特征与土系划分标准进行简化，只选用显著且稳定影响土壤行为的属性；对强对比（即土壤层次之间的颗粒大小存在显著差异）颗粒大小级别，仅规定形成强对比颗粒大小级别的标准而对具体表现不作一一列举，这些均使该标准更具有一定的灵活性，从而易于操作。

3.2.3　土族划分的标准

1. 土族划分的控制层段

土族的控制层段是指稳定影响土壤中物质迁移和转化及根系活动的主要土体层段，一般不包括表土层。不同鉴别特征的控制层段范围不同。

（1）对于薄层（＜50 cm）的石质土：从矿质土表至石质接触面。

（2）对具有黏化层的土壤，如果黏化层的上界位于矿质土表 100 cm 内，且下界位于

25 cm 之下，则控制层段属下列情况之一：

①矿质土表 100 cm 内存在颗粒大小强对比层次：黏化层上部 50 cm，或到 100 cm 处，或至根系限制层（取较深者）；或

②其他情况：如果黏化层的厚度＜50 cm，则黏化层的全部为控制层段；如果其厚度≥50 cm，则取其上部 50 cm 为控制层段。

（3）对那些虽然有黏化层的土壤，但黏化层的上界在矿质土表 100 cm 之下，不再考虑黏化层；土族的控制层段是：Ap 层下界或矿质土表下 25 cm 处（取较深者），到矿质土表下 100 cm 处或根系限制层（取较浅者）。

（4）对其他黏化层下界位于矿质土表 25 cm 以内的矿质土壤：黏化层上边界，到矿质土表下 100 cm 处或根系限制层（取较浅者）。

（5）其他矿质土壤：Ap 层或矿质土表下 25 cm（取较深者）作为上边界，下界到矿质土表下 100 cm 深或根系限制层（取较浅者）。

2. 土族鉴别特征与命名

区分同一亚类中不同土族时，可选择的主要鉴别特征如下：
（1）颗粒大小级别；
（2）矿物学类型；
（3）石灰性反应；
（4）土壤温度类别。

土族名称描述由该土族所具有的主要鉴别特征按以上顺序组合而成。如"黏壤质混合型温性-普通简育干润淋溶土"或"粗骨壤质混合型石灰性温性-普通简育干润雏形土"土族修饰词连续使用，在修饰词与亚类之间加破折号，以便将土族与亚类以上的高级分类分开。

3. 颗粒大小级别

（1）岩石碎屑含量≥75%（体积计）（即细土部分（＜2 mm 颗粒）＜25%）。
粗骨质或
（2）岩石碎屑含量≥25%（体积计），细土部分砂粒含量≥55%（质量计）。
粗骨砂质或
（3）岩石碎屑含量≥25%（体积计），细土部分黏粒含量≥35%（质量计）。
粗骨黏质或
（4）岩石碎屑含量≥25%（体积计）的其他土壤。
粗骨壤质或
（5）岩石碎屑含量＜25%（体积计），细土部分砂粒含量≥55%（质量计）。
砂质或
（6）岩石碎屑含量＜25%（体积计），细土部分黏粒含量≥60%（质量计）。
极黏质或
（7）岩石碎屑含量＜25%（体积计），细土部分黏粒含量介于 35%～60%（质量计）。

黏质或

（8）岩石碎屑含量＜25%（体积计），细土部分黏粒含量介于20%～35%（质量计）。

黏壤质或

（9）岩石碎屑含量＜25%（体积计）的其他土壤。

壤质

注：当碎屑含量之差＞50%或黏粒绝对含量之差＞25%时构成颗粒大小强对比，根据检索出的颗粒大小级别命名。

将矿质土壤颗粒大小级别划分为3个类别（表3-3）：

（1）Ⅰ类：碎屑含量＞75%，包括粗骨质；

（2）Ⅱ类：碎屑含量25%～75%，包括粗骨砂质、粗骨壤质、粗骨黏质；

（3）Ⅲ类：碎屑含量＜25%，包括砂质、壤质、黏壤质、黏质、极黏质。

表 3-3 强对比土壤颗粒大小级别的颗粒含量要求

类别	Ⅰ	Ⅱ	Ⅲ
Ⅰ		碎屑含量之差≥50%或黏粒绝对含量之差≥25%	强对比
Ⅱ	碎屑含量之差≥50%或黏粒绝对含量之差≥25%	黏粒绝对含量之差≥25%	碎屑含量之差≥50%或黏粒绝对含量之差≥25%
Ⅲ	强对比	碎屑含量之差≥50%或黏粒绝对含量之差≥25%	黏粒绝对含量之差≥25%

4. 矿物学类型

土壤矿物学有助于预测土壤行为及其对生产管理的响应。不同土壤由于颗粒大小级别不同，所适用的矿物学类别不同。矿物学类别的控制层段与颗粒大小级别控制层段相同。《中国土壤系统分类土族和土系划分标准》给出了全国各地的土族矿物学类型。但是，一个地区不是各种矿物学类型都有。根据山西地区的土壤调查研究，山西地区的土壤矿物学类型只有表3-4所列的类型。

表 3-4 山西省土族矿物学类型

矿物学类型	适用土壤及其颗粒大小级别	决定组分
碳酸盐型	碳酸盐（$CaCO_3$表示）与石膏含量之和≥40%（质量计），其中碳酸盐占总量的65%以上各类碳酸钙胶结物岩石坡积物上发育的土壤	＜2 mm 或 ＜20 mm
混合型	适用于所有颗粒大小级别的矿物学类别 各类运积物上发育的土壤	0.02～2 mm
伊利石混合型	适用于土族颗粒大小级别为粗骨黏质、黏质、极黏质的矿物学类别 残积物或坡残积物上发育的土壤	≤0.002 mm

对于大多数发育在各类运积物上的土壤来说，无论物质来源是风成的，还是水成的，其物质是多源的；无论其细土物质是壤质的，还是黏壤质的，矿物学类型是混合

的。对于那些与母岩联系紧密的残积物或坡残积物上发育的土壤来说，应该考虑母岩的影响。例如，在石灰岩类山地残留的过去称为红色石灰土的土壤，质地非常黏重，矿物学类型主要由黏粒部分决定，根据这个地区的地球化学风化特点，黏土矿物主要是伊利石型，但也混合了绿泥石、蛭石等，也是混合型的。山西省土壤矿物学类型基本上都为混合型。

土族矿物学类型是根据（颗粒大小级别）控制层段内特定颗粒大小组分的矿物学组成来确定。如果存在强对比颗粒大小级别，只使用上部土层的矿物学类型来命名土族。

5. 矿质土壤的石灰性

石灰性即全部控制层段的细土部分滴冷稀盐酸冒气泡，在鉴定高级分类单元的诊断层或诊断特性中，已经含有石灰性含义的，就不再考虑使用，例如，钙积干润淋溶土、砂姜潮湿雏形土、石灰淡色潮湿雏形土、石灰底锈干润雏形土；其他的可考虑使用。

石灰性类别的控制层段为以下之一：

（1）根系限制层深度≤25 cm：根系限制层上 25 cm 厚土层。

（2）根系限制层深度 25～50 cm：矿质土表下 25 cm 到根系限制层。

（3）其他：矿质土表下 25～50 cm。

6. 土壤温度等级

温度等级用于矿质土壤和有机土壤土族名称的一部分，但在高级单元中已经使用温度限定词的，土族就不再应用。土壤温度控制层段为土壤表层以下 50 cm 深度或根系限制层的上界（二者取较浅者）。山西省土壤温度等级根据年平均土温进行确定，9 ℃以下为冷性，9～16 ℃为温性。在山西省，土壤温度一般比年均气温高 2 ℃。

本次山西省土系调查共 101 个土系，归类为 71 个土族（表 3-2）。

3.2.4　土系划分的标准

1. 土系划分的控制层段

与土族不同，土系控制层段始于土表，也包括根系限制层或准石质接触面（但上界需在矿质土壤表层 125 cm 以内）以下的 25 cm。如在距矿质表层 100～150 cm 内出现诊断层，其下界突破 150 cm 深度，则控制层段到诊断层下界为止，但最多不超过 200 cm。

一般情况下，土系的控制层段为 0～150 cm。

2. 土系划分所选土壤性质与划分标准

1）特定土层的深度和厚度

（1）特定土层或属性（诊断表下层、根系限制层、残留母质层、诊断特性、诊断现象）（雏形层除外）。

依上界出现深度，可分为 0～50 cm、50～100 cm、100～150 cm。

一般这些指标在高级单元已经应用作为划分标准，则土系中不再使用。

（2）诊断表下层厚度：在出现深度范围一致的情况下，如诊断表下层厚度差异达到2 倍（即相差达到 3 倍）或厚度差异超过 30 cm，可以区分不同的土系。

2）表层土壤质地

当表层（或耕作层）20 cm 混合后质地为不同的级别时，可以按照质地类型区分土系。

土壤质地类别如下：砂土类、壤土类、黏壤土类、黏土类。

3）土壤中岩石碎屑、结核、侵入体等

在同一土族中，当土体内加权碎屑、结核、侵入体等（直径或最大尺寸 2～75 mm）绝对含量差异超过 30%时，可以划分不同土系。

4）土壤盐分含量

根据《中国土壤系统分类土族和土系划分标准》，盐化类型的土壤（非盐成土）可以按照表层土壤盐分含量划分不同的土系。山西地区的非盐成土，主要是潮湿雏形土中的一些含盐土壤，可以按照盐分含量（盐化程度）分为中度盐化（全盐量为＜10 g/kg，≥5 g/kg）和轻度盐化（全盐量＜5 g/kg，≥2 g/kg）。但是，考虑到受采样季节和盐分淋洗情况造成的土样分析误差，盐分含量＜2 g/kg 不再作为盐化特性。对于潮湿雏形土的盐化亚类（弱盐淡色潮湿雏形土，其全盐量均≥2 g/kg）的划分，主要依据影响土壤盐分运动的表层土壤质地和土体质地构型划分。

以上是用于土系阶层的划分标准。但是系统分类不是仅仅依据土系阶层的划分标准划分土系。土系以上各阶层，包括土族、亚类、土类、亚纲、土纲的分类标准都可累积到土系上，作为划分标准。比如，从土体的质地构型看，是相同的，但可能因为土壤温度状况不同（一般用在土族阶层作为划分标准），或因为土壤水分状况不同（一般用在亚纲阶层作为划分标准），土系就不同了。

3. 土系命名

土系以首次发现并记录或占优势的地名命名，可以优先考虑乡镇或中心村以及风景名胜区的名称。在村庄稀少的深山地区出现几个土系名称，则按照典型土系上的植被类型或者土族控制层段内的颗粒组成大小级别或者特殊的特征层，在地名后面加上附加名称。

3.3 土系调查与分类

首先，收集山西地区已有的土壤资料，包括第二次土壤普查资料、发表的山西地区以及邻近地区的土壤论文、大学或科研院所有关山西以及邻近地区土壤研究的硕士论文和博士论文。研读这些著作，以理解山西地区的土壤发生影响因素、土壤类型及其特性与分布。

然后，将收集到的山西省土壤图、遥感影像图、土地利用现状图、地形图、地质图进行空间叠加，依据上述资料整理分析得到的土壤和地形、母质、土地利用/覆被的发生关系及其空间分布特征，进行野外土壤剖面采样布点（图 3-1）；实地主要根据母质类型和地形部位来选择确定剖面挖掘点。按照项目组制定的《野外土壤描述与采样手册》进行剖面的挖掘、描述和分层取样。土壤颜色比色依据 Munsell 比色卡判定。

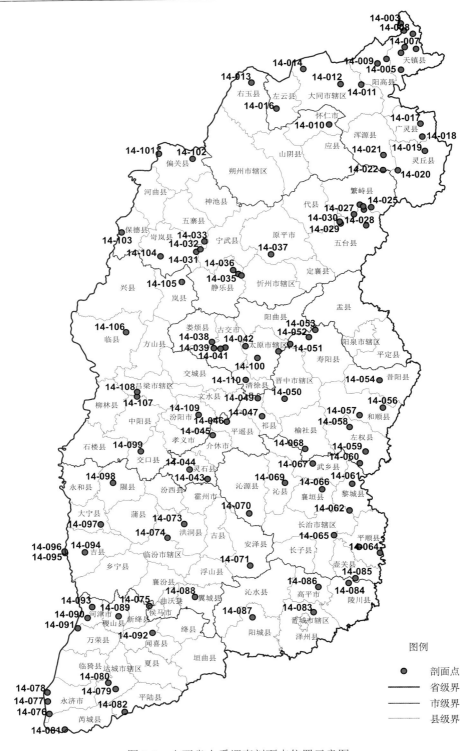

图 3-1　山西省土系调查剖面点位置示意图

实验室分析测定方法依据《土壤调查实验室分析方法》（张甘霖等，2012）进行。其中，颗粒组成：吸管法（六偏磷酸钠分散，不洗钙）；含水率：烘干法；容重：环刀法；pH：电位法，同时用水浸提和氯化钙（0.01 mol/L）浸提两种方法测定（水土比 2.5∶1）；$CaCO_3$：气量法；有机质：重铬酸钾-硫酸消化法；全氮（N）：硒粉、硫酸铜、硫酸消化-蒸馏法；全磷（P）：氢氧化钠碱溶-钼锑抗比色法；全钾（K）：氢氧化钠碱溶-火焰光度法；速效氮（N）采用碱解扩散法；有效磷（P）：碳酸氢钠浸提-钼锑抗比色法；速效钾（K）：乙酸铵浸提-火焰光度法；阳离子交换量：乙酸铵（pH=7.0）交换法；交换性钾、钙、钠、镁：1 mol/L 乙酸铵（pH=7.0）浸提，其中交换性钙、镁采用原子吸收光谱法，交换性钾、钠采用火焰光度法；盐分总量：质量法；全铁（Fe_2O_3）：氢氟酸-高氯酸消解-原子吸收光谱法，其他形态的铁（游离铁 Fe_2O_3、无定形铁 Fe_2O_3、有效铁 Fe）均采用邻菲咯啉比色法测定，其中，游离铁用连二亚硫酸钠-柠檬酸-碳酸氢钠浸提，无定形铁用酸性草酸铵浸提；黏土矿物类型：X 射线衍射仪鉴定。

在野外剖面描述和实验室土样分析的基础上，参考剖面环境条件，主要依据剖面形态特征和理化性质，对照《中国土壤系统分类检索（第三版）》和《中国土壤系统分类土族和土系划分标准》，从土纲—亚纲—土类—亚类—土族—土系，自上而下逐级确定剖面的各级分类名称。此次土系调查在山西省建立了 105 个土系（表 3-2）。

下篇　区域典型土系

第4章　人　为　土

4.1　普通灌淤旱耕人为土

4.1.1　南方平系（**Nanfangping Series**）

土　　族：壤质混合型石灰性温性-普通灌淤旱耕人为土
拟定者：靳东升，张凤荣，李　超

分布与环境条件　属暖温带大
陆性季风气候，四季分明，7～9
月气温最高。年均气温 9.82 ℃，
年均降水量 515.92 mm（大部分
集中于 7～8 月），全年无霜期
200 天。位于河津禹门灌区，长
年黄河水灌淤而成。土地利用类
型为耕地，种植作物为小麦、
玉米。

南方平系典型景观

土系特征与变幅　本土系具有灌淤表层、温性土壤温度、半干润土壤水分状况、石灰
性等诊断层和诊断特性。土体质地构型为通体粉砂壤土，通体含少量（＜1%）的煤屑
（＜1 cm）。土体上部 72 cm 为灌淤层，可见少量灌水沉积泥沙的层理土块，也见少量砖
屑（＜2%），该灌淤层分为三层，最上面的新耕层（0～17 cm）为片状结构（压实造成
的）；72 cm 以下为洪水带来泥沙自然淤积层，分两层：上层比下层质地较轻，孔隙径较
小。通体强石灰反应。

对比土系　与芮城县岸堤村系相比，虽上部土体细土物质都是由富含泥沙的黄河水灌溉
形成的灌淤物质组成，但岸堤村系的沉积时间不长，虽具有灌淤现象，但因为没有煤屑
等人为侵入体而未达到灌淤表层的条件，只能分类到新成土中。与大寨系不同，大寨系
是人工搬运土层形成。与河津市连伯村系相比，虽成土母质都为河流沉积物、沉积层理
明显，但连伯村系不具有灌淤现象，属雏形土；本系具有灌淤表层，属人为土。

利用性能综述　土层较厚，细土物质质地均一，通透性好，排水性好，适宜耕种，可采
取常规水肥管理方式。

代表性单个土体　剖面位于山西省运城市河津市僧楼镇南方平村，35°39′22.392″N，110°
43′20.314″E，海拔 455.7 m。位于河津禹门灌区，长年黄河水灌淤而成。土地利用类型

为耕地，种植作物为小麦、玉米。野外调查时间为 2016 年 4 月 12 日，编号为 14-093。

南方平系代表性单个土体剖面

Aup11：0～17 cm，浊黄棕色（10R 5/3，干），暗棕色（10YR 3/3，润）；粉砂壤土；发育较好的片状结构；稍坚实；<1 mm 的草本根系，丰度为 10 条/dm²；含 3%的砖屑、煤屑侵入体；强石灰反应；突然平滑过渡。

Aup12：17～27 cm，浊黄橙色（10YR 6/3，干），浊黄棕色（10YR 5/3，润）；粉砂壤土；发育较好的 0.5～1 mm 屑粒状结构；放大镜观察可见微层理；松散；1～2 mm 的草本根系，丰度为 3 条/dm²；含 3%的砖屑、煤屑侵入体；土体内见少量蚯蚓等土壤动物；强石灰反应；逐渐平滑过渡。

Au2：27～72 cm，浊黄橙色（10YR 7/4，干），黄棕色（10YR 5/6，润）；粉砂壤土；发育较好的 0.5～1 mm 屑粒状结构；松散；<1 mm 的草本根系，丰度为 2 条/dm²；含<2%的砖屑、煤屑侵入体；土体内见少量蚯蚓等土壤动物；强石灰反应；明显平滑过渡。

2C1：72～102 cm，浊黄橙色（10YR 7/4，干），黄棕色（10YR 5/6，润）；粉砂壤土；发育弱的 0.5～1 mm 屑粒状结构；松散；含<1%的煤屑（<1 cm）侵入体；强石灰反应；明显平滑过渡。

2C2：102～150 cm，浊黄橙色（10YR 7/4，干），黄棕色（10YR 5/6，润）；粉砂壤土；发育较好的 0.5～1 mm 屑粒状结构；松散；含<1%的煤屑（<1 cm）侵入体；强石灰反应。

南方平系代表性单个土体物理性质

| 土层 | 深度/cm | 细土颗粒组成（粒径：mm）/(g/kg) | | | 质地 |
		砂粒 2～0.05	粉粒 0.05～0.002	黏粒 <0.002	
Aup11	0～17	134	629	237	粉砂壤土
Aup12	17～27	105	664	231	粉砂壤土
Au2	27～72	130	679	191	粉砂壤土
2C1	72～102	176	684	140	粉砂壤土
2C2	102～150	77	695	228	粉砂壤土

南方平系代表性单个土体化学性质

深度/cm	pH（H₂O）	有机碳/(g/kg)	全氮(N)/(g/kg)	全磷(P)/(g/kg)	全钾(K)/(g/kg)	CaCO₃/(g/kg)	CEC/[cmol(+)/kg]
0～17	8.3	39.09	1.88	1.04	29.0	115.95	8.4
17～27	8.8	7.13	1.00	0.94	29.8	104.64	10.9
27～72	9.1	2.17	0.54	0.62	29.8	110.49	5.7
72～102	8.9	1.12	0.47	0.57	22.5	109.44	4.3
102～150	9.0	2.45	0.55	0.85	25.7	102.42	6.3

4.2　普通土垫旱耕人为土

4.2.1　大寨系（Dazhai Series）

土　族：壤质混合型石灰性温性-普通土垫旱耕人为土
拟定者：张凤荣，靳东升，李　超

分布与环境条件　属温带、暖温带半干旱大陆性季风气候，四季分明，冬春干旱多风，夏季炎热多雨，秋季常有大风、霜冻。年均温度 9.35 ℃，年均降水量 596.85 mm，降水集中在 7～8 月，全年无霜期 162 天；地处低山的沟谷地带，为 20 世纪沟道造地，搬运黄土状物质堆垫并施用土杂肥而成。土地利用类型为耕地（沟谷梯田），种植作物主要为玉米。

大寨系典型景观

土系特征与变幅　本土系诊断层是堆垫表层，诊断特性包括半干润土壤水分状况、温性土壤温度状况、石灰性。本土系位于河沟坝地上，原本为沟谷，但 20 世纪沟底打坝并搬运周边黄土状物质堆垫、平整，将其开辟为耕地，并施用土杂肥，形成 150 cm 左右厚的混杂煤屑、砖瓦碎片等侵入物的堆垫土层。剖面有效土层至少 150 cm 厚，质地构型为壤土，上部 50 cm 多厚的土层含有炭渣、砖瓦陶瓷碎屑（＞10%）等侵入物，也含有少量岩石碎屑。52 cm 之下炭渣、砖瓦陶瓷碎屑等侵入物明显减少。0～25 cm 的土层由于长期耕种而使炭屑含量少于 25～52 cm 的炭渣量。52 cm 之下含有少量（5%左右）质地稍黏、颜色稍红的生土块（老黄土），而 52 cm 之上，由于长期深翻而使生土块被破碎，已不能明显分辨出，通体具有极强石灰反应。

对比土系　与南梁上系相比，虽都是人工堆垫黄土形成，但南梁上系是在煤矸石堆积的台地上堆垫黄土，且堆垫黄土物质中未见炭渣、陶片等侵入物。与平顺县的西沟系和天镇县的柳子堡系也不同，那两个土系虽然都有沟谷堆垫黄土迹象，但是未见炭渣、陶片等侵入物；因此，那两个土系均没有堆垫表层，不是人为土，土纲已经不同。与河津市的南方平系也不同，南方平系是灌淤形成的。

利用性能综述　土壤深厚疏松、肥力很高。上面山坡上已经植树造林，拦截了水土，且有排水系统，已经没有洪水影响。虽处于较干旱的缺水地区，但因为处于河道部位，可能有侧渗水，水分条件较优。为低山区的优质农田，不应退耕造林，而是保持农耕利用。

代表性单个土体　剖面位于山西省晋中市昔阳县大寨镇大寨村，37°33′51.627″N，113°42′43.969″E，海拔 933.27 m。地处低山的沟谷地带。成土母质为人工堆垫黄土状物质。土地利用类型为耕地（沟谷梯田），种植作物主要为玉米。野外调查时间为 2015 年 9 月 17 日，编号为 14-054。

大寨系代表性单个土体剖面

Ap：0～25 cm，浊黄棕色（10YR 5/4，干），暗棕色（10YR 3/4，润）；粉砂壤土；中等发育的 1～2 mm 的屑粒状结构；<2 mm 的草本根系，丰度<10 条/dm²；疏松；含有直径 2～20 mm 的半圆状岩石碎屑，丰度为 10%；含 5%～8%的侵入物（炭渣、碎陶片等）；土壤动物活动明显，大量动物粪便；极强石灰反应；突然平滑过渡。

BA：25～52 cm，浊黄棕色（10YR 5/4，干），暗黄棕色（10YR 3/6，润）；粉砂壤土；中等发育的 1 mm 的屑粒状结构；<1 mm 的草本根系，丰度<8 条/dm²；疏松；含有直径 2～20 mm 的半圆状岩石碎屑，丰度为 10%；含 5%～10%的侵入物（炭渣、碎陶片等）；土壤动物活动明显，大量动物粪便；极强石灰反应；明显平滑过渡。

Bw1：52～109 cm，黄棕色（10YR 5/6，干），暗黄棕色（10YR 3/6，润）；粉砂壤土；发育弱的 1 mm 的屑粒状结构；<1 mm 的草本根系，丰度<5 条/dm²；疏松；含有质地稍黏、颜色稍红的生土块（5%左右）；含有直径 2～50 mm 的半圆状岩石碎屑，丰度为 5%；含<5%的侵入物（炭渣、碎陶片等）；土壤动物活动迹象减少，粪便较少；极强石灰反应；模糊平滑过渡。

Bw2：109～155 cm，黄棕色（10YR 5/6，干），棕色（10YR 4/6，润）；粉砂壤土；发育弱的 1 mm 的屑粒状结构；<1 mm 的草本根系，丰度<1 条/dm²；疏松；含有质地稍黏、颜色稍红的生土块（5%左右）；含有直径 2～50 mm 的半圆状岩石碎屑，丰度为 5%～10%；未见侵入物和土壤动物活动迹象；极强石灰反应。

大寨系代表性单个土体物理性质

土层	深度/cm	细土颗粒组成（粒径：mm）/(g/kg)			质地
		砂粒 2～0.05	粉粒 0.05～0.002	黏粒 <0.002	
Ap	0～25	237	566	197	粉砂壤土
BA	25～52	215	595	190	粉砂壤土
Bw1	52～109	183	599	218	粉砂壤土
Bw2	109～155	204	604	192	粉砂壤土

大寨系代表性单个土体化学性质

深度 /cm	pH （H$_2$O）	有机碳 /(g/kg)	全氮(N) /(g/kg)	全磷(P) /(g/kg)	全钾(K) /(g/kg)	CaCO$_3$ /(g/kg)	CEC /[cmol(+)/kg]
0～25	8.6	9.64	0.95	1.04	20.9	74.6	11.3
25～52	8.9	7.31	0.52	0.89	18.5	90.6	11.4
52～109	8.7	2.79	0.43	0.62	18.5	69.5	12.7
109～155	8.8	2.79	0.41	0.70	20.9	82.7	11.0

4.3　普通肥熟旱耕人为土

4.3.1　大北村系（Dabeicun Series）

土　　族：壤质混合型石灰性温性-普通肥熟旱耕人为土
拟定者：张凤荣，李　超，靳东升

分布与环境条件　属暖温带大陆性季风气候，四季分明。年均温度 10.67 ℃，年均降水量 458.02 mm，降水集中在 7～8 月，全年无霜期 183 天；地处山前平原地带的古河道一级阶地上。土地利用类型为菜地，常年种植蔬菜。母质为河流冲积物。

大北村系典型景观

土系特征与变幅　本土系诊断层是肥熟表层、磷质耕作淀积层，诊断特性包括半干润土壤水分状况、温性土壤温度状况、石灰性。本土系位于古河道上，原本为河流低阶地，但很早就开辟为耕地，且多种植蔬菜。因为长期不断地施用有机肥，其具有肥熟现象。因为位于平原，土层深厚，质地构型为壤土-砂质壤土-砂土，耕层深厚，整体可分为两层。表层（0～16 cm）和表下层（16～39 cm）含有大量砖瓦碎屑和煤渣侵入物，颜色较暗，土壤动物活动迹象明显，含大量蚯蚓及粪便，侵入体含量稍高，肥熟现象明显，结构体也较好。底土（39 cm 以下）为阶地沉积物质，沉积层理明显，颜色较浅，侵入体含量稍低，结构较差，可见少量卵石。

对比土系　与大寨系相比，虽都是多年施用土杂肥，上层有机质含量高，可见大量炭渣、砖屑、陶片等侵入物，土壤动物活动明显，可见大量动物粪便，都属旱耕人为土亚纲，但大寨系是人工堆垫黄土形成，有机质和磷的含量低，属土垫旱耕人为土类，而本系具有肥熟表层，属肥熟旱耕人为土类，因此土类已不同。

利用性能综述　土壤深厚疏松、肥力很高，而且地势较低，地形平坦，灌溉条件充分，为优质农田，宜种蔬菜。耕层细土物质为壤土，有一定的结持性，也有良好的排水系统；处于低阶地，没有洪泛影响，也不受地下水影响。属于优质耕地，应划入永久基本农田保护。

代表性单个土体　　剖面位于山西省太原市清徐县清源镇大北村东，37°36′05.47″N，112°19′12.45″E，海拔 765m。地处山前平原地带的古河道低阶地上。成土母质为河流冲积物。土地利用类型为菜地，常年种植蔬菜。野外调查时间为 2015 年 9 月 20 日，编号为 14-110。

Ap:　0～16cm，灰棕色（10YR 5/2，干），暗灰棕色（10YR 4/2，润）；壤土；中等发育的 0.5～1 mm 的屑粒状结构；0.5～1 mm 的草本根系，丰度 20 条/dm²；较紧实；富含大量侵入物（炭渣、砖块等），其面积约占 12%；土壤动物活动明显，大量动物粪便；无石灰反应；明显平滑过渡。

BA:　16～39cm，棕色（10YR 5/3，干），暗黄棕色（10YR 4/4，润）；壤土；发育弱的 0.5 mm 的屑粒状结构；<0.5 mm 的草本根系，丰度 7～8 条/dm²；稍紧实；含侵入物（炭渣、砖屑等），其面积约占 10%；土壤动物活动明显，大量动物粪便；中度石灰反应；明显平滑过渡。

Bw:　39～61 cm，浊黄棕色（10YR 5/4，干），暗黄棕色（10YR 4/4，润）；砂质壤土；发育弱的 0.5 mm 的屑粒状结构；<0.5 mm 的草本根系，丰度 3～4 条/dm²；松散；土壤动物活动明显，大量动物粪便；弱石灰反应；突然平滑过渡。

大北村系代表性单个土体剖面

2C1:　61～103 cm，棕色（10YR 5/3，干），浊黄棕色（10YR 5/4，润）；砂土；单粒状；含有直径 50～100 mm 的磨圆状卵石，丰度为 2%；非常松散；未见侵入物和土壤动物活动迹象；无石灰反应。

3C2:　103～128 cm，灰棕色（10YR 5/2，干），浊黄棕色（10YR 5/4，润）；砂土；单粒状；极松散；未见侵入物和土壤动物活动迹象；无石灰反应。

3C3:　128～150 cm，棕色（10YR 5/3，干），浊黄棕色（10YR 5/4，润）；砂土；单粒状；稍紧实；未见侵入物和土壤动物活动迹象；无石灰反应。

大北村系代表性单个土体物理性质

土层	深度 /cm	细土颗粒组成 (粒径：mm)/(g/kg)			质地
		砂粒 2～0.05	粉粒 0.05～0.002	黏粒 <0.002	
Ap	0～16	420	428	152	壤土
BA	16～39	443	405	152	壤土
Bw	39～61	678	237	85	砂质壤土
2C1	61～103	865	63	72	砂土
3C2	103～128	921	27	52	砂土
3C3	128～150	884	41	75	砂土

大北村系代表性单个土体化学性质

深度/cm	pH (H₂O)	有机碳 /(g/kg)	全氮(N) /(g/kg)	全磷(P) /(g/kg)	全钾(K) /(g/kg)	CaCO₃ /(g/kg)	CEC /[cmol(+)/kg]
0～16	7.76	26.90	0.25	1.95	13.6	10.59	23.9
16～39	7.87	5.21	0.09	0.57	14.0	15.86	18.3
39～61	8.2	2.13	0.07	0.35	12.2	13.91	14.9
61～103	8.27	2.76	0.05	0.35	11.4	10.79	12.3
103～128	8.16	0.26	0.05	0.22	10.2	7.86	12.3
128～150	8.19	0.62	0.07	0.33	11.8	9.23	11.9

深度 /cm	腐殖酸总碳 /(g/kg)	胡敏酸碳 /(g/kg)	富里酸碳 /(g/kg)	胡敏素碳 /(g/kg)
0～16	3.21	2.69	0.53	12.83
16～39	0.59	0.24	0.35	1.64
39～61	0.51	0.28	0.23	1.29
61～103	0.06	0.05	0.01	0.39
103～128	0.12	0.09	0.03	0.18
128～150	0.22	0.18	0.04	0.24

第 5 章　火 山 灰 土

5.1　普通干润玻璃火山灰土

5.1.1　艾家洼系（Aijiawa Series）

土　族：粗骨质硅型石灰性冷性-普通干润玻璃火山灰土
拟定者：张凤荣，李　超，王秀丽，靳东升

分布与环境条件　属温带大陆性季风气候，春季风大干燥，夏季降水集中，秋季温差大，冬季寒冷少雪。年平均气温 6.84 ℃，年活动积温 2846.5 ℃，年均降水量 550.46 mm，年平均无霜期 125 天。年平均大风 34 天，平均风速 3.0 m/s，受黄土降尘影响。处于火山锥体的中部部位，成土母质为火山岩喷发物（火山玻璃）。土地利用类型为荒草地，植被类型为早熟禾、铁杆蒿、狼毒草等灌草。

艾家洼系典型景观

土系特征与变幅　本土系具有淡薄表层、火山灰特性、冷性土壤温度、半干润土壤水分状况、钙积现象、石灰性等诊断层和诊断特性。土体表层有 10～30 cm 厚的黄土状物质（来自大气降尘与火山玻璃风化物），夹杂大量火山渣碎屑，之下即为火山渣（火山玻璃），在 60 cm 深有大块浑圆火山渣（浮石），之下又是火山渣。0～60 cm 在火山渣表面可见坚硬的白色碳酸钙物质的石灰沉淀物，通体石灰反应。

对比土系　本土系因为发育于火山玻璃上，为火山灰土，因而区别于山西省所有其他土系。

利用性能综述　本土系发育于火山岩喷发物（火山玻璃）上，保水孔隙少；虽然其上有黄土物质层，但仅 10～30 cm 厚。且位于中山地区，容易遭受侵蚀。本土系容易干旱，不适宜耕种，应保持其自然植被状态，更不容许作为砂石材料挖掘。建议作为地质公园保护起来，利用其火山锥体景观和与山西普遍的黄土不同的火山喷发物，发展旅游业。

代表性单个土体   剖面位于山西省大同市大同县聚乐乡艾家洼村金山火山群，40°06′50.37″N，113°37′16.31″E，海拔 1265 m。处于火山锥体的中部部位。成土母质为火山岩喷发物与黄土风成物。土地利用类型是荒草地，植被类型为早熟禾、铁杆蒿、狼毒草等灌草。野外调查时间为 2015 年 5 月 30 日，编号为 14-011。

艾家洼系代表性单个土体剖面

Ah：   0～22 cm，棕色（10YR 5/3，干），深黄棕色（10YR 3/6，润）；砂质壤土；发育弱的 1 mm 大的屑粒状结构；1～2 mm 的草本根系，丰度为 15 条/dm²；土体内含有直径 5～15 mm 中等风化的圆形火山渣碎屑，丰度为 15%～20%；强石灰反应；突然波状过渡。

2C1：22～60 cm，黑红棕色（2.5YR 3/4，干），暗红棕色（2.5YR 2.5/4，润）；砂土；火山渣表面有白色霜状的碳酸钙结晶，丰度为 15%～20%；强石灰反应；突然齿状过渡。

2C2：60～82 cm，黑红棕色（2.5YR 3/4，干），暗红棕色（2.5YR 2.5/4，润）；砂土；含直径为 50～300 mm 的浑圆形火山浮石；火山渣表面有白色霜状的碳酸钙结晶，丰度为 15%～20%，强石灰反应；突然波状过渡。

2C3：82～110 cm，黑红色（2.5YR 3/6，干），暗红棕色（2.5YR 2.5/4，润）；砂土；火山渣表面轻度石灰反应。

艾家洼系代表性单个土体物理性质

土层	深度/cm	细土颗粒组成（粒径：mm）/(g/kg)			质地
		砂粒 2～0.05	粉粒 0.05～0.002	黏粒 <0.002	
Ah	0～22	642	212	146	砂质壤土
2C1	22～60	964	26	10	砂土
2C2	60～82	971	3	26	砂土
2C3	82～110	968	13	19	砂土

艾家洼系代表性单个土体化学性质

深度/cm	pH(H₂O)	有机碳/(g/kg)	全氮(N)/(g/kg)	全磷(P)/(g/kg)	全钾(K)/(g/kg)	磷酸盐吸持量/%	CaCO₃/(g/kg)	CEC/[cmol(+)/kg]
0～22	8.1	20.90	2.77	1.99	8.0	33.06	207.7	12.6
22～60	8.5	1.17	0.83	0.86	6.4	2.54	28.7	2.3
60～82	8.8	0.72	0.57	0.71	16.1	4.66	17.2	2.0
82～110	8.4	0.70	0.67	0.38	16.9	4.56	4.1	0.6

该剖面没有分析细土部分的草酸铵浸提的铁和铝，而且其细土部分的磷酸盐吸持量低，也不符合火山灰土的含量标准。将剖面定为火山灰土，完全是根据其成土母质是大同火山群喷出物火山玻璃。

第6章 盐 成 土

6.1 普通潮湿正常盐成土

6.1.1 兰玉堡系（Lanyubu Series）

土　　族：壤质混合型石灰性冷性-普通潮湿正常盐成土
拟定者：张凤荣，王秀丽，靳东升，李　超

分布与环境条件　属暖温带半干旱大陆性季风气候，四季分明，年均气温 6.97 ℃，年均降水量 418.12 mm，全年无霜期 90～128 天。年蒸发量远大于年降水量，除了雨季，绝大部分时间蒸发量大于降水量。处于大同盆地的低洼地区，地势低平，地下水位高且矿化度高。成土母质为冲积物。土地利用类型为荒草地，植被类型主要为耐盐类型的艾蒿、披碱草、辫子草、莎草、车前草等。周边绝大部分土地已经开垦，有灌溉条件（井灌），种植作物主要为玉米。

兰玉堡系典型景观

土系特征与变幅　本土系具有盐积层、雏形层、冷性土壤温度、潮湿土壤水分状况、氧化还原特征、石灰性等诊断层和诊断特性。地表有盐碱斑块，占地表面积的 1/3 左右。表土有盐霜，盐霜厚约 5 mm，蜂窝状；有的地方结成薄脆盐壳。剖面通体质地较黏重，为粉砂黏壤土或黏壤土，在剖面中部可以看到星点的白色盐结晶。

对比土系　与曲村系不同，曲村系的地下水埋藏浅，且曲村系地表没有盐霜层，pH 也较低。与黄庄系和褚村系相比，黄庄系和褚村系盐分含量较低，不是盐成土，只是盐化土壤。

利用性能综述　本土系土层深厚，但通体含盐量较高，地下水位较高，春季干旱，容易返盐，不利于作物生长。改良利用的途径主要有：①改善排灌条件，深沟排水，降低渍害；②增施有机肥和实行秸秆还田以培肥土壤，改善土壤结构；③增施氮肥、磷肥和钾肥，提升土壤养分含量。

代表性单个土体　剖面位于山西省大同市天镇县卅里铺乡兰玉堡村，40°19′31.770″N，113°54′38.694″E，海拔 1033 m。大同盆地的低洼地区。成土母质为冲积物。土地利用类型是荒草地，植被类型主要为耐盐类型的艾蒿、披碱草、辫子草、莎草、车前草等。野外调查时间为 2015 年 5 月 26 日，编号为 14-001。

兰玉堡系代表性单个土体剖面

Az：　0～9 cm，浅棕灰色（10YR 6/2，干），深黄棕色（10YR 4/4，润）；砂质壤土；发育极弱的直径 1 mm 团块状结构；松散；1 mm 左右的草本根系，丰度为 5 条/dm²；强石灰反应；最表层有厚约 5 mm 的白色盐霜；清晰平滑过渡。

2Bw1：9～16 cm，浅棕灰色（10YR 6/2，干），深黄棕色（10YR 4/4，润）；砂质黏壤土；发育较强的直径 3～5 mm 团块状结构；坚实；1 mm 左右的草本根系，丰度为 4 条/dm²；强石灰反应；清晰平滑过渡。

3Bw2：16～36 cm，浅棕灰色（10YR 6/2，干），深黄棕色（10YR 4/4，润）；砂质壤土；发育极弱的直径 1 mm 团块状结构；松散；2 mm 左右的草本根系，丰度为 1 条/dm²；强石灰反应；清晰平滑过渡。

4Bw3：36～58 cm，棕色（10YR 5/3，干），深黄棕色（10YR 4/4，润）；黏壤土；发育较强的直径 3～5 mm 团块状结构；坚实；1 mm 左右的草本根系，丰度为 1 条/dm²；强石灰反应；渐变平滑过渡。

5Bw4：58～92 cm，棕色（10YR 5/3，干），深棕色（10YR 3/3，润）；黏壤土；发育较弱的直径 2 mm 团块状结构；松脆；强石灰反应；渐变平滑过渡。

5Bw5：92～140 cm，浅棕色（10YR 6/3，干），深棕色（10YR 4/3，润）；砂质壤土；发育较弱的直径 1～2 mm 团块状结构；松脆；强石灰反应；清晰平滑过渡。

6Br：　140～160 cm，浅黄棕色（10YR 6/4，干），棕色（10YR 5/3，润）；壤土；无结构；松脆；少于 5%的锈纹锈斑；强石灰反应；可见地下水。

兰玉堡系代表性单个土体物理性质

| 土层 | 深度/cm | 细土颗粒组成（粒径：mm）/(g/kg) | | | 质地 |
		砂粒 2～0.05	粉粒 0.05～0.002	黏粒<0.002	
Az	0～9	597	251	152	砂质壤土
2Bw1	9～16	492	257	251	砂质黏壤土
3Bw2	16～36	692	198	110	砂质壤土
4Bw3	36～58	351	340	309	黏壤土
5Bw4	58～92	358	287	355	黏壤土
5Bw5	92～140	552	323	125	砂质壤土
6Br	140～160	433	447	120	壤土

兰玉堡系代表性单个土体化学性质

深度/cm	pH (H₂O)	有机碳 /(g/kg)	全氮(N) /(g/kg)	全磷(P)/(g/kg)	全钾(K)/(g/kg)	ESP /%
0~9	10.3	4.63	0.44	0.38	12.9	82.5
9~16	10.1	3.94	0.41	0.45	13.7	55.0
16~36	10.1	2.07	0.28	0.62	9.6	48.7
36~58	10.1	3.14	0.32	0.42	12.4	56.2
58~92	10.0	3.38	0.52	0.55	11.6	50.8
92~140	10.1	2.24	0.21	0.30	5.6	72.7
140~160	9.9	2.41	0.21	0.44	12.0	71.5

深度 /cm	含盐量 /(g/kg)	CaCO₃/(g/kg)	CEC /[cmol(+)/kg]	EC /(mS/cm)	Na⁺/(g/kg)
0~9	14.68	70.9	8.30	19.08	6.85
9~16	7.64	94.5	15.90	9.30	8.75
16~36	4.64	65.6	14.24	5.24	6.93
36~58	5.27	104.6	21.82	5.43	12.26
58~92	6.38	114.4	22.42	5.02	11.38
92~140	3.75	68.0	11.24	4.22	8.17
140~160	3.31	62.8	10.44	5.60	7.46

该剖面从盐分（电导率）含量看不符合盐积层标准，不应分类为盐成土。但考虑到取土剖面通过灌溉洗盐，盐分受到淋洗，而且第二次土壤普查时这个区域是盐渍土（那时是盐碱荒地），因此，还是分类为盐成土。

6.1.2　曲村系（Qucun Series）

土　　族：壤质混合型石灰性热性-普通潮湿正常盐成土
拟定者：张凤荣，李　超

分布与环境条件　属温带大陆性季风气候，四季分明，年均气温 14.43 ℃，年均降水量 559.3 mm，全年无霜期 208 天。地处运城盆地盐湖的湖滩地上，有季节积水现象，成土母质为湖相沉积物。土地利用类型为未利用地，植被种类为盐蓬。

曲村系典型景观

土系特征与变幅　本土系具有盐积层、潜育特征、热性土壤温度、潮湿土壤水分状况、氧化还原特征、石灰性等诊断层和诊断特性。本土系位于盐湖边滩，植被为盐蓬，但地表未发现盐霜，可能是季节淹水造成。表层根孔有锈，表下层和心土层见粉末状白色盐结晶（5%的面积）；也见少量锈斑，在 52～80 cm 间有大的圆孔，孔径 1 cm，孔壁有明显的铁锈。表层到 52 cm 为壤土，52～75 cm 为黏壤，0～75 cm 颜色为棕色，之下的土层为浊黄棕色。通体极强石灰反应。

对比土系　与兰玉堡系相比，虽都位于低洼地上，但不像兰玉堡系地下水埋深大，且兰玉堡系的 pH 较高；而且颗粒大小级别与土壤温度状况都不同。与黄庄系和褚村系相比，黄庄系和褚村系盐分含量较低，已经不是盐成土。

利用性能综述　土壤盐分含量高，地下水位浅且矿化度高，只有耐盐植物生长，而且有季节积水现象。如果种植作物，需排水降低地下水位，灌溉洗盐。最好是保持现状盐碱土景观，让耐涝耐盐植被生长。

代表性单个土体　剖面位于山西省运城市盐湖区盐湖南岸（曲村北侧），34°57′4.377″N，110°57′35.739″E，海拔 301 m。位于湖滩上，成土母质为湖积物，土地利用类型为未利用地，植被类型为盐蓬。采集剖面前曾经被水浸泡过，因此，造成表层盐分可能降低。但从盐生植被看，应该是盐土。野外调查时间为 2016 年 4 月 7 日，编号为 14-079。

Azh：0～14 cm，浊黄棕色（10YR 5/3，干），暗棕色（10YR
　　 3/4，润）；粉砂质黏壤土；发育弱的 0.5～1 mm 的屑粒
　　 状结构；0.5～2 mm 的草本根系，丰度 5 条/dm²；松散；
　　 含有 3%的白色盐晶；极强石灰反应；明显平滑过渡。

Brz1：14～31 cm，浊黄橙色（10YR 6/3，干），暗黄棕色（10YR
　　 3/6，润）；粉砂质黏壤土；发育弱的 0.5～1 mm 的屑粒
　　 状结构；0.5～2 mm 的草本根系，丰度 5 条/dm²；松散；
　　 结构体面有丰度 3%的绣纹锈斑；含有 5%的白色盐晶；
　　 极强石灰反应；明显平滑过渡。

Brz2：31～52 cm，浊黄橙色（10YR 6/4，干），棕色（10YR 4/4，
　　 润）；粉砂质黏壤土；发育极弱的 0.5～1 mm 的屑粒状
　　 结构；0.5～2 mm 的草本根系，丰度 3 条/dm²；松散；结

曲村系代表性单个土体剖面

构体面有丰度 10%的绣纹锈斑；含有 5%的白色盐晶；极强石灰反应；明显倾斜过渡。

Brz3：52～75 cm，浊黄橙色（10YR 6/4，干），棕色（10YR 4/4，润）；粉砂质黏壤土；中等发育的
　　 2 mm 的屑粒状结构；稍坚实；土体含直径 1 cm 的圆孔，孔壁有明显的绣纹锈斑，丰度 10%；
　　 含有 5%的白色盐晶；极强石灰反应；明显倾斜过渡。

Brz4：75～85 cm，浊黄橙色（10YR 7/2，干），浊黄棕色（10YR 5/3，润）；粉砂质黏壤土；中等发育的
　　 2 mm 的屑粒状结构；结构体面有丰度 3%的绣纹锈斑；稍坚实；极强石灰反应。下面挖出了地下水。

曲村系代表性单个土体物理性质

土层	深度 /cm	细土颗粒组成（粒径：mm）/(g/kg)			质地
		砂粒 2～0.05	粉粒 0.05～0.002	黏粒 <0.002	
Azh	0～14	189	533	278	粉砂质黏壤土
Brz1	14～31	169	519	312	粉砂质黏壤土
Brz2	31～52	156	499	345	粉砂质黏壤土
Brz3	52～75	140	466	394	粉砂质黏壤土
Brz4	75～85	138	531	331	粉砂质黏壤土

曲村系代表性单个土体化学性质

深度/cm	pH (H₂O)	有机碳 /(g/kg)	全氮(N) /(g/kg)	全磷(P) /(g/kg)	全钾(K) /(g/kg)	ESP /%
0～14	8.3	13.16	1.57	0.82	24.9	6.0
14～31	8.8	6.34	1.01	0.60	20.9	17.2
31～52	8.8	5.87	1.04	0.61	24.5	22.3
52～75	8.8	10.86	1.07	0.67	25.7	24.4
75～85	8.8	5.04	0.65	0.60	25.7	25.8

续表

深度 /cm	含盐量 /(g/kg)	CaCO$_3$ /(g/kg)	CEC /[cmol(+)/kg]	EC /(mS/cm)	Na$^+$ /(g/kg)
0～14	6.38	28.2	10.12	4.97	0.61
14～31	9.35	87.9	10.66	8.70	1.84
31～52	17.07	105.0	11.22	13.03	2.50
52～75	14.17	91.4	13.28	14.82	3.24
75～85	25.72	147.5	8.49	15.18	2.19

第7章 潜 育 土

7.1 石灰简育正常潜育土

7.1.1 樊村系（Fancun Series）

土　　族：壤质混合型温性-石灰简育正常潜育土
拟定者：张凤荣，李　超，董云中

分布与环境条件　属暖温带大
陆性气候，四季分明，春冬西北
风，夏秋东南风，年均气温
9.23 ℃，年均降水量 597.52 mm，
全年无霜期 167 天。地处河滩地，
很可能有洪泛发生，地下水位高。
成土母质为冲积物。土地利用类
型为沼泽地，主要植被类型是蒲
草、薹草等湿生植物。

樊村系典型景观

土系特征与变幅　本土系具有淡色表层、雏形层、潮湿土壤水分状况、潜育特征、石灰
性等诊断层和诊断特性。剖面沉积层次明显，自地表向下，表层 20～30 cm 的黏壤土，
中间为厚约 25 cm 的壤土层，再下层是细砂土；80 cm 左右处出现地下水。由地下水面
向下钻探发现，再下至 1 m 左右是中砂，130 cm 以下为砂砾。表层（0～26 cm）含大量
大块的铁锈斑（颜色：2.5YR 3/4），之下（26～52 cm）有少量细铁锈，再向下细砂层不
显铁锈。通体有弱石灰反应。表层土壤颜色较红，之下为厚约 27cm 的蓝灰色土层，再
下层的土壤颜色没有那么蓝灰，80 cm 处见地下水。自地表至地下水都有蒲草等湿生动
物根系，表层的细根较多，粗（约 1.5 cm）的根系集中在 18～28 cm 之间。

对比土系　与西滩系相比，虽都属同一亚类，但沉积物的粗细不一样，西滩土体砂质，
土族不同。与上湾系相比，本土系虽然地下水也埋深浅，但不像上湾系那样是受河流水
补充，本土系的地下水不流动，缺氧，因而有潜育特征，土纲不同，上湾系属于雏形土
土纲。与桑干河上的黄庄系相比，虽都有锈斑等氧化还原特征，但黄庄系有盐积现象。

利用性能综述　虽然土体构型较好，但由于河漫滩地势低洼，属于湿地；最好保留原生植被。也可用以季节性放牧。

代表性单个土体　剖面位于山西省长治市沁县段柳乡樊村，36°41′45.515″N，112°41′51.812″E，海拔 927 m。位于浊漳河河滩上，距离人工河堤很近；地势低平，地下水位高。成土母质是冲积物，土地利用类型为沼泽地，主要植被类型是蒲草、薹草等湿生植物。野外调查时间为 2015 年 9 月 22 日，编号为 14-069。

Ah：　0～26 cm，浊棕色（7.5YR 5/4，干），暗棕色（7.5YR 3/4，润）；粉砂壤土；发育弱的 0.5～1 mm 的屑粒状结构；稍坚实；稍黏着；0.5～3 mm 左右的草本根系，丰度为 15 条/dm²；结构体面及根孔部位有直径 20 mm 的绣纹锈斑，丰度>50%；弱石灰反应；突然平滑过渡。

2Bg1：26～52 cm，灰黄棕色（10YR 5/2，干），棕灰色（10YR 4/1，润）；粉砂壤土；大块状；松；2～4 mm 左右的草本根系，丰度为 10 条/dm²；根孔部位有直径 1～2 mm 的绣纹锈斑，丰度为 5%；弱石灰反应；明显平滑过渡。

3Bg2：52～80 cm，浊黄棕色（10YR 5/3，干），暗棕色（10YR 3/3，润）；壤土；无结构；松散；2～4 mm 左右的草本根系，丰度为 5 条/dm²；弱石灰反应。

樊村系代表性单个土体剖面

樊村系代表性单个土体物理性质

土层	深度/cm	细土颗粒组成 (粒径：mm) /(g/kg)			质地
		砂粒 2～0.05	粉粒 0.05～0.002	黏粒 <0.002	
Ah	0～26	161	602	237	粉砂壤土
2Bg1	26～52	236	623	141	粉砂壤土
3Bg2	52～80	434	458	108	壤土

樊村系代表性单个土体化学性质

深度/cm	pH (H₂O)	有机碳 /(g/kg)	全氮(N) /(g/kg)	全磷(P) /(g/kg)	全钾(K) /(g/kg)	CaCO₃ /(g/kg)	CEC /[cmol(+)/kg]
0～26	8.1	10.62	1.17	0.73	17.7	42.7	16.1
26～52	8.2	4.13	0.56	0.90	16.9	43.9	8.1
52～80	8.6	1.26	0.26	0.40	14.9	34.7	6.1

7.1.2 西滩系（Xitan Series）

土　族：砂质混合型热性-石灰简育正常潜育土
拟定者：张凤荣，李　超，靳东升

分布与环境条件　属暖温带半干旱大陆性季风气候，四季分明，年均气温 14.42 ℃，年均降水量 575.29 mm，在五台山，霜冻期自 10 月下旬至次年 10 月中旬，全年无霜期 190 天。年蒸发量远大于年降水量，除了雨季，绝大部分时间蒸发量大于降水量。位于河滩地上，成土母质为河流冲积物。土地利用类型为湿地，植被类型主要为芦苇。

西滩系典型景观

土系特征与变幅　本土系具有淡色表层、雏形层、潜育特征、热性土壤温度、潮湿土壤水分状况、石灰性等诊断层和诊断特性。剖面位于黄河湿地芦苇荡旁，60 cm 见地下水。剖面通体砂土，无结构，通体强石灰反应。表层约 5 cm 厚的有机残体半分解层，5～17 cm 颜色变浅，有机物减少；再向下为灰色砂土层。土体上部芦苇根多，下部苇根少，根孔边有锈色。

对比土系　与沁县樊村系相比，所处的环境条件较为相似，但樊村系的冲积物较细，颗粒大小级别是壤质，土族已不同。与申奉系相比，虽质地构型都为河流砂质沉积物、质地较为均一，但申奉系由于河道干涸，已不受地下水影响，土壤水分状况为半干润，无潜育特征；本系由于位于黄河湿地，土壤由于长期被水饱和，土壤水分状况为潮湿，具有潜育特征，属潜育土纲，即土纲已不同。与邻近的鹳雀楼系相比，虽二者母质相同，均为黄河河砂，但鹳雀楼系无潜育特征，且经常遭受洪泛，属新成土纲。

利用性能综述　地处万荣县黄河湿地保护区，应保留现状，不可开发耕种。

代表性单个土体　剖面位于山西省运城市万荣县西滩（西滩温泉度假村附近），35°28′39.087″N，110°34′49.903″E，海拔 339 m。位于黄河滩地上，成土母质为河流冲积物。土地利用类型为湿地，植被类型主要为芦苇。野外调查时间为 2016 年 4 月 11 日，编号为 14-091。

西滩系代表性单个土体剖面

Ao：0～5 cm，灰黄棕色（10YR 5/2，干），暗棕色（10YR 3/3，润）；砂土；发育非常弱的 0.5 mm 屑粒状结构；松散；0.5～6 mm 的芦苇根系，丰度为 50%；强石灰反应；明显平滑过渡。

AC：5～17 cm，灰黄棕色（10YR 5/2，干），暗棕色（10YR 3/3，润）；砂土；无结构；松散；0.5～5 mm 的芦苇根系，丰度为 3%；强石灰反应；明显平滑过渡。

Cg1：17～35 cm，灰黄棕色（10YR 6/2，干），黑棕色（10YR 3/1，润）；砂土；无结构；松散；1～12 mm 的芦苇根系，丰度为 5%；强石灰反应；明显平滑过渡。

Cg2：35～60 cm，浊黄棕色（10YR 5/3，干），棕灰色（10YR 4/1，润）；砂土；无结构；松散；1～5 mm 的芦苇根系，丰度为 3%；强石灰反应。

西滩系代表性单个土体物理性质

土层	深度/cm	细土颗粒组成（粒径：mm）/(g/kg)			质地
		砂粒 2～0.05	粉粒 0.05～0.002	黏粒 <0.002	
Ao	0～5	906	32	62	砂土
AC	5～17	962	8	30	砂土
Cg1	17～35	946	9	45	砂土
Cg2	35～60	964	15	21	砂土

西滩系代表性单个土体化学性质

深度/cm	pH (H₂O)	有机碳/(g/kg)	全氮(N)/(g/kg)	全磷(P)/(g/kg)	全钾(K)/(g/kg)	CaCO₃/(g/kg)	CEC/[cmol(+)/kg]
0～5	7.8	35.81	1.10	0.80	28.2	42.3	3.8
5～17	8.3	6.92	0.86	0.83	29.8	44.7	1.5
17～35	8.5	4.06	0.32	0.69	30.6	41.5	1.1
35～60	8.6	3.53	0.14	0.72	31.4	33.7	1.8

第8章 淋 溶 土

8.1 普通简育冷凉淋溶土

8.1.1 红沟梁系（Honggouliang Series）

土 族：黏质伊利石型-普通简育冷凉淋溶土
拟定者：张凤荣，董云中，王秀丽，李 超，张滨林

分布与环境条件 属温带半干旱大陆性季风气候，四季分明。由于受季风和西伯利亚、蒙古高原高压控制，冬季少雪寒冷，春季干旱多风，夏季较热多雨，秋季温凉气爽。年平均气温6.29 ℃左右，年平均温差大，年均降水量455.16 mm，年降水量分布不均，60%的降水量集中在7～8月。春、秋、冬季风沙多，风期较长，主导风向是西北风，大风日数多。大风既造成风蚀，也带来黄土沉积。地处晋北

红沟梁系典型景观

高原的红土梁上，成土母质为第四纪红黏土。土地利用类型为灌木林地，植被类型为人工柠条，自然植被为羊草草原。

土系特征与变幅 本土系具有黏化层、冷性土壤温度、半干润土壤水分状况、铁质特性等诊断层和诊断特性。剖面通体为质地黏重的红土，只是在表层有大约5 cm的黄土覆盖。覆盖黄土和黄土降尘中的碳酸钙向下淋洗，使得表层与亚表层均有石灰反应，18cm以下的红黏土层则无石灰反应。红黏土层结构体面上光亮胶膜明显，但与土壤色差不大；红黏土层也有滑擦面。土壤塑性强，通透性很差，导水孔隙只是在裂隙和土壤结构体面上。

对比土系 与南京庄系亚类相同，但土族不同，土系也就不同。南京庄系上面覆盖的黄土层厚，具有钙积层，红黏土层（黏化层）在75 cm处才出现，黏土层没有发现滑擦面。而本土系土体上部的黄土层微薄，无钙积层，红黏土层（黏化层）在18 cm处即出现，且心土有滑擦面。

利用性能综述 土层深厚，但质地黏重，虽然保水保肥，但不利于植物根系向下延伸生

长，耕性也差；且所处地域水资源匮乏，因此，适宜利用方向为牧业。

代表性单个土体   剖面位于山西省大同市新荣区郭家窑乡红沟梁村，40°15′56.10″N，113°00′27.64″E，海拔 1231 m。位于晋北高原的红土梁区。成土母质为第四纪红黏土。土地利用类型为灌木林地，植被类型为人工柠条灌丛，自然植被为羊草草原。野外调查时间为 2015 年 6 月 2 日，编号为 14-014。

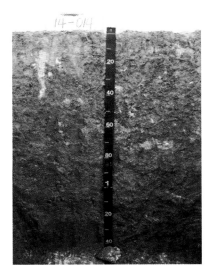

红沟梁系代表性单个土体剖面

Ah：0～5 cm，深棕色（7.5YR 5/6，干），深棕色（7.5YR 4/6，润）；砂质壤土；发育弱的 1 mm 大的屑粒状结构；湿时松脆，干时坚硬；1～5 mm 的草本根系，丰度为 10 条/dm²；土体内含有 2～15 mm 圆状的石英风化物，丰度为 5%；强石灰反应；明显平滑过渡。

2Bt1：5～18 cm，红棕色（5YR 4/4，干），深红棕色（5YR 3/4，润）；粉砂质黏壤土；中度发育的 2～3 mm 的棱块状结构；湿时坚实，干时坚硬；1～5 mm 的灌草根系，丰度为 8 条/dm²；土体内含有 2～15 mm 圆状的石英风化物，丰度为 5%；轻度石灰反应；渐变平滑过渡。

2Bt2：18～68 cm，红棕色（2.5YR 5/4，干），深红棕色（2.5YR 3/4，润）；粉砂壤土；强发育的 2～5 mm 的棱块状结构；湿时很坚实，干时极坚硬；土体内含有 5～10 mm 圆状强风化的花岗岩碎屑，丰度为 5%～10%；土壤结构体面上含有较多的铁质胶膜；有少量的滑擦面；无石灰反应；模糊平滑过渡。

2Bt3：68～102 cm，红棕色（2.5YR 5/4，干），深红棕色（2.5YR 3/4，润）；粉砂质黏壤土；强发育的 3～10 mm 的棱块状结构；湿时很坚实，干时极坚硬；土体内含有 15～30 mm 圆状强风化的花岗岩碎屑，丰度为 5%；土壤结构体面上含有较多的铁质胶膜；有滑擦面；无石灰反应；模糊平滑过渡。

2Bt4：102～145 cm，红棕色（2.5YR 5/4，干），深红棕色（2.5YR 3/4，润）；粉砂壤土；中度发育的 2～3 mm 的棱块状结构；湿时坚实，干时坚硬；土壤结构体面上含有较多的铁质胶膜；有滑擦面；无石灰反应。

红沟梁系代表性单个土体物理性质

土层	深度/cm	细土颗粒组成（粒径：mm）/(g/kg)			质地
		砂粒 2～0.05	粉粒 0.05～0.002	黏粒 <0.002	
Ah	0～5	614	231	155	砂质壤土
2Bt1	5～18	188	481	331	粉砂质黏壤土
2Bt2	18～68	136	609	255	粉砂壤土
2Bt3	68～102	151	576	273	粉砂质黏壤土
2Bt4	102～145	197	586	217	粉砂壤土

红沟梁系代表性单个土体化学性质

深度 /cm	pH (H₂O)	有机碳 /(g/kg)	全氮(N) /(g/kg)	全磷(P) /(g/kg)	全钾(K) /(g/kg)	CaCO₃ /(g/kg)	CEC /[cmol(+)/kg]
0～5	8.3	8.13	0.75	0.45	17.7	64.86	10.9
5～18	8.4	6.28	0.59	0.42	22.5	57.14	32.2
18～68	8.5	2.52	0.41	0.40	20.9	58.62	37.8
68～102	8.5	1.46	0.27	0.32	24.1	30.13	38.2
102～145	8.4	1.48	0.21	0.20	18.5	23.44	34.0

深度 /cm	全铁(Fe₂O₃) /(g/kg)	游离铁(Fe₂O₃) /(g/kg)	有效铁 (Fe) /(mg/kg)	无定形铁 氧化物 (Fe₂O₃) /(g/kg)	无定形硅 氧化物 (SiO₂) /(g/kg)	无定形铝 氧化物 (Al₂O₃) /(g/kg)	无定形锰 氧化物 (MnO) /(g/kg)	无定形钛 氧化物 (TiO₂) /(g/kg)
0～5	40.26	16.04	3.38	0.94	1.08	4.08	0.13	0.11
5～18	57.83	19.59	1.36	0.67	1.74	7.43	0.05	0.10
18～68	62.28	19.52	0.93	0.68	2.85	10.49	0.07	0.10
68～102	64.25	18.95	0.66	0.44	2.43	9.79	0.04	0.08
102～145	69.91	19.01	0.41	0.32	1.84	8.25	0.19	0.07

8.1.2　南京庄系（Nanjingzhuang Series）

土　　族：壤质盖黏质混合型石灰性-普通简育冷凉淋溶土
拟定者：董云中，靳东升，张凤荣，王秀丽，李　超，张滨林

南京庄系典型景观

分布与环境条件　属温带半干旱大陆性季风气候，四季分明，由于受季风和西伯利亚、蒙古高原高压控制，冬季少雪寒冷，春季干旱多风，夏季较热多雨，秋季温凉气爽。年平均气温5.95 ℃，年平均温差为 13 ℃，年均降水量 527.63 mm，年均蒸发量 1874 mm 左右。年降水量分布不均，50%的降水量集中在 7～8 月。春、秋、冬季风沙多，风期较长，主导风向是西风和西南风，平均八级以上大风日数为 23 天，最少 14 天，最多达 36 天。大风既造成风蚀，也带来黄土沉积。地处晋北高原的黄土丘陵上，流水侵蚀严重。成土母质为马兰黄土覆盖红黏土。土地利用类型为荒草地，植被类型为羊草、白蒿、铁杆蒿、柠条等灌草。

土系特征与变幅　本土系具有黏化层、钙积层、冷性土壤温度、半干润土壤水分状况、铁质特性、石灰性等诊断层和诊断特性。剖面质地构型为上轻下黏。上部为 60～80 cm 的马兰黄土状物质，质地较轻，下部为厚约 80 cm 的红黏土层。上部 80 cm 左右的马兰黄土中含有碳酸钙结核（砂姜），黄土状物质呈强石灰反应。下部红黏土中含有丰度为 20%～30%的高度风化的浑圆状砂岩砾石，其表面石灰反应强烈；其内部显现为高度风化石英砂粒，有石灰反应，是石英砂粒孔隙间再次碳酸钙淀积的结果；但红黏土无石灰反应。

对比土系　与红沟梁系亚类相同，但土族不同。红沟梁系土体上部的黄土层微薄，无钙积层，且其红黏土层（黏化层）在 18 cm 处即出现，且心土有滑擦面；本土系黄土层厚，具有钙积层，红黏土层（黏化层）在 75 cm 处出现，因而划分为不同土系。与平顺县的小铎村系土体构型最相似，上壤下黏，都含有砂姜；但存在明显差异，小铎村系有连续的砂姜层，且上部土体为黏壤土，质地较重；且小铎村系的红黏土层出现部位深，被分类为雏形土，红黏土中也没有砾石。

利用性能综述　土层深厚，质地上轻下黏，保水保肥。但由于地处半干旱区的丘陵地区，水资源匮乏，粮食作物灌溉困难。因此，适宜利用方向为牧业。

代表性单个土体　剖面位于山西省大同市左云县云头镇南京庄村，39°55′54.20″N，112°42′29.72″E，海拔 1446 m。位于晋北高原的丘陵地区。成土母质为马兰黄土覆盖红黏土。土地利用类型为荒草地，植被类型为羊草、白蒿、铁杆蒿、柠条等灌草。与此相似剖面发现在左云县城东南楞严寺北侧，40°00′15.060″N，112°43′01.889″E，海拔 1351.94 m。野外调查时间为 2015 年 6 月 3 日，编号为 14-016。

Ah:　0～12 cm，浅棕色（10YR 6/3，干），黄棕色（10YR 5/4，润）；粉砂壤土；中度发育 1～2 mm 大的屑粒状结构；松散；多量细小孔隙；1～2 mm 的草本根系，丰度为 8 条/dm²；土体内含有 5～20 mm 不规则的坚硬砂姜，丰度为 3%～5%；强石灰反应；渐变平滑过渡。

Bk:　12～75 cm，极浅棕色（10YR 7/4，干），黄棕色 （10YR 5/6，润）；粉砂壤土；中度发育的 2～3 mm 的团块状结构；疏松；多量细小孔隙；0.5～1 mm 的草本根系，丰度为 5 条/dm²；土体内含有 3～10 mm 不规则的坚硬砂姜，丰度为 5%左右；强石灰反应；突然波状过渡。

2Bt1：75～118 cm，红棕色（5YR 5/4，干），黄红色 （5YR 4/6，润）；粉砂质黏壤土；强发育的 3～8 mm 的棱块状结构；有胶膜；极坚硬；土体内含有 50 mm 大的圆状强风化的砂岩砾石，轻度石灰反应，微硬，丰度为 20%；土体中有 20cm 长，阔度为 5 mm 的裂隙；细土物质无石灰反应；模糊平滑过渡。

南京庄系代表性单个土体剖面照

2Bt2：118～150 cm，亮红棕色（5YR 6/4，干），黄红色 （5YR 4/6，润）；粉砂壤土；强发育的 3～10 mm 的棱块状结构，有胶膜；极坚硬；土体内含有 50 mm 大的圆状强风化的砂岩碎屑，微硬，丰度为 20%，轻度石灰反应；土体中有 20 cm 长，阔度为 2～5 mm 的裂隙；细土物质无石灰反应。

南京庄系代表性单个土体物理性质

土层	深度/cm	细土颗粒组成 (粒径：mm)/(g/kg)			质地
		砂粒 2～0.05	粉粒 0.05～0.002	黏粒<0.002	
Ah	0～12	264	544	192	粉砂壤土
Bk	12～75	227	613	160	粉砂壤土
2Bt1	75～118	113	579	308	粉砂质黏壤土
2Bt2	118～150	221	650	129	粉砂壤土

南京庄系代表性单个土体化学性质

深度 /cm	pH (H₂O)	有机碳 /(g/kg)	全氮(N) /(g/kg)	全磷(P) /(g/kg)	全钾(K) /(g/kg)	CaCO₃ /(g/kg)	CEC /[cmol(+)/kg]
0～12	8.3	7.45	0.65	0.64	20.1	115.2	8.4
12～75	8.5	1.00	0.28	0.53	17.7	139.4	10.6
75～118	8.4	0.21	0.20	0.62	28.1	16.6	35.6
118～150	8.4	1.29	0.24	0.91	20.9	122.0	33.2

深度 /cm	全铁 (Fe₂O₃) /(g/kg)	游离铁(Fe₂O₃) /(g/kg)	有效铁(Fe) /(mg/kg)	无定形铁氧 化物(Fe₂O₃) /(g/kg)	无定形硅 氧化物 (SiO₂) /(g/kg)	无定形铝 氧化物 (Al₂O₃) /(g/kg)	无定形锰 氧化物 (MnO) /(g/kg)	无定形钛氧 化物(TiO₂) /(g/kg)
0～12	35.42	11.38	4.81	0.81	3.84	10.49	0.18	0.14
12～75	40.14	15.33	4.09	0.80	3.74	10.84	0.26	0.17
75～118	47.80	15.76	0.39	0.37	2.81	12.33	0.12	0.13
118～150	40.44	14.74	0.131	0.28	3.36	11.47	0.13	0.09

8.1.3　太安岭系（Taianling Series）

土　　族：砂质混合型石灰性-普通简育冷凉淋溶土
拟定者：董云中，张凤荣，李　超

分布与环境条件　属温带大陆性季风气候，冬春长，夏秋短。春季干燥多大风、风沙；夏季温和，雨季集中（7 月下旬～9 月上旬），多局部性大雨、暴雨，且常发生山洪。年均气温 4.64 ℃，年均降水量 613.54 mm，全年无霜期 110～120 天。处于山地丘陵的坡上。成土母质为黄土。土地利用类型为荒草地，植被类型为沙棘、甜苣、车前草、草木犀等灌草。

太安岭系典型景观

土系特征与变幅　本土系具有黏化层、冷性土壤温度、半干润土壤水分状况、石灰性等诊断层和诊断特性。剖面质地构型为通体粉砂壤土；但上部 90 cm 左右为强石灰反应，在 90 cm 左右出现 50 cm 左右厚度的黏化层，黏化层土壤结构体面上分布有少量黏粒胶膜，且有少量的假菌丝体分布，但黏化层结构体内即土壤基质没有石灰反应。黏化层之下又为石灰反应的砂质壤土层。

对比土系　与之在剖面形态上最相似的是同亚类、土族的东瓦厂系，但东瓦厂系的黏化层之上有一没有石灰反应的黄土状土层，其黏化层也较厚。红沟梁系、南京庄系亚类相同，土族不同。红沟梁系黏化层在 18 cm 处即出现，厚度 130 cm，且土族颗粒组成大小级别为黏质；南京庄系土族颗粒组成大小级别为壤质盖黏质，黏化层厚度为 75 cm。本土系黏化层在 90 cm 才出现，厚度<60 cm，且土族颗粒大小级别为壤质。

利用性能综述　土层深厚，土壤质地适中，黏化层出现深度部位较深，保水保肥，适宜耕作。但由于位于山地丘陵的侵蚀沟旁，应注意坡面侵蚀。

代表性单个土体　剖面位于山西省大同市浑源县王庄堡镇太安岭村，39°22′04.21″N，113°49′29.51″E，海拔 1498 m。处于山地丘陵的坡上。成土母质为黄土。土地利用类型为荒草地，植被类型为沙棘、甜苣、车前草、草木犀等灌草。野外调查时间为 2015 年 8 月 3 日，编号为 14-022。

Ah：　0～15 cm，浊黄棕色（10YR 5/3，干），暗棕色（10YR 3/3，润）；砂质壤土；发育强的 2～3 mm 的屑粒状结构；干时松软，湿时极疏松；大量细小孔隙；1～8 mm 的草本根系，丰度为 15 条/dm²；强石灰反应；渐变倾斜过渡。

Bw1：15～38 cm，浊黄棕色（10YR 5/3，干），暗棕色（10YR 3/4，润）；砂质壤土；中等发育的 1～2 mm 的屑粒状结构；干时松软，湿时极疏松；大量细小孔隙；1～3 mm 的草本根系，丰度为 5 条/dm²；强石灰反应；模糊倾斜过渡。

Bw2：38～92 cm，浊黄棕色（10YR 5/3，干），暗棕色（10YR 3/4，润）；砂质壤土；发育弱的 3～5 mm 的屑粒结构；干时松软，湿时极疏松；大量细小孔隙；1 mm 的草本根系，丰度为 3 条/dm²；中度石灰反应；突变平滑过渡。

太安岭系代表性单个土体剖面

2Btk：92～148 cm，浊棕色（7.5YR 5/4，干），棕色（7.5YR 4/6，润）；黏壤土；发育强的 8～20 mm 的棱块状结构；干时坚硬，湿时稍坚实；1 mm 的草本根系，丰度为 3 条/dm²；结构体面有明显的黏粒胶膜，丰度为 10%；5% 的根状碳酸钙质假菌丝体；结构体内无石灰反应；清晰过渡。

3Bk：148～165 cm，黄棕色（10YR 5/8，干），棕色（10YR 4/4，润）；砂质壤土；发育弱的 1 mm 的屑粒状结构；干、湿时均松散；3% 的根状碳酸钙质假菌丝体；强石灰反应。

太安岭系代表性单个土体物理性质

土层	深度 /cm	细土颗粒组成（粒径：mm）/(g/kg)			质地
		砂粒 2～0.05	粉粒 0.05～0.002	黏粒 <0.002	
Ah	0～15	597	336	67	砂质壤土
Bw1	15～38	562	328	110	砂质壤土
Bw2	38～92	525	366	109	砂质壤土
2Btk	92～148	439	290	271	黏壤土
3Bk	148～165	602	288	110	砂质壤土

太安岭系代表性单个土体化学性质

深度 /cm	pH (H₂O)	有机碳 /(g/kg)	全氮(N) /(g/kg)	全磷(P) /(g/kg)	全钾(K) /(g/kg)	CaCO₃ /(g/kg)	CEC /[cmol(+)/kg]
0～15	8.1	13.11	0.88	0.61	18.5	26.9	12.6
15～38	8.3	6.83	0.45	0.80	22.5	31.0	9.4
38～92	8.4	5.09	0.60	0.67	19.3	25.6	10.1
92～148	8.0	2.96	0.45	1.01	23.3	4.4	17.4
148～165	8.2	2.32	0.52	0.57	20.9	52.3	7.7

深度 /cm	全铁 (Fe$_2$O$_3$) /(g/kg)	游离铁 (Fe$_2$O$_3$) /(g/kg)	有效铁 (Fe) /(mg/kg)	无定形铁氧化物(Fe$_2$O$_3$) /(g/kg)	无定形硅氧化物(SiO$_2$) /(g/kg)	无定形铝氧化物(Al$_2$O$_3$) /(g/kg)	无定形锰氧化物(MnO) /(g/kg)	无定形钛氧化物(TiO$_2$) /(g/kg)
0～15	32.25	16.81	2.36	1.84	3.81	12.95	0.32	0.23
15～38	32.96	13.43	2.32	1.79	3.86	13.94	0.31	0.23
38～92	34.28	16.60	2.27	1.86	4.50	14.29	0.34	0.25
92～148	47.74	20.75	2.92	2.05	6.29	24.44	0.48	0.32
148～165	32.80	12.27	3.78	1.64	5.43	15.78	0.29	0.23

8.1.4 东瓦厂系（Dongwachang Series）

土　族：壤质混合型石灰性-普通简育冷凉淋溶土
拟定者：李　超，张凤荣，董云中，王秀丽

分布与环境条件　属温带大陆性季风气候，气候湿润，年均气温 4.6 ℃，极端最低气温-39.9 ℃，极端最高气温 24.1 ℃，年均降水量 682.78 mm，全年无霜期 90～110 天。地处中山地带的下坡部位，坡度 15°～20°。成土母质为黄土。土地利用类型为林地，植被类型为华北落叶松、杨树、沙棘等乔灌混交林。

东瓦厂系典型景观

土系特征与变幅　本土系具有黏化层、冷性土壤温度、湿润土壤水分状况、石灰性等诊断层和诊断特性。剖面质地构型为粉砂壤土夹黏壤土。矿质土层之下有 2～3 cm 厚的枯枝落叶层，下为厚 70 cm 的粉砂壤土层，其上半部分具有石灰反应，下半部分无石灰反应；70 cm 左右出现一厚 40 cm 左右的黏化层，黏化层的结构体面上具有少量黏粒胶膜和假菌丝体，结构体内并无石灰反应。黏化层之下又是石灰反应的粉砂壤土层。

对比土系　与之在剖面形态上最相似的是同亚类、土族的太安岭系，但太安岭系的黏化层之上的土层都有石灰反应，其黏化层也较薄。与红沟梁系、南京庄系亚类相同，但因为土壤颗粒大小级别不同，而土族不同。

利用性能综述　土层深厚，土壤质地适中，黏化层出现深度部位较深，保水保肥，耕性好，但积温不足，并不适宜耕作。更由于位于山地的坡面上，有水土流失危害，最好的用途是林地。

代表性单个土体　剖面位于山西省忻州市五台县豆村镇东瓦厂村，38°56′38.99″N，113°20′46.54″E，海拔 1644 m。处中山地带的下坡部位。成土母质为黄土。土地利用类型为林地，植被类型为华北落叶松、杨树、沙棘等乔灌混交林。对应第二次土壤普查类型为复石灰性褐土，深黏黄垆土。野外调查时间为 2015 年 8 月 6 日，编号为 14-029。

Ai：　枯枝落叶层，厚度约 3 cm。

Ah：　0～24 cm，浊黄橙色（10YR 6/3，干），棕色（10YR 4/6，润）；壤土；中度发育的 2～3 mm 的屑粒状结构；干、湿时均松散； 1～5 mm 的灌草根系，丰度为 10 条/dm²；极强石灰反应；清晰平滑过渡。

Bw1：24～45 cm，浊黄橙色（10YR 6/3，干），暗棕色（10YR 3/3，润）；粉砂壤土；中等发育的 1～2 mm 的屑粒状结构；干、湿时均松散； 1～50 mm 的乔灌草根系，丰度为 8 条/dm²；强石灰反应；清晰平滑过渡。

Bw2：45～72 cm，浊黄橙色（10YR 6/4，干），浊黄棕色（10YR 4/3，润）；粉砂壤土；发育弱的 1 mm 的屑粒结构；干、湿时均松散；1～10 mm 的乔灌草根系，丰度为 5 条/dm²；无石灰反应；突变平滑过渡。

东瓦厂系代表性单个土体剖面

2Bt：　72～110 cm，浊棕色（7.5YR 5/4，干），棕色（7.5YR 4/4，润）；壤土；发育强的 5～20 mm 的棱块状结构；干时坚硬，湿时稍坚实；1～15 mm 的乔灌草根系，丰度为 2 条/dm²；结构体面有明显的黏粒胶膜，丰度为 10%；结构体面有少量碳酸钙质假菌丝体；结构体内无石灰反应；突变平滑过渡。

3Bw：110～150 cm，浊黄橙色（10YR 6/4，干），浊黄棕色（10YR 5/4，润）；壤土；发育弱的 1～2 mm 的屑粒状结构；干、湿时均松散；强石灰反应。

东瓦厂系代表性单个土体物理性质

土层	深度 /cm	细土颗粒组成（粒径：mm）/(g/kg)			质地
		砂粒 2～0.05	粉粒 0.05～0.002	黏粒 <0.002	
Ah	0～24	398	428	174	壤土
Bw1	24～45	431	512	57	粉砂壤土
Bw2	45～72	583	384	33	砂质壤土
2Bt	72～110	405	387	208	壤土
3Bw	110～150	511	342	147	壤土

东瓦厂系代表性单个土体化学性质

深度 /cm	pH (H₂O)	有机碳 /(g/kg)	全氮(N) /(g/kg)	全磷(P) /(g/kg)	全钾(K) /(g/kg)	CaCO₃ /(g/kg)	CEC /[cmol(+)/kg]
0～24	8.2	6.35	1.14	0.59	18.5	28.6	5.7
24～45	8.2	5.37	0.95	0.31	17.7	5.4	10.1
45～72	8.2	2.26	0.75	0.32	18.5	0.1	6.0
72～110	7.8	2.56	0.84	0.40	19.3	0.3	11.9
110～150	8.5	1.89	0.35	0.25	18.5	22.0	4.6

深度 /cm	全铁 (Fe$_2$O$_3$) /(g/kg)	游离铁 (Fe$_2$O$_3$) /(g/kg)	有效铁 (Fe) /(mg/kg)	无定形铁氧 化物(Fe$_2$O$_3$) /(g/kg)	无定形硅氧 化物(SiO$_2$) /(g/kg)	无定形铝氧化 物(Al$_2$O$_3$) /(g/kg)	无定形锰氧 化物(MnO) /(g/kg)	无定形钛氧化物 (TiO$_2$) /(g/kg)
0~24	33.18	17.67	4.15	2.05	5.11	16.12	0.26	0.33
24~45	29.38	19.51	4.82	2.18	3.75	16.78	0.24	0.45
45~72	34.92	18.53	5.09	1.91	4.37	15.87	0.39	0.36
72~110	41.93	21.19	5.54	2.18	7.42	23.69	0.49	0.38
110~150	34.83	16.78	3.64	1.67	6.05	16.79	0.34	0.24

8.1.5 坪地川系（Pingdichuan Series）

土　族：壤质盖粗骨黏质混合型石灰性–普通简育冷凉淋溶土
拟定者：张凤荣，李　超，靳东升

分布与环境条件　属温带大陆性气候，四季分明，春季干燥多风，夏季温暖多雨，秋季凉爽且阴雨较多，冬季漫长而寒冷。年均温度 6.75 ℃，年均降水量 775.76 mm，降水集中在 7～8 月，全年无霜期 124 天。位于中山地带的中坡部位，坡度约 15°，成土母质为坡残积黄土状物质与红黏土。土地利用类型为灌木林地，植物种类为艾蒿、铁杆蒿、白草、人工油松。

坪地川系典型景观

土系特征与变幅　本土系具有淡薄表层、黏化层、冷性土壤温度、半干润土壤水分状况、铁质特性、石灰性等诊断层和诊断特性。土体上部有约 30 cm 厚的黄土状物质，含有岩屑；其下为夹杂大量大块岩屑（65%左右）的红色黏土层，该层厚约 30～50 cm；再下为石灰岩基岩（母岩）。土体上部有石灰反应，而下部红色黏土层无石灰反应。

对比土系　与平顺县的窑底系最相似，均发育于石灰岩风化形成的红黏土坡残积物上，但窑底系为温性土壤温度，属干润淋溶土亚纲，即亚纲已不同。与广灵县沙岭村系相比，沙岭村系虽然也发源于坡积物上，含有大量岩屑，但下伏基岩是砂岩，细土物质质地是壤土，不是黏土，没有黏化层，土纲不同。

利用性能综述　地处坡面上，坡度陡，土层较厚，但土体下部粗碎屑含量高，不适宜耕种，宜作为林地或天然草地利用。同时注意坡面植被保护，防止水土流失。

代表性单个土体　剖面位于山西省晋中市和顺县平松乡坪地川村，37°19′45.575″N，113°44′09.841″E，海拔 1493 m。位于中山地带的中坡部位，坡度约 15°，成土母质为坡残积黄土状物质与红黏土，土地利用类型为灌木林地，植物种类为艾蒿、铁杆蒿、白草、人工油松。野外调查时间为 2015 年 9 月 18 日，编号为 14-056。

坪地川系代表性单个土体剖面

Ah：　0～9 cm，浊棕色（7.5YR 5/4，干），暗棕色（7.5YR 3/4，干）；粉砂壤土；发育较强的 1～2 mm 的屑粒状结构；1～2 mm 的草本根系，丰度 15 条/dm²；疏松；含有半风化状态的 10～50 mm 大小的棱角状石灰岩碎屑，丰度为 5%～10%；强石灰反应；逐渐平滑过渡。

Bw：　9～31cm，浊棕色（7.5YR 5/4，干），暗棕色（7.5YR 3/4，干）；粉砂质黏壤土；发育较强的 1～2mm 的屑粒状结构；1 mm 的草本根系，丰度 5 条/dm²；较坚实；含有半风化状态的 10～50 mm 大小的棱角状石灰岩碎屑，丰度为 5%～8%；强石灰反应；明显波状过渡。

2Bt：31～81 cm，暗红棕色（2.5YR 3/6，干），暗红棕色（2.5YR 3/6，润）；黏土；发育强的 2～3 mm 的棱块状结构，有胶膜；<1 mm 的草本根系，丰度 2 条/dm²；坚实；湿时黏着，可塑性强；含有半风化状态的 100～300 mm 半圆状石灰岩碎屑，丰度为 65%；结构体内无石灰反应；突然平滑过渡。

R：81 cm 以下，石灰岩母岩。

坪地川系代表性单个土体物理性质

土层	深度 /cm	细土颗粒组成（粒径：mm）/(g/kg)			质地
		砂粒 2～0.05	粉粒 0.05～0.002	黏粒 <0.002	
Ah	0～9	199	576	225	粉砂壤土
Bw	9～31	178	530	292	粉砂质黏壤土
2Bt	31～81	116	290	594	黏土

坪地川系代表性单个土体化学性质

深度 /cm	pH (H₂O)	有机碳 /(g/kg)	全氮(N) /(g/kg)	全磷(P) /(g/kg)	全钾(K) /(g/kg)	CaCO₃ /(g/kg)	CEC /[cmol(+)/kg]
0～9	8.2	46.96	2.30	0.28	19.3	23.8	22.6
9～31	8.3	26.64	1.43	0.38	19.3	36.1	20.6
31～81	8.4	7.51	0.61	0.10	19.3	56.0	36.3

深度 /cm	全铁 (Fe₂O₃) /(g/kg)	游离铁 (Fe₂O₃) /(g/kg)	有效铁(Fe) /(mg/kg)	无定形铁氧化物(Fe₂O₃) /(g/kg)	无定形硅氧化物(SiO₂) /(g/kg)	无定形铝氧化物(Al₂O₃) /(g/kg)	无定形锰氧化物(MnO) /(g/kg)	无定形钛氧化物(TiO₂) /(g/kg)
0～9	43.45	16.30	0.37	2.08	1.58	5.88	0.54	0.27
9～31	45.94	16.56	2.11	2.07	1.75	7.11	0.62	0.20
31～81	68.84	20.78	0.83	2.38	2.83	7.45	0.48	0.20

8.2 普通钙质干润淋溶土

8.2.1 穽底系（Jingdi Series）

土　族：粗骨黏质混合型温性–普通钙质干润淋溶土
拟定者：张凤荣，李　超，靳东升

分布与环境条件　属暖温带大陆性季风气候，四季分明。年均温度 9.18 ℃，年均降水量 665.72 mm（夏季降水占全年降水量的 62.5%），全年无霜期 181 天。位于低山中部的阴坡部位，坡度约 15°，成土母质为石灰岩坡残积物。土地利用类型为林地，植物主要有辽东栎、荆条、黄栌、三桠绣线菊、胡枝子、薹草、地网草。

穽底系典型景观

土系特征与变幅　本土系具有黏化层、碳酸盐岩岩性特征、温性土壤温度、半干润土壤水分状况、铁质特性等诊断层和诊断特性，但盐基饱和。剖面发育于石灰岩风化形成的红黏土坡残积物上，土壤颜色受黄土降尘影响，越是表层颜色越黄。表层为屑粒状结构；表下层为次棱块状结构；心底土层为团聚强的棱块状结构，结构体面上有零星细小锰斑，结构体面光亮，但又不似胶膜。土体含有岩屑，且心底土岩屑含量大于表层和表下层。通体无石灰反应。

对比土系　与和顺县的坪地川系最相似，均发育于石灰岩风化形成的红黏土坡残积物上，但坪地川系为冷性土壤温度，先检索为冷凉淋溶土亚纲，本土系为温性土壤温度，属干润淋溶土亚纲，即亚纲已不同。与左云县南京庄同亚类的下川村系相比，土层较厚，且岩屑含量低，质地也较黏。

利用性能综述　地处坡面上，坡度陡，土层虽然较厚，但土体下部粗碎屑含量高，对耕种有影响，宜作为林地或天然草地利用。同时注意坡面植被保护，防止水土流失。

代表性单个土体　剖面位于山西省长治市平顺县石窑滩乡穽底村，36°05′11.151″N，113°39′16.104″E，海拔 960 m。位于低山中部的阴坡部位，坡度约 15°，成土母质为石灰岩坡残积物，土地利用类型为林地，植被主要有辽东栎、荆条、黄栌、三桠绣线菊、胡枝子、薹草、地网草。野外调查时间为 2015 年 9 月 20 日，编号为 14-064。

穿底系代表性单个土体剖面

Ah: 0～15 cm，浊红棕色（5YR 5/4，干），浊红棕色（5YR 4/4，润）；粉砂质黏土；发育强的 1～2 mm 的屑粒状结构；0.5～2 mm 的灌草根系，丰度 15 条/dm²；松散；含有半风化状态的 5～30 mm 棱角状岩石碎屑，丰度为 20%；无石灰反应；明显平滑过渡。

Bt1：15～37 cm，浊红棕色（5YR 4/4，干），红棕色（5YR 4/6，润）；黏土；发育强的 1～3 mm 的次棱块状结构；有胶膜；0.5～10 mm 的灌草根系，丰度 8 条/dm²；坚硬；湿时黏着；含有半风化状态的 5～30 mm 棱角状岩石碎屑，丰度为 10%；无石灰反应；明显平滑过渡。

Bt2：37～75 cm，浊红棕色（5YR 4/4，干），红棕色（5YR 4/6，润）；黏土；发育极强的 2～5 mm 的棱块状结构；有胶膜；0.5～2 mm 的灌草根系，丰度 5 条/dm²；坚硬；湿时黏着；含有半风化状态的 20～150 mm 棱角状石灰岩碎屑，丰度为 40%；无石灰反应。

穿底系代表性单个土体物理性质

| 土层 | 深度 /cm | 细土颗粒组成（粒径：mm）/(g/kg) | | | 质地 |
		砂粒 2～0.05	粉粒 0.05～0.002	黏粒 <0.002	
Ah	0～15	157	437	406	粉砂质黏土
Bt1	15～37	136	345	519	黏土
Bt2	37～75	183	326	491	黏土

穿底系代表性单个土体化学性质

深度 /cm	pH (H₂O)	有机碳 /(g/kg)	全氮(N) /(g/kg)	全磷(P) /(g/kg)	全钾(K) /(g/kg)	CaCO₃ /(g/kg)	CEC /[cmol(+)/kg]
0～15	7.9	14.36	1.40	0.28	15.3	15.3	26.8
15～37	7.8	8.13	0.74	0.23	15.3	1.8	32.1
37～75	8.2	4.50	0.69	0.26	9.6	4.1	29.3

深度 /cm	全铁 (Fe₂O₃) /(g/kg)	游离铁(Fe₂O₃) /(g/kg)	有效铁(Fe) /(mg/kg)	无定形铁氧化物 (Fe₂O₃) /(g/kg)	无定形硅氧化物 (SiO₂) /(g/kg)	无定形铝氧化物 (Al₂O₃) /(g/kg)	无定形锰氧化物 (MnO) /(g/kg)	无定形钛氧化物 (TiO₂) /(g/kg)
0～15	58.94	21.64	1.693	2.29	2.08	5.35	0.35	0.25
15～37	69.22	22.24	1.07	2.24	2.26	18.57	0.50	0.39
37～75	52.35	21.98	1.077	2.21	2.35	17.64	0.37	0.44

8.2.2 下川村系（Xiachuancun Series）

土 族：粗骨黏壤质混合型石灰性温性-普通钙质干润淋溶土
拟定者：张凤荣，李 超

分布与环境条件 气候温暖偏寒，大陆性气候较为明显，四季分明。年均气温 8.2 ℃，年均降水量 687.35 mm，降水集中在 7～8 月，全年无霜期 160 天。位于低山地带的中坡部位，坡度约 15°，成土母质为石灰岩坡残积物。土地利用类型为林地，植被类型为松树林。

下川村系典型景观

土系特征与变幅 本土系具有淡薄表层、黏化层、温性土壤温度、半干润土壤水分状况、石灰性等诊断层和诊断特性。土体表层约 40 cm 厚的浊棕色壤土层，屑粒状结构，含约 80%的岩屑，之下为厚约 80 cm 红棕色黏土层，上部 40 cm 岩屑含量 55%，底部岩屑达 85%以上，砂岩块形状明显，但风化强烈。黏土层结构体面上有胶膜，并有呈点状锰斑。土体上部有石灰反应，而下部红棕色黏土层无石灰反应。

对比土系 与坪地川系相比，坪地川系的土壤温度状况为冷性，土体上部岩屑含量相对较少，本系的土壤温度状况为温性，表层至 50 cm 岩屑含量≥70%。与平顺县穿底系相比，穿底系剖面土体较深厚，含岩屑较少，质地也较黏。

利用性能综述 地处山坡，坡度陡，土层虽厚，但土体上部粗碎屑含量高，下部黏土层透水性较差；不适宜耕种，宜作为林地或天然草地利用。同时注意坡面植被保护，防止水土流失。

代表性单个土体 剖面位于山西省晋城市陵川县平城镇下川村，35°50′11.957″N，113°19′37.423″E，海拔 1340 m。位于低山地带的中坡部位，坡度约 15°，成土母质为石灰岩坡残积物与黄土降尘混杂。土地利用类型为林地，植被类型为松树等。野外调查时间为 2016 年 4 月 9 日，编号为 14-085。

Ah：0～19 cm，浊棕色（7.5YR 5/3，干），棕色（7.5YR 4/6，润）；黏壤土；发育弱的 0.5～2 mm 的屑粒状结构；1～2 mm 的灌草根系，丰度 20 条/dm²，松散；含有半风化状态的<50 mm 大小的棱角状石灰岩碎屑，丰度为 80%；强石灰反应；逐渐平滑过渡。

Bw：19～39 cm，浊棕色（7.5YR 5/3，干），棕色（7.5YR 4/6，润）；黏壤土；发育较强的 1～2 mm 的屑粒状结构；1～3 mm 的灌草根系，丰度 20 条/dm²，松散；含有半风化状态的<100 mm 大小的棱角状砂石灰岩碎屑，丰度为 90%；强石灰反应；明显平滑过渡。

2Bt1：39～81 cm，浊红棕色（2.5YR 5/3，干），亮红棕色（2.5YR 5/6，润）；黏壤土；强发育的 2～3 mm 的棱块状结构；<1 mm 的草本根系，丰度 5 条/dm²；极坚实；湿时黏着，可塑性强；含有强风化状态的<100 mm 大小的棱角状石灰岩碎屑，丰度为 55%；土壤结构体面含有 2 mm 大小的锰斑，丰度为 20%；土壤结构体面含有丰度 10%的铁质黏粒胶膜；细土物质无石灰反应；模糊平滑　过渡。

下川村系代表性单个土体剖面

2Bt2：81～120 cm，橙色（5YR 6/6，干），亮红棕色（5YR 5/8，润）；砂质黏壤土；强发育的 2～3 mm 的棱块状结构；0.5 mm 的草本根系，丰度 2 条/dm²；坚实；湿时黏着，可塑性强；含有极强风化状态的<200 mm 大小的棱角状石灰岩碎屑，丰度为 80%；土壤结构体面含有 2 mm 大小的锰斑，丰度为 20%；土壤结构体面含有丰度 10%的铁质黏粒胶膜；细土物质无石灰反应。

下川村系代表性单个土体物理性质

土层	深度/cm	细土颗粒组成（粒径：mm）/(g/kg)			质地
		砂粒 2～0.05	粉粒 0.05～0.002	黏粒 <0.002	
Ah	0～19	311	393	296	黏壤土
Bw	19～39	450	255	295	黏壤土
2Bt1	39～81	445	197	358	黏壤土
2Bt2	81～120	535	159	306	砂质黏壤土

下川村系代表性单个土体化学性质

深度/cm	pH (H₂O)	有机碳 /(g/kg)	全氮(N)/ (g/kg)	全磷(P) /(g/kg)	全钾(K) /(g/kg)	CaCO₃ /(g/kg)	CEC /[cmol(+)/kg]
0～19	6.8	30.01	3.82	0.82	25.7	2.4	28.9
19～39	7.3	15.37	1.79	0.69	24.1	0.7	19.2
39～81	7.6	6.96	0.91	0.51	23.7	0.6	22.7
81～120	7.7	3.40	0.65	0.51	15.7	5.6	16.3

深度 /cm	全铁 (Fe₂O₃) /(g/kg)	游离铁 (Fe₂O₃) /(g/kg)	有效铁 (Fe) /(mg/kg)	无定形铁氧化物(Fe₂O₃) /(g/kg)	无定形硅氧化物(SiO₂) /(g/kg)	无定形铝氧化物(Al₂O₃) /(g/kg)	无定形锰氧化物(MnO) /(g/kg)	无定形钛氧化物(TiO₂) /(g/kg)
0～19	46.74	20.75	10.77	1.27	1.10	9.84	0.32	0.16
19～39	62.94	22.89	1.70	1.17	1.03	9.43	0.11	0.17
39～81	67.68	23.62	0.50	1.01	0.93	8.55	0.11	0.16
81～120	70.19	23.67	0.41	0.75	0.81	6.32	0.31	0.12

8.3　普通钙积干润淋溶土

8.3.1　大南社系（Da'nanshe Series）

土　　族：黏质混合型温性-普通钙积干润淋溶土
拟定者：张凤荣，李　超

分布与环境条件　属温带大陆性季风气候，四季分明，春季干旱多风，夏季炎热多雨，秋季秋高气爽，冬季寒冷干燥。年均气温 11.72 ℃，年均降水量 644.77 mm，全年无霜期 192.6 天左右。位于黄土丘陵塬上，母质为不同时期的黄土。土地利用类型为耕地，植物种类为小麦、玉米等。

大南社系典型景观

土系特征与变幅　本土系具有黏化层、钙积层、温性土壤温度、半干润土壤水分状况、石灰性等诊断层和诊断特性。土体表层约 20 cm 厚的粉砂壤土层，耕作带入人工物丰富。向下突然过渡到一含大量（体积分数为 12%）砂姜的层次，厚约 50 cm，大的砂姜达 10 cm（长轴），以立状为主，向下明显过渡到红色黏土层，该层棱块结构发育，结构体面上含大量黑色锰斑，胶膜也占结构体面的至少 20%，红色黏土层内也偶见少量砂姜，自表层到约 100 cm 石灰反应强烈，并见假菌丝体。

对比土系　与平顺县小铎系最相似，但小铎系砂姜层砂姜更多更厚更连续。与同土类的潘家沟系不同，潘家沟系在距地表 1～1.5 m 的深度内出现由钙质结核胶结在一起的钙磐。

利用性能综述　土层深厚，土壤质地适中，黏化层出现深度部位较深，保水保肥，适宜耕作。但利用过程中应注意对坡面侵蚀的防护。

代表性单个土体　剖面位于山西省晋城市泽州县高都镇大南社村，35°35′29.518″N，112°58′06.731″E，海拔 745.8 m。位于黄土丘陵塬上，母质为不同时期的黄土。土地利用类型为耕地，植物种类为小麦、玉米等。野外调查时间为 2016 年 4 月 9 日，编号为 14-083。

Ap:　0～24 cm，浊黄棕色（10YR 5/3，干），浊黄橙色（10YR
　　　7/4，润）；粉砂壤土；发育弱的 0.5～1 mm 的屑粒状结
　　　构；松散；0.5～2 mm 的作物根系，丰度为 7 条/dm²；
　　　强石灰反应；突然平滑过渡。

Bk1:　24～71 cm，浊棕色（7.5YR 6/3，干），橙色（7.5YR 6/6，
　　　润）；粉砂质黏壤土；较强发育的 0.5～1 mm 的屑粒状
　　　结构；干时稍硬，湿时稍坚实；0.5～1 mm 的草本根系，
　　　丰度为 2 条/dm²；结构体面上具有<100 mm 的白色碳酸
　　　钙质结核，丰度为 12%；极强石灰反应；明显平滑过渡。

大南社系代表性单个土体剖面

2Bkt1：71～93 cm，亮红棕色（5YR 5/6，干），红棕色（5YR
　　　4/6，润）；粉砂质黏土；极强发育的 2～5 mm 的次棱
　　　块状结构；有胶膜；干时硬，湿时极坚实；0.5～1 mm
　　　的草本根系，丰度为 2 条/dm²；结构体面上具有<60 mm
　　　的白色碳酸钙质结核，丰度为<5%；极强石灰反应；模
　　　糊平滑过渡。

2Bkt2：93～133 cm，亮红棕色（5YR 5/6，干），红棕色（5YR 4/6，润）；粉砂质黏土；极强发育的
　　　2～5 mm 的棱块状结构；干时硬，湿时极坚实；结构体面上有 20%～30%的黏粒胶膜；结构体
　　　面上有 1～5 mm 的锰斑，丰度 50%；有<20 mm 的白色碳酸钙质结核，丰度<1%；无石灰反应；
　　　模糊平滑过渡。

2Bkt3：133～155 cm，橙色（5YR 6/6，干），亮红棕色（5YR 5/8，润）；粉砂质黏土；极强发育的 2～
　　　5 mm 的棱块状结构；结构体面上有 20%～30%的黏粒胶膜；干时硬，湿时极坚实；结构体面上
　　　有 1～5 mm 的锰斑，丰度 30%；有<20 mm 的白色碳酸钙质结核，丰度<1%；结构体面上无石
　　　灰反应。

大南社系代表性单个土体物理性质

土层	深度 /cm	细土颗粒组成 (粒径：mm) /(g/kg)			质地
		砂粒 2～0.05	粉粒 0.05～0.002	黏粒<0.002	
Ap	0～24	211	578	211	粉砂壤土
Bk1	24～71	123	569	308	粉砂质黏壤土
2Bkt1	71～93	87	511	402	粉砂质黏土
2Bkt2	93～133	67	473	460	粉砂质黏土
2Bkt3	133～155	109	467	424	粉砂质黏土

大南社系代表性单个土体化学性质

深度/cm	pH (H₂O)	有机碳 /(g/kg)	全氮(N) /(g/kg)	全磷(P) /(g/kg)	全钾(K) /(g/kg)	CaCO₃ /(g/kg)	CEC /[cmol(+)/kg]
0~24	8.2	8.74	0.24	0.57	23.3	46.3	12.8
24~71	8.4	2.19	0.53	0.57	24.9	154.7	10.8
71~93	8.3	1.36	0.53	0.52	24.9	48.1	18.1
93~133	8.2	1.75	0.45	0.43	20.1	25.4	23.1
133~155	8.2	0.95	0.29	0.54	23.3	7.1	15.3

深度 /cm	全铁 (Fe₂O₃) /(g/kg)	游离铁 (Fe₂O₃) /(g/kg)	有效铁 (Fe) /(mg/kg)	无定形铁氧化物(Fe₂O₃) /(g/kg)	无定形硅氧化物(SiO₂) /(g/kg)	无定形铝氧化物(Al₂O₃) /(g/kg)	无定形锰氧化物(MnO) /(g/kg)	无定形钛氧化物(TiO₂) /(g/kg)
0~24	39.70	18.09	1.02	1.15	1.56	8.12	0.32	0.16
24~71	39.98	19.19	0.86	1.24	1.19	7.58	0.33	0.16
71~93	48.75	21.36	0.55	1.58	1.43	8.58	0.50	0.24
93~133	56.38	21.78	0.63	1.46	1.56	8.96	0.58	0.25
133~155	49.09	22.41	0.50	1.17	1.37	8.04	0.39	0.20

8.4 石化钙积干润淋溶土

8.4.1 潘家沟系（Panjiagou Series）

土　族：黏质混合型温性–石化钙积干润淋溶土
拟定者：张凤荣，李　超

分布与环境条件　属暖温带大陆性季风气候，日照充足，昼夜温差大。年均气温 8.93 ℃，年均降水量 521.06 mm，雨量集中在每年的 7～9 月，全年无霜期 160 天。位于黄土丘陵沟坡上，成土母质为红土状物质。土地利用类型为林地，植物种类主要为刺槐。

潘家沟系典型景观

土系特征与变幅　本土系具有黏化层、石化钙积层即钙磐、温性土壤温度、半干润土壤水分状况、铁质特性等诊断层和诊断特性。位于河谷边坡上断面，露出多层红黏土与钙结核磐层相间，挖掘的剖面土层厚度 140 cm，下面即是连续的砂姜结成的磐层，剖面土层上半部分细土多，下半部分含大量砂姜。

对比土系　与红沟梁系相似，都是剖面通体为质地黏重的红土，但红沟梁系的土壤温度状况为冷性，而先检索为冷凉淋溶土亚纲，而本系属干润淋溶土亚纲，即亚纲已不同；且红沟梁系不含碳酸钙结核。与勾要系、墕头系、土门口系、崖底系相比，虽成土母质都是红黏土，但那四个土系均没有钙积层更没有钙磐。与同土类的大南社系相比，都具有钙积层，同属钙积干润淋溶土类，但大南社系没有石化钙积层。

利用性能综述　土层深厚，但质地黏重，虽然保水保肥，但不利于植物根系向下延伸生长，特别是下面的钙磐不利于深根树木生长；且坡面坡度很大，不适宜种植，因此，宜保护其自然植被，发挥生态作用。

代表性单个土体　剖面位于山西省吕梁市离石区莲花池街道潘家沟村，37°28′23.051″N，111°11′14.255″E，海拔 1010 m。位于黄土丘陵沟坡上，成土母质为红土状物质。土地利用类型为林地，植被主要为洋槐。野外调查时间为 2016 年 4 月 19 日，编号为 14-107。

Ah：0～11 cm，浊橙色（5YR 6/4，干），亮红棕色（5YR 5/6，润）；粉砂质黏土；发育强的 1～1.5 mm 的屑粒状结构；坚硬；黏着；可塑性强；0.5～1 mm 的草本根系，丰度为 5 条/dm²；结构体面含有 1～2 mm 的锰斑，丰度为 3%；弱石灰反应；明显平滑过渡。

Bk：11～40 cm，亮红棕色（2.5YR 5/6，干），红棕色（2.5YR 4/6，润）；粉砂质黏土；发育强的 1～2 mm 的次棱块状结构；极坚硬；极黏着；可塑性极强；0.5～1 mm 的草本根系，丰度为 2 条/dm²；结构体面含有 1～2 mm 的锰斑，丰度为 5%；土体内含 10～50 mm 的白色圆状碳酸钙结核，丰度为<5%；逐渐平滑过渡。

Bkt1：40～88 cm，亮红棕色（2.5YR 5/6，干），红棕色（2.5YR 4/6，润）；粉砂质黏壤土；发育极强的 5～10 mm 的棱块状结构；极坚硬；极黏着；可塑性极强；结构体面含有20%的 2～4 mm 的锰斑和20%～30%的铁质黏粒胶膜；土体内含 50～100 mm 的白色圆状碳酸钙结核，丰度为25%；结构体内无石灰反应；模糊平滑过渡。

潘家沟系代表性单个土体剖面

Bkt2：88～140 cm，亮红棕色（2.5YR 5/6，干），红棕色（2.5YR 4/6，润）；粉砂质黏壤土；发育极强的 5～10 mm 的棱块状结构；极坚硬；极黏着；可塑性极强；结构体面含有 30%的 2～4 mm 的锰斑和 20%～30%的铁质黏粒胶膜；土体内含 50～100 mm 的白色圆状碳酸钙结核，丰度为40%；结构体内无石灰反应。

潘家沟系代表性单个土体物理性质

| 土层 | 深度/cm | 细土颗粒组成（粒径：mm）/(g/kg) | | | 质地 |
		砂粒 2～0.05	粉粒 0.05～0.002	黏粒 <0.002	
Ah	0～11	148	428	424	粉砂质黏土
Bk	11～40	118	420	462	粉砂质黏土
Bkt1	40～88	137	519	344	粉砂质黏壤土
Bkt2	88～140	170	510	320	粉砂质黏壤土

潘家沟系代表性单个土体化学性质

深度/cm	pH (H₂O)	有机碳 /(g/kg)	全氮(N) /(g/kg)	全磷(P) /(g/kg)	全钾(K) /(g/kg)	CaCO₃ /(g/kg)	CEC /[cmol(+)/kg]
0～11	8.2	7.98	1.04	0.41	24.9	57.7	21.3
11～40	8.5	1.77	0.58	0.34	21.7	20.2	27.9
40～88	8.6	1.47	0.45	0.55	24.1	121.3	21.1
88～140	8.7	2.09	0.34	0.47	17.7	139.8	23.3

深度 /cm	全铁 (Fe$_2$O$_3$) /(g/kg)	游离铁 (Fe$_2$O$_3$) /(g/kg)	有效铁(Fe) /(mg/kg)	无定形铁氧 化物(Fe$_2$O$_3$) /(g/kg)	无定形硅氧 化物(SiO$_2$) /(g/kg)	无定形铝氧 化物(Al$_2$O$_3$) /(g/kg)	无定形锰氧 化物(MnO) /(g/kg)	无定形钛氧 化物(TiO$_2$) /(g/kg)
0~11	47.11	16.89	0.54	1.59	1.65	6.20	0.55	0.18
11~40	60.84	18.32	0.40	1.52	1.52	5.89	0.39	0.17
40~88	53.23	19.65	0.39	1.32	1.28	5.21	0.59	0.15
88~140	48.17	18.12	0.31	1.24	1.67	4.90	0.55	0.15

8.5　表蚀铁质干润淋溶土

8.5.1　勾要系（Gouyao Series）

土　族：黏壤质混合型石灰性温性-表蚀铁质干润淋溶土
拟定者：靳东升，张凤荣，李　超

分布与环境条件　属暖温带大陆性季风气候，四季分明。年均气温 10.15 ℃，年均降水量 649.88 mm 左右，年均蒸发量 1735 mm，全年无霜期 180 天。位于低山中部的黄土台地上，成土母质为黄土。土地利用类型为耕地，种植作物为玉米。

勾要系典型景观

土系特征与变幅　本土系具有淡薄表层、温性土壤温度、半干润土壤水分状况、铁质特性、表蚀特征、黏化层、石灰性等诊断层和诊断特性。土体上部为约 60 cm 厚的黏土层出露地表，棱块状结构，结构体面上有黏粒胶膜；之下为深 1 m 多的颜色较棕、质地较粗的屑粒状结构粉砂壤土层。上部土体无石灰反应，下部土体石灰反应强烈，且见少量砂姜和假菌丝体。上部土体（27～60 cm）结构体面可见少量胶膜，下部没有。

对比土系　与崖底系相比，同属表蚀铁质干润淋溶土亚类，但土族不同，本系明显存在两个土层，黏盖壤，质地也较轻。

利用性能综述　土层深厚，表土质地黏重，渗透性差，耕种前需深翻。虽周围已经修筑成梯田，但要维护地埂，防止水土流失。

代表性单个土体　剖面位于山西省晋城市高平市米山镇勾要村。35°48′36.516″N，113°01′00.949″E，海拔 881 m。位于低山中部的黄土台地上，成土母质为黄土。土地利用类型为耕地，种植作物为玉米。野外调查时间为 2016 年 4 月 9 日，编号为 14-086。

Ap: 0~27 cm，亮红棕色（2.5YR 5/6，干），红棕色（2.5YR 4/6，润）；粉砂质黏壤土；发育较强的 2 mm 的屑粒状结构；1~2 mm 的作物根系，丰度 5 条/dm²；干时硬，湿时较坚实；无石灰反应；明显平滑过渡。

Bt: 27~60 cm，红棕色（2.5YR 4/6，干），红棕色（2.5YR 4/6，润）；粉砂质黏壤土；发育强的 1 mm 的棱块状结构；1~2 mm 的作物根系，丰度 4 条/dm²；干时硬，湿时较坚实；含有半风化状态的 20 mm 棱块状岩石碎屑，丰度为<5%；结构体面上含有<5%的铁质黏粒胶膜；无石灰反应；明显平滑过渡。

2Bw1: 60~118 cm，亮黄棕色（10YR 6/6，干），棕色（10YR 4/6，润）；粉砂壤土；发育弱的 0.5~1 mm 的屑粒状结构；0.5~20 mm 的作物、灌草根系，丰度 2 条/dm²；干时松散，湿时疏松；含有 15~20 mm 大小的碳酸钙质结核，丰度<20%；强石灰反应；模糊平滑过渡。

勾要系代表性单个土体剖面照

2Bw2: 118~150 cm，亮黄棕色（10YR 6/6，干），棕色（10YR 4/6，润）；粉砂壤土；发育弱的 0.5~1 mm 的屑粒状结构；0.5 mm 的作物、灌草根系，丰度 1 条/dm²；干时松散，湿时疏松；强石灰反应。

勾要系代表性单个土体物理性质

土层	深度/cm	细土颗粒组成（粒径：mm）/(g/kg)			质地
		砂粒 2~0.05	粉粒 0.05~0.002	黏粒 <0.002	
Ap	0~27	102	554	344	粉砂质黏壤土
Bt	27~60	107	581	312	粉砂质黏壤土
2Bw1	60~118	130	635	235	粉砂壤土
2Bw2	118~150	98	656	246	粉砂壤土

勾要系代表性单个土体化学性质

深度/cm	pH (H₂O)	有机碳/(g/kg)	全氮(N)/(g/kg)	全磷(P)/(g/kg)	全钾(K)/(g/kg)	CaCO₃/(g/kg)	CEC/[cmol(+)/kg]
0~27	8.1	3.54	0.95	0.46	20.5	8.1	18.7
27~60	8.2	1.39	0.54	0.48	21.3	1.7	17.9
60~118	8.6	1.56	0.34	0.47	17.7	105.5	10.7
118~150	8.7	1.24	0.42	0.52	18.5	128.2	10.8

深度 /cm	全铁(Fe$_2$O$_3$) /(g/kg)	游离铁 (Fe$_2$O$_3$) /(g/kg)	有效铁 (Fe) /(mg/kg)	无定形铁氧 化物(Fe$_2$O$_3$) /(g/kg)	无定形硅氧 化物(SiO$_2$) /(g/kg)	无定形铝氧 化物(Al$_2$O$_3$) /(g/kg)	无定形锰氧 化物(MnO) /(g/kg)	无定形钛氧 化物(TiO$_2$) /(g/kg)
0~27	47.18	22.09	1.50	1.52	1.69	10.99	0.57	0.21
27~60	53.76	23.11	1.53	1.10	1.54	9.46	0.40	0.15
60~118	44.24	20.99	1.50	0.57	0.87	5.97	0.15	0.12
118~150	41.69	20.80	1.68	1.03	1.08	7.48	0.61	0.24

8.5.2 墹头系（Yantou Series）

土　族：黏壤质混合型石灰性温性-表蚀铁质干润淋溶土
拟定者：张凤荣，李　超

分布与环境条件　属暖温带大
陆性季风气候，日照充足，昼夜
温差大。年均气温 9.26 ℃，年
均降水量 459.92 mm，雨量集中
在每年的 7～9 月，全年无霜期
180 天。位于黄土丘陵坡地上，
成土母质为离石黄土。土地利用
类型为未利用地（荒草地），植物
种类主要为柠条、艾蒿、白草等。

墹头系典型景观

土系特征与变幅　本土系具有黏化层、温性土壤温度、半干润土壤水分状况、表蚀特征、
铁质特性等诊断层和诊断特性。剖面为剥蚀露出的红黏土（大瓣红土），上层又接受了上
面陡崖滚落下来的黄土（15 cm）。红黏土呈大块状，为干裂后裂隙所致，掰开大块内部
致密无结构，在大块面即裂隙面上有些地方有边界模糊的灰黑色锰斑，有些裂隙面上也
有暗红色胶膜。15～48 cm 呈棱块状（2～5 mm），可能是近地表受干湿交替频繁所致，
因为看到自然断面上大块体已经风化成棱块状。红黏土中有<5%（体积分数）的 5～50 mm
大小的未风化的磨圆状硅质砾石。

对比土系　与红沟梁系相似，都是剖面通体为质地黏重的红土，表层有薄层黄土覆盖，
但红沟梁系的土壤温度状况为冷性，黏土层颜色更红，质地更黏重，属冷凉淋溶土亚纲，
而本系属干润淋溶土亚纲，即亚纲已不同。与崖底系相比，虽同属表蚀铁质干润淋溶土
亚类，但崖底系表层无黄土覆盖。与南家山系、南京庄系相比，南家山系、南京庄系上
层覆盖的黄土层较厚，而本系仅表层 Ah 层有黄土覆盖，具有铁质特性，属铁质干润淋
溶土类，即土类已不同。与土门口系相比，土族不同，土门口系为黏质，土体质地更黏。

利用性能综述　土层深厚，但质地黏重，虽然保水保肥，但不利于植物根系向下延伸生
长，耕性也差；且所处地域水资源匮乏、坡面坡度较大，因此，宜保护其自然植被，发
挥生态作用。

代表性单个土体　剖面位于山西省忻州市保德县韩家川乡墹头村，38°53′31.256″N，
111°01′54.752″E，海拔 938 m。位于黄土丘陵坡地上，成土母质为离石黄土。土地利用
类型为未利用地（荒草地），植物种类主要为柠条、艾蒿、白草等。野外调查时间为 2016
年 4 月 17 日，编号为 14-103。

Ah:　0～15 cm，浊黄橙色（10YR 7/4，干），棕色（10YR 4/6，润）；粉砂壤土；发育弱的 0.5～1 mm 的屑粒状结构；松散；0.5～2 mm 的草本根系，丰度为 15 条/dm²；强石灰反应；明显平滑过渡。

2Bt1：15～48 cm，橙色（5YR 6/6，干），红棕色（5YR 4/6，润）；粉砂质黏壤土；发育强的 2～5 mm 的棱块状结构；极坚硬；0.5～1 mm 的草本根系，丰度为 10 条/dm²；土体内含有 5～50 mm 大小未风化的磨圆状硅质砾石，丰度<5%；结构体面含有 15%的铁质黏粒胶膜、10%的锰斑；弱石灰反应；逐渐平滑过渡。

2Bt2：48～100 cm，橙色（5YR 6/6，干），红棕色（5YR 4/6，润）；粉砂质黏壤土；发育强的 50～150 mm 的大块状结构；极坚硬；0.5～1 mm 的草本根系，丰度为 5 条/dm²；裂隙面含有 15%的铁质黏粒胶膜、10%的锰斑；无石灰反应；模糊平滑过渡。

墙头系代表性单个土体剖面

2Bt3：100～150 cm，橙色（5YR 6/6，干），红棕色（5YR 4/6，润）；粉砂质黏壤土；发育强的 50～150 mm 的大块状结构；极坚硬；裂隙面含有 15%的铁锰胶膜、10%的锰斑；无石灰反应。

墙头系代表性单个土体物理性质

土层	深度/cm	细土颗粒组成 (粒径：mm) /(g/kg)			质地
		砂粒 2～0.05	粉粒 0.05～0.002	黏粒 <0.002	
Ah	0～15	342	563	95	粉砂壤土
2Bt1	15～48	134	594	272	粉砂质黏壤土
2Bt2	48～100	147	510	343	粉砂质黏壤土
2Bt3	100～150	166	523	311	粉砂质黏壤土

墙头系代表性单个土体化学性质

深度/cm	pH(H₂O)	有机碳/(g/kg)	全氮(N)/(g/kg)	全磷(P)/(g/kg)	全钾(K)/(g/kg)	CaCO₃/(g/kg)	CEC/[cmol(+)/kg]
0～15	9.0	3.54	0.47	0.35	21.7	97.4	3.2
15～48	8.9	1.39	0.49	0.25	22.5	23.3	15.5
48～100	8.8	1.56	0.30	0.25	23.3	8.5	18.7
100～150	8.9	1.24	0.32	0.24	24.9	14.0	21.4

深度/cm	全铁(Fe₂O₃)/(g/kg)	游离铁(Fe₂O₃)/(g/kg)	有效铁(Fe)/(mg/kg)	无定形铁氧化物(Fe₂O₃)/(g/kg)	无定形硅氧化物(SiO₂)/(g/kg)	无定形铝氧化物(Al₂O₃)/(g/kg)	无定形锰氧化物(MnO)/(g/kg)	无定形钛氧化物(TiO₂)/(g/kg)
0～15	35.78	16.06	0.83	1.00	0.81	3.69	0.02	0.17
15～48	45.29	21.36	0.35	1.56	1.19	5.00	0.63	0.16
48～100	46.19	19.38	0.32	1.61	1.07	5.22	0.61	0.16
100～150	46.97	20.11	0.33	1.59	0.89	5.05	0.56	0.16

8.5.3 土门口系（Tumenkou Series）

土　　族：黏质伊利石型石灰性温性–表蚀铁质干润淋溶土
拟定者：张凤荣，李　超

分布与环境条件　属暖温带大
陆性季风气候，日照充足，昼夜
温差大。年均气温 9.57 ℃，年
均降水量 534.67 mm，雨量集中
在每年的 7～9 月，全年无霜期
160 天。位于黄土丘陵沟道上，
成土母质为保德红土。土地利用
类型为未利用地（荒草地），植
物种类主要为白草、狗尾草、铁
杆蒿等。

土门口系典型景观

土系特征与变幅　本土系具有黏化层、温性土壤温度、半干润土壤水分状况、表蚀特征、
铁质特性等诊断层和诊断特性。剖面为剥蚀露出的保德红土，除表层 15 cm 可能因为黄
土降尘（或上面黄土）质地稍轻外，为通体的重黏土。表下层可能因为干湿冻融形成 2 mm
大小的棱块状结构，心土层因为周围裂隙面呈大块状，但手指用力压，即成 2～3 cm 大
小的棱块。结构体面上有边界明显的黑色锰斑，结构体面光亮胶膜厚。在心土层发现
150 cm 厚的砂姜（中有空洞），除表层弱石灰反应外，其余土层均无石灰反应。

对比土系　与潘家沟系相比，潘家沟系具有钙积层和钙磐，属钙积干润淋溶土类，土类
已不同。与红沟梁系剖面最相似，都是剖面通体为质地黏重的红土，表层有薄层黄土覆
盖，但红沟梁系的土壤温度状况为冷性，属冷凉淋溶土亚纲，而本系属干润淋溶土亚纲，
即亚纲已不同；且红沟梁系处于晋北高原，本土系处于黄土高原残塬沟底。与南家山系、
南京庄系相比，南家山系、南京庄系上层覆盖的黄土层较厚，属简育干润淋溶土类，而
本系仅表层 Ah 层有黄土覆盖，具有铁质特性，属铁质干润淋溶土类，即土类已不同。

利用性能综述　土层深厚，但质地黏重，虽然保水保肥，但不利于植物根系向下延伸生
长，耕性也差；且所处地域水资源匮乏、坡面坡度较大，因此，宜保护其自然植被，发
挥生态作用。

代表性单个土体　剖面位于山西省吕梁市临县城庄镇土门口村，38°01′48.161″N，
111°04′59.089″E，海拔 1094 m。位于黄土丘陵沟道上，成土母质为保德红土。土地利用
类型为未利用地（荒草地），植物种类主要为白草、狗尾草、铁杆蒿等。与此单个土体同
土系的是采自于山西省晋城市阳城县西河乡西王庄村（35°33′25.383″N，112°20′39.956″E）
编号为 14-087 的剖面。野外调查时间为 2016 年 4 月 18 日，编号为 14-106。

土门口系代表性单个土体剖面

Ah: 0～18 cm，红棕色（2.5YR 4/8，干），亮红棕色（5YR 5/6，润）；粉砂质黏壤土；发育强的 1～2 mm 的屑粒状结构；坚硬；黏着；可塑性强；0.5～3 mm 的草本根系，丰度为 10 条/dm²；土体内含<30 mm 的白色圆状碳酸钙结核，丰度为 20%；弱石灰反应；逐渐平滑过渡。

Bt1: 18～52 cm，红棕色（2.5YR 4/8，干），暗红棕色（2.5YR 3/6，润）；粉砂质黏土；发育极强的 1～2 mm 的棱块状结构；坚硬；极黏着；可塑性强；0.5～1 mm 的草本根系，丰度为 5 条/dm²；结构体面含有 30%的铁质黏粒胶膜和 30%的 2～3 mm 大的锰斑；无石灰反应；模糊平滑过渡。

Bt2: 52～91 cm，红棕色（2.5YR 4/8，干），暗红棕色（2.5YR 3/6，润）；粉砂质黏土；发育极强的 2～3 mm 的棱块状结构；坚硬；极黏着；可塑性强；0.5～1 mm 的草本根系，丰度为 5 条/dm²；结构体面含有 50%的铁质黏粒胶膜和 30%的 2～3 mm 大的锰斑；无石灰反应；模糊平滑过渡。

Bt3: 91～150 cm，红棕色（2.5YR 4/8，干），暗红棕色（2.5YR 3/6，润）；粉砂质黏土；发育极强的 2～3 mm 的棱块状结构；坚硬；极黏着；可塑性强；土体内含<150 mm 的白色圆状碳酸钙结核，丰度为<5%；结构体面含有 50%的铁锰胶膜和 30%的 2～3 mm 大的锰斑；无石灰反应。

土门口系代表性单个土体物理性质

土层	深度 /cm	细土颗粒组成 (粒径：mm) /(g/kg)			质地
		砂粒 2～0.05	粉粒 0.05～0.002	黏粒 <0.002	
Ah	0～18	162	438	400	粉砂质黏壤土
Bt1	18～52	108	404	488	粉砂质黏土
Bt2	52～91	97	430	473	粉砂质黏土
Bt3	91～150	83	446	471	粉砂质黏土

土门口系代表性单个土体化学性质

深度 /cm	pH (H₂O)	有机碳 /(g/kg)	全氮(N) /(g/kg)	全磷(P) /(g/kg)	全钾(K) /(g/kg)	CaCO₃ /(g/kg)	CEC /[cmol(+)/kg]
0～18	7.9	27.46	2.75	0.41	23.3	10.6	27.5
18～52	8.0	1.14	0.52	0.20	23.3	1.3	24.1
52～91	8.1	0.49	0.51	0.37	24.9	0.9	23.8
91～150	8.2	0.34	0.51	0.26	24.5	0.4	22.6

深度 /cm	全铁 (Fe₂O₃) /(g/kg)	游离铁 (Fe₂O₃) /(g/kg)	有效铁 (Fe) /(mg/kg)	无定形铁氧化 物(Fe₂O₃) /(g/kg)	无定形硅氧 化物(SiO₂) /(g/kg)	无定形铝氧化 物(Al₂O₃) /(g/kg)	无定形锰氧化 物(MnO) /(g/kg)	无定形钛氧 化物(TiO₂) /(g/kg)
0~18	45.52	20.85	0.81	1.99	1.66	7.12	0.61	0.17
18~52	61.28	22.82	0.54	2.17	1.84	6.72	0.83	0.21
52~91	61.01	23.17	0.44	2.17	1.69	6.65	0.96	0.22
91~150	61.57	22.44	0.40	2.19	1.80	6.84	0.90	0.23

8.5.4 崖底系（Yadi Series）

土　族：黏壤质混合型温性-表蚀铁质干润淋溶土
拟定者：张凤荣，李　超，靳东升

崖底系典型景观

分布与环境条件　属温带半干旱大陆性季风气候，四季分明，由于受季风和西伯利亚、蒙古高原高压控制，冬季少雪寒冷，春季干旱多风，夏季较热多雨，秋季温凉气爽。年均气温 11.3 ℃，年平均温差大，年均降水量 475.85 mm，全年无霜期 160 天，霜冻期为 10 月上旬至次年 4 月中旬。地处汾河谷地的丘陵地带。成土母质为第四纪红黏土。土地利用类型为灌木林地，植物种类主要为酸枣树、铁杆蒿等。

土系特征与变幅　本土系具有黏化层、温性土壤温度、半干润水分状况、铁质特性等诊断层和诊断特性。剖面发育于裸露的深厚红黏土上，通体无石灰反应。上部约 30 cm 左右由于风化和部分黄土混杂或风化形成次棱块状结构，之下为发育非常强的粗棱块状结构，结构体面上有大量锰斑，特别是中底部可达 15%，结构体内外颜色均为暗红色，结构体面上也有铁质胶膜，越下层越明显，表层、表下层由于风化破碎少见铁质胶膜，铁斑也是如此，即下部锰斑大，上部由于风化破碎而变小。

对比土系　最相似的是墹头系，但与墹头系不同，墹头系表层有粉砂壤土覆盖层，石灰性，土族不同。与土门口系也在土族的颗粒大小级别上不同，土门口系为黏质，土壤质地更黏。与勾要系也是在土族颗粒大小级别上不同。与南京庄系不同，南京庄系上面覆盖的黄土层厚，具有钙积层，红色黏土层（黏化层）在 75 cm 处才出现。而本土系土体上部没有黄土层，无钙积层。

利用性能综述　土层深厚，但质地黏重，虽然保水保肥，但不利于植物根系向下延伸生长，耕性也差；且所处地域水资源匮乏，因此，适宜利用方向为林、牧业。

代表性单个土体　剖面位于山西省忻州市原平市闫庄镇崖底村。38°40′39.86″N，112°36′34.85″E，海拔 883 m。地处汾河谷地的丘陵地带，成土母质为第四纪红黏土，土地利用类型为灌木林地，植物种类主要为酸枣树、铁杆蒿等。野外调查时间为 2015 年 8 月 8 日，编号为 14-037。

Ah: 0～15 cm，红棕色（2.5YR 4/6，干），暗红棕色（2.5YR 3/6，润）；黏壤土；发育强的 2～3 mm 大小的次棱块状结构；非常坚硬；1～10 mm 的灌草根系，丰度为 10 条/dm²；结构体面含有 2～5 mm 大小的锰斑，丰度为 2%；无石灰反应；模糊平滑过渡。

2Bt1: 15～35 cm，红棕色（2.5YR 4/6，干），暗红棕色（2.5YR 3/6，润）；黏壤土；发育强的 3～5 mm 大小的次棱块状结构；非常坚硬；1～8 mm 的灌草根系，丰度为 8 条/dm²；结构体面含有 3～5 mm 大小的锰斑，丰度为 3%；结构体面上含有铁质黏粒胶膜；无石灰反应；模糊平滑过渡。

2Bt2: 35～72 cm，暗黄棕色（10R 3/6，干），暗棕色（10R 3/4，润）；黏壤土；发育非常强的 5～20 mm 大小的棱块状结构；极坚硬；结构体面含有 3～8 mm 大小的锰斑，丰度为 10%；结构体面上含有 10% 的铁质黏粒胶膜；无石灰反应；模糊平滑过渡。

崖底系代表性单个土体剖面

2Bt3: 72～160 cm，暗黄棕色（10R 3/6，干），暗棕色（10R 3/4，润）；粉砂质黏土；发育非常强的 5～20 mm 大小的棱块状结构；极坚硬；结构体面含有 3～8 mm 大小的锰斑，丰度为 15%；结构体面上含有 10% 的铁质胶膜；无石灰反应。

崖底系代表性单个土体物理性质

土层	深度/cm	细土颗粒组成（粒径：mm）/(g/kg)			质地
		砂粒 2～0.05	粉粒 0.05～0.002	黏粒 <0.002	
Ah	0～15	235	447	318	黏壤土
2Bt1	15～35	210	438	352	黏壤土
2Bt2	35～72	211	482	307	黏壤土
2Bt3	72～160	158	438	404	粉砂质黏土

崖底系代表性单个土体化学性质

深度/cm	pH (H₂O)	有机碳/(g/kg)	全氮(N)/(g/kg)	全磷(P)/(g/kg)	全钾(K)/(g/kg)	CaCO₃/(g/kg)	CEC/[cmol(+)/kg]
0～15	8.0	10.44	0.87	0.31	15.3	4.0	22.5
15～35	8.1	7.61	0.58	0.13	14.5	6.5	23.5
35～72	7.9	2.75	0.23	0.16	13.7	1.6	21.9
72～160	7.9	2.25	0.27	0.21	13.7	2.7	22.4

深度/cm	全铁(Fe₂O₃)/(g/kg)	游离铁(Fe₂O₃)/(g/kg)	有效铁(Fe)/(mg/kg)	无定形铁氧化物(Fe₂O₃)/(g/kg)	无定形硅氧化物(SiO₂)/(g/kg)	无定形铝氧化物(Al₂O₃)/(g/kg)	无定形锰氧化物(MnO)/(g/kg)	无定形钛氧化物(TiO₂)/(g/kg)
0～15	46.19	22.32	0.29	1.66	5.75	18.41	0.61	0.41
15～35	46.75	19.22	0.17	2.02	1.41	28.75	0.48	0.91
35～72	50.99	21.00	0.29	1.92	1.43	18.29	0.49	0.54
72～160	62.87	21.85	0.25	2.11	1.61	10.92	0.67	0.53

8.6 普通简育干润淋溶土

8.6.1 段王系（Duanwang Series）

土　族：壤质混合型石灰性温性-普通简育干润淋溶土
拟定者：李　超，董云中，靳东升

分布与环境条件　属温带大陆性季风气候，是寒温干燥区和寒温半干燥区，其特点是：春秋季短暂不明显，夏季凉爽无炎热，冬季长而寒冷。年均气温7.38 ℃，年均降水量594.6 mm，全年无霜期140天左右。位于黄土丘陵塬上，母质为不同时期的黄土。土地利用类型为耕地，植被类型为玉米。

段王系典型景观

土系特征与变幅　本土系具有黏化层、温性土壤温度、半干润土壤水分状况、石灰性等诊断层和诊断特性。剖面质地构型为通体壤质，土层厚度>150 cm，色带明显，80 cm处为不同时期黄土的分界线。47 cm以下土层均含有假菌丝体，向下含量增多。其中，84～108 cm处见少量砂姜。108 cm以下土层，结构体面上出现大量的黑色锰斑与大面积的滑擦面，细土部分无石灰反应，但结构体面上有假菌丝体部位为极强石灰反应。

对比土系　与同土族的辛庄系相比，剖面构型大不相同，辛庄系的黏化层不明显，可能是残积黏化形成，而本土系的黏化层与上覆土层似乎呈不整合接触。与南花村系虽然土族的颗粒大小级别相同，剖面构型也相似，但南花村系的土壤温度状况为热性。与南京庄系剖面构型最相似，但南京庄系黄土层下的红土层颜色更红，质地更黏；而且南京庄系的土壤温度状况为冷性。与故驿系也相似，质地构型均是上壤下黏，但故驿系上部土层质地较黏，土族颗粒大小级别为黏壤质。与南家山系剖面构型也相似，但南家山系下部的黏化层是大块状结构，没有石灰反应，更没有钙结核，而且南家山系土族颗粒大小级别为黏质。

利用性能综述　土层深厚，土壤质地适中，黏化层出现部位较深，保水保肥，适宜耕作。但由于位于山地丘陵的侵蚀沟旁，应注意坡面侵蚀。

代表性单个土体　剖面位于山西省晋中市寿阳县平舒乡段王村，37°57′32.36″N，112°58′42.30″E，海拔1160 m。位于黄土丘陵塬上，母质为不同时期的黄土。土地利用类型为耕地，植物种类为玉米。野外调查时间为 2015 年 9 月 1 日，编号为 14-052。

Ah: 0~15 cm，浊黄棕色（10YR 5/4，干），棕色（10YR 4/4，润）；粉砂壤土；强发育的 1~2 mm 的屑粒状结构；湿时疏松；0.5~3 mm 的草本根系，丰度为 15 条/dm²；极强石灰反应；模糊倾斜过渡。

Bw: 15~47 cm，浊黄棕色（10YR 5/4，干），棕色（10YR 4/6，润）；粉砂壤土；中等发育的 1~2 mm 的屑粒状结构；湿时疏松；0.5~2 mm 的草本根系，丰度为 8 条/dm²；极强石灰反应；渐变倾斜过渡。

Bk1: 47~84 cm，浊黄橙色（10YR 6/4，干），棕色（10YR 4/6，润）；粉砂壤土；发育弱的 3~8 mm 的次棱块状结构；湿时疏松；0.5~1 mm 的草本根系，丰度为 2 条/dm²；结构体面上具有白色碳酸钙质假菌丝体，丰度为 1%；极强石灰反应；突变平滑过渡。

段王系代表性单个土体剖面

2Bk2: 84~120 cm，橙色（7.5YR 6/6，干），红棕色（5YR 4/6，润）；粉砂质黏壤土；中等发育的 3~8 mm 的次棱块状结构；湿时稍坚实；结构体面上具有白色霜状碳酸钙质假菌丝体，丰度 8%，还有少量碳酸钙结核；弱石灰反应；清晰平滑过渡。

3Btk: 120~150 cm，浊橙色（7.5YR 6/4，干），浊红棕色（5YR 4/4，润）；粉砂质黏壤土；强发育的 10~30 mm 的棱块状结构，结构体面上有少量胶膜；湿时坚实；有 1~5 mm 的锰斑，丰度 10%；具有白色霜状碳酸钙质假菌丝体，丰度 8%；无石灰反应。

段王系代表性单个土体物理性质

土层	深度 /cm	细土颗粒组成 (粒径：mm) /(g/kg)			质地
		砂粒 2~0.05	粉粒 0.05~0.002	黏粒 <0.002	
Ah	0~15	246	549	205	粉砂壤土
Bw	15~47	237	600	163	粉砂壤土
Bk1	47~84	240	574	186	粉砂壤土
2Bk2	84~120	138	586	276	粉砂质黏壤土
3Btk	120~150	161	541	298	粉砂质黏壤土

段王系代表性单个土体化学性质

深度 /cm	pH （H₂O）	有机碳 /(g/kg)	全氮(N) /(g/kg)	全磷(P) /(g/kg)	全钾(K) /(g/kg)	CaCO₃ /(g/kg)	CEC /[cmol(+)/kg]
0～15	8.8	3.93	0.54	0.20	19.3	102.5	8.3
15～47	8.7	3.34	5.00	0.42	18.5	101.2	7.5
47～84	8.4	3.12	0.41	0.39	19.3	109.3	7.0
84～120	8.4	2.29	0.30	0.38	22.5	33.8	10.8
120～150	8.4	2.14	0.25	0.24	20.1	13.6	17.6

深度 /cm	全铁 (Fe₂O₃) /(g/kg)	游离铁 (Fe₂O₃) /(g/kg)	有效铁 (Fe) /(mg/kg)	无定形铁氧化 物(Fe₂O₃) /(g/kg)	无定形硅氧 化物(SiO₂) /(g/kg)	无定形铝氧化 物(Al₂O₃) /(g/kg)	无定形锰氧化 物(MnO) /(g/kg)	无定形钛氧 化物(TiO₂) /(g/kg)
0～15	36.68	13.40	1.30	1.21	1.26	5.24	0.20	0.13
15～47	37.42	12.74	1.36	0.98	0.92	4.27	0.19	0.10
47～84	43.11	16.32	1.64	1.38	1.14	3.77	0.24	0.09
84～120	43.13	20.10	0.74	2.28	1.64	3.95	0.62	0.08
120～150	44.76	19.49	0.72	2.25	1.67	5.36	0.73	0.27

8.6.2 辛庄系（Xinzhuang Series）

土　族：壤质混合型石灰性温性–普通简育干润淋溶土
拟定者：靳东升，张凤荣

分布与环境条件　属暖温带大
陆性气候，一年四季分明。年均
气温 7.74 ℃，年均降水量
616.54 mm，全年无霜期 142 天
左右。位于山间沟谷的中坡阶地
上，成土母质为不同时期黄土。
土地利用类型为林地，植物种类
为松树、铁杆蒿、白草等。

辛庄系典型景观

土系特征与变幅　本土系具有黏化层、温性土壤温度、半干润土壤水分状况、石灰性等
诊断层和诊断特性。剖面位于沟谷边坡上，有两个明显不同的土层，上部土层为约 41 cm
厚的浊黄棕色的粉砂壤土层，呈团聚较弱的细屑粒结构；其下的土层颜色较红，质地较
黏，为粉砂壤土层，呈深棕色，细次棱块状结构和屑粒结构。下部土体含假菌丝体，上
部没有。上部土体强石灰反应，底层（78～150 cm）弱石灰反应。

对比土系　与同土族的段王系相比，段王系的黏化层明显，与上覆土层似乎呈不整合接
触。与南花村系虽然土族的颗粒大小级别相同，剖面构型也相似，但南花村的土壤温度
状况为热性。与五台县东瓦厂系相比，虽土体构型相似，但东瓦厂系的黏化层只出现在
中部，薄，下面还是粉砂壤土，且东瓦厂系属于冷性温度状况。与同亚类的故驿系和南
家山系相比，那两个土系的土族颗粒大小级别不同，而且剖面构型也不同，那两个土系
的黏化层与上覆土层质地差异明显。

利用性能综述　细土物质质地适中，通透性好，排水性好。土层深厚，从质地构型来看，
属上轻下黏的蒙金土，保水保肥效果好，适宜作物生长。但由于位于近沟谷阶地上，不
适宜耕种，宜保持现有林地利用类型，发挥生态作用，或发展林果业。

代表性单个土体　剖面位于山西省吕梁市交口县温泉乡辛庄村，36°59′16.919″N，
111°13′40.948″E，海拔 1323 m。位于山间沟谷的中坡阶地上，成土母质为黄土。土地利
用类型为林地，植物种类为松树、铁杆蒿、白草等。野外调查时间为 2016 年 4 月 14 日，
编号为 14-099。

辛庄系代表性单个土体剖面

Ah：　0～17 cm，浊黄橙色（10YR 7/3，干），黄棕色（10YR 5/6，润）；粉砂壤土；发育弱的 0.5～1 mm 的屑粒状结构；松散；0.5～2 mm 的草本根系，丰度为 10 条/dm²；强石灰反应；逐渐平滑过渡。

Bw：　17～41 cm，浊黄橙色（10YR 7/3，干），黄棕色（10YR 5/6，润）；粉砂壤土；发育弱的 0.5～1 mm 的屑粒状结构；松散；0.5～1 mm 的草本根系，丰度为 5 条/dm²；强石灰反应；明显平滑过渡。

Btk：　41～78 cm，浊橙色（7.5YR 6/4，干），橙色（7.5YR 7/6，润）；粉砂壤土；中等发育的 0.5～2 mm 的次棱块结构和屑粒状结构；有胶膜；松散；0.5 mm 的草本根系，丰度为 3 条/dm²；结构体面可见 5%的星点状白色碳酸钙质假菌丝体；强石灰反应；模糊平滑过渡。

Bk：78～150 cm，浊橙色（7.5YR 6/4，干），橙色（7.5YR 7/6，润）；粉砂壤土；中等发育的 0.5～2 mm 的次棱块结构和屑粒状结构；松散；土体内含高度风化的<10 mm 圆状砂岩碎屑，丰度<3%；结构体面可见 15%～20%的星点状白色碳酸钙质假菌丝体；弱石灰反应。

辛庄系代表性单个土体物理性质

| 土层 | 深度/cm | 细土颗粒组成 (粒径：mm) /(g/kg) | | | 质地 |
		砂粒 2～0.05	粉粒 0.05～0.002	黏粒 <0.002	
Ah	0～17	142	678	180	粉砂壤土
Bw	17～41	125	668	207	粉砂壤土
Btk	41～78	102	658	240	粉砂壤土
Bk	78～150	90	697	213	粉砂壤土

辛庄系代表性单个土体化学性质

深度/cm	pH（H₂O）	有机碳/(g/kg)	全氮(N)/(g/kg)	全磷(P)/(g/kg)	全钾(K)/(g/kg)	CaCO₃/(g/kg)	CEC/[cmol(+)/kg]
0～17	8.5	12.14	1.17	0.59	21.7	49.5	11.4
17～41	8.8	3.95	0.79	0.42	19.3	67.6	14.7
41～78	8.7	3.71	0.58	0.53	21.7	41.8	11.7
78～150	8.6	3.51	0.54	0.51	23.3	28.3	10.9

深度/cm	全铁(Fe₂O₃)/(g/kg)	游离铁(Fe₂O₃)/(g/kg)	有效铁(Fe)/(mg/kg)	无定形铁氧化物(Fe₂O₃)/(g/kg)	无定形硅氧化物(SiO₂)/(g/kg)	无定形铝氧化物(Al₂O₃)/(g/kg)	无定形锰氧化物(MnO)/(g/kg)	无定形钛氧化物(TiO₂)/(g/kg)
0～17	37.32	17.94	1.58	2.09	0.10	6.48	0.33	0.16
17～41	38.65	18.90	1.66	2.10	1.21	6.59	0.33	0.15
41～78	47.82	20.34	1.70	2.30	1.32	8.34	0.45	0.19
78～150	43.72	21.23	1.66	2.28	1.46	8.55	0.52	0.23

8.6.3 南花村系（Nanhuacun Series）

土　族：壤质混合型石灰性热性–普通简育干润淋溶土
拟定者：张凤荣，李　超，靳东升

分布与环境条件　属温带大陆性
季风气候，四季分明，年均气温
14.16 ℃，年均降水量 559.3 mm，
全年无霜期 208 天左右。地处运
城盆地中部的黄土塬地，成土母
质为黄土。土地利用类型为耕
地，种植作物为玉米。

南花村系典型景观

土系特征与变幅　本土系具有黏化层、热性土壤温度、半干润土壤水分状况、石灰性等
诊断层和诊断特性。剖面通体为亮黄棕色的黄土状物质，自地表到约 60 cm 深为粉砂壤
土，发育弱的屑粒状结构。大约在 60 cm 之下为厚约 50 cm 色稍红、质地较黏的粉砂壤
土层，该层有明显的假菌丝体。底土层。即约 110 cm 深之下，又是质地较轻的层次，且
该层次可见少量砂姜。地表至 60 cm 均可见少量侵入物（炭屑、瓦块），可能与土地平整
有关。

对比土系　与之在土体构型上最相似的是东瓦厂系，但东瓦厂系在中山地带，土壤温度
状况为冷性，属冷凉淋溶土亚纲，亚纲已不同。与交口县辛庄系相比，辛庄系的黏化层
深厚，一直到底土；而且辛庄系发育在沟谷阶地，不是在塬面上。与同亚类的段王系、
故驿系和南家山系相比，那 3 个土系的土族颗粒大小级别不同，而且剖面构型也不同，
那 3 个土系的黏化层与上覆土层质地差异明显。

利用性能综述　土层深厚，土壤质地适中，黏化层出现深度部位较深，保水保肥，耕性
好，适宜耕作。处于塬区，应划入永久基本农田。

代表性单个土体　剖面位于山西省运城市盐湖区龙居镇南花村。35°00′37.011″N，
110°53′16.147″E，海拔 347 m。地处运城盆地中部的黄土塬，成土母质为黄土状物质。
土地利用类型为耕地，种植作物为玉米。对应第二次土壤普查类型：浅黏黄垆土。野外
调查时间为 2016 年 4 月 7 日，编号为 14-080。

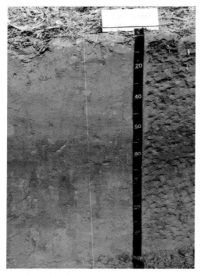

南花村系代表性单个土体剖面

Ap：　0～29 cm，浊黄棕色（10YR 5/4，干），浊黄棕色（10YR 4/4，润）；粉砂壤土；发育弱的 0.5～1 mm 的屑粒状结构；松散； 0.5～2 mm 的草本根系，丰度为 3 条/dm²；丰度为 5% 的炭渣侵入体；可见少量蚯蟪；极强石灰反应；明显平滑过渡。

Bw1：29～60 cm，黄棕色（10YR 5/6，干），黄棕色（10YR 4/6，润）；粉砂壤土；发育弱的 0.5～1 mm 的屑粒状结构；松散；丰度为 3% 的炭渣、瓦片侵入体；极强石灰反应；明显平滑过渡。

Bw2：60～74 cm，浊黄棕色（10YR 5/4，干），暗黄棕色（10YR 3/6，润）；粉砂壤土；发育弱的 0.5～1 mm 的屑粒状结构；松散；结构体面有 0.5～1 mm 的白色碳酸钙质假菌丝体，丰度为 3%；强石灰反应；模糊平滑过渡。

Bkt1：74～110 cm，浊黄棕色（10YR 5/4，干），暗黄棕色（10YR 3/6，润）；粉砂壤土；中等发育的 1～2 mm 的屑粒状结构；有胶膜；稍坚硬；0.5～1 mm 的草本根系，丰度为 3 条/dm²；结构体面有 0.5～2 mm 的白色碳酸钙质假菌丝体，丰度为 15%；极强石灰反应；明显平滑过渡。

Bkt2：110～135 cm，浊黄橙色（10YR 6/4，干），浊黄橙色（10YR 5/6，润）；粉砂壤土；发育弱的 0.5～1 mm 的屑粒状结构；有胶膜；松散；土体含有直径 3～15 mm 的白色碳酸钙结核体，丰度为 3%～5%；极强石灰反应；模糊平滑过渡。

Bk：　135～160 cm，浊黄橙色（10YR 7/4，干），浊黄橙色（10YR 5/6，润）；粉砂壤土；发育弱的 0.5～1 mm 的屑粒状结构；松散；土体含有直径 3～20 mm 的白色碳酸钙结核体，丰度为 3%～5%；极强石灰反应。

南花村系代表性单个土体物理性质

| 土层 | 深度/cm | 细土颗粒组成（粒径：mm）/(g/kg) | | | 质地 |
		砂粒 2～0.05	粉粒 0.05～0.002	黏粒 <0.002	
Ap	0～29	220	607	173	粉砂壤土
Bw1	29～60	230	604	166	粉砂壤土
Bw2	60～74	276	523	201	粉砂壤土
Bkt1	74～110	229	530	241	粉砂壤土
Bkt2	110～135	218	530	252	粉砂壤土
Bk	135～160	177	558	265	粉砂壤土

南花村系代表性单个土体化学性质

深度 /cm	pH (H₂O)	有机碳 /(g/kg)	全氮(N) /(g/kg)	全磷(P) /(g/kg)	全钾(K) /(g/kg)	CaCO₃ /(g/kg)	CEC /[cmol(+)/kg]
0~29	9.0	5.16	0.58	0.57	26.1	54.7	4.8
29~60	8.9	1.95	0.37	0.33	20.9	30.5	6.5
60~74	9.0	2.31	0.45	0.30	24.1	37.5	8.69
74~110	8.9	2.80	0.51	0.49	20.9	110.1	7.26
110~135	8.9	2.57	0.54	0.58	20.1	169.0	4.5
135~160	8.9	2.19	0.38	0.54	23.3	178.4	4.6

深度 /cm	全铁(Fe₂O₃) /(g/kg)	游离铁(Fe₂O₃) /(g/kg)	有效铁(Fe) /(mg/kg)	无定形铁氧化物(Fe₂O₃) /(g/kg)	无定形硅氧化物(SiO₂) /(g/kg)	无定形铝氧化物(Al₂O₃) /(g/kg)	无定形锰氧化物(MnO) /(g/kg)	无定形钛氧化物(TiO₂) /(g/kg)
0~29	32.25	12.35	1.13	0.98	1.24	8.18	0.12	0.20
29~60	37.94	13.08	0.98	0.97	1.04	7.33	0.20	0.17
60~74	40.16	13.48	0.88	1.19	1.14	7.89	0.32	0.16
74~110	36.25	15.68	1.31	0.89	0.90	7.66	0.17	0.14
110~135	32.09	16.98	1.09	0.75	0.92	6.27	0.05	0.13
135~160	32.51	14.85	1.11	0.88	0.90	5.26	0.06	0.12

8.6.4　故驿系（Guyi Series）

土　族：黏壤质混合型石灰性温性-普通简育干润淋溶土
拟定者：李　超，张凤荣

分布与环境条件　属温带大陆性季风气候，四季分明。年均气温 8.38 ℃，年均降水量 503.16 mm 左右，年均蒸发量 1613 mm，全年无霜期 150 天，年均日照总时数 2570 h，境内风向多为偏西风或西北风。位于低山中部的黄土台地上，成土母质为马兰黄土与离石黄土。土地利用类型为灌木林地，植物种类为酸枣树、菅草、铁杆蒿、洋槐树。

故驿系典型景观

土系特征与变幅　本土系具有黏化层、温性土壤温度、半干润土壤水分状况、石灰性等诊断层和诊断特性。土体上部为新黄土（马兰黄土，但可能因为修梯田扰动造成疏松，已没有马兰黄土沉积相）；下部（距地表 50～80 cm）即是老黄土（离石黄土）。上部新黄土强石灰反应，下部老黄土基质无石灰反应，仅在部分结构体面上因为上部淋洗下来的碳酸钙淀积而呈石灰反应。下部老黄土可分两层，上部土层呈棱块状结构，结构体 5～15 mm 大，有连续的铁质黏粒胶膜（颜色：2.5YR 3/4），还有约 20%的黑色星点状锰斑，结构体面上也有少量霜状石灰淀积；下部的老黄土呈大块状结构，有 20%的胶膜和锰斑。

对比土系　与南家山系剖面构型最相似，质地构型均是上壤下黏，但南家山系下部的黏化层大块状结构更大，而且土族颗粒大小级别为黏质，本土系土族颗粒大小级别为黏壤质。与南京庄系不同，南京庄系的黄土状物质覆盖在红黏土上，而本土系黄土状物质覆盖在离石黄土上。与段王系相比，不仅在颗粒大小级别上不同，也不像段王系的黏化层有钙结核。与同亚类的南花村系和辛庄系比，那两个系的黏化层与上覆土层的质地差异不大，可能是残积黏化形成，而本土系的黏化层与上覆土层质地差异明显，似乎呈不整合接触。

利用性能综述　土层深厚，通透性强，心土保水保肥。但因处于较干旱的缺水山地，不能灌溉，适宜利用方向是旱作，宜种作物为谷子、玉米。细土物质含碳酸钙，结持性强，可以作为公路的路基；虽周围已经修筑成梯田，但要维护地埂，防止水土流失。

代表性单个土体　剖面位于山西省晋中市左权县粟城乡故驿村，36°57′02.538″N，

113°32′30.862″E，海拔 901 m。位于低山中部的黄土台地上，成土母质为马兰黄土与离石黄土，土地利用类型为灌木林地，植物种类为酸枣树、菅草、铁杆蒿、洋槐树。野外调查时间为 2015 年 9 月 19 日，编号为 14-059。

Ah：　0～18 cm，棕色（7.5YR 4/6，干），浊橙色（7.5YR 6/4，润）；粉砂壤土；较强发育的 1～2 mm 的屑粒状结构；0.5～3 mm 的灌草根系，丰度 10 条/dm²；松散；含有半风化状态的 20 mm 棱块状岩石碎屑，丰度<5%；含有 20 mm 大小的石灰结核，丰度<2%；强石灰反应；逐渐平滑过渡。

Bw：　18～72 cm，亮棕色（7.5YR 5/6，干），浊橙色（7.5YR 6/4，润）；粉砂壤土；较强发育的 1～2 mm 的屑粒状结构；0.5～20 mm 的灌草根系，丰度 7 条/dm²；松散；含有半风化状态的 20 mm 棱块状岩石碎屑，丰度<5%；含有 20 mm 大小的石灰结核，丰度<2%；强石灰反应；突然平滑过渡。

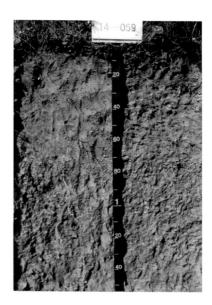

故驿系代表性单个土体剖面

2Bt1：72～131 cm，亮棕色（7.5YR 5/6，干），橙色（7.5YR 6/6，润）；粉砂质黏壤土；较强发育的 5～15 mm 的棱块状结构；0.5～5 mm 的灌草根系，丰度 5 条/dm²；极坚硬；结构体面含有 2 mm 大小的锰斑，丰度 20%；结构体面有连续的铁质黏粒胶膜（颜色：2.5YR 3/4）；结构体面也含有白色霜状碳酸钙质假菌丝体，丰度 20%；无石灰反应；模糊平滑过渡。

2Bt2：131～160 cm，亮棕色（7.5YR 5/8，干），橙色（7.5YR 6/6，润）；粉砂质黏壤土；发育强的 30～50 mm 的大块状结构；极坚硬；结构体面含有 2 mm 大小的锰斑，丰度 20%；结构体面有 30%的铁质黏粒胶膜（颜色：2.5YR 3/4）；结构体面含有白色霜状碳酸钙质假菌丝体，丰度 10%；无石灰反应；模糊平滑过渡。

故驿系代表性单个土体物理性质

土层	深度/cm	细土颗粒组成（粒径：mm）/(g/kg)			质地
		砂粒 2～0.05	粉粒 0.05～0.002	黏粒 <0.002	
Ah	0～18	200	534	266	粉砂壤土
Bw	18～72	245	510	245	粉砂壤土
2Bt1	72～131	179	516	305	粉砂质黏壤土
2Bt2	131～160	166	536	298	粉砂质黏壤土

故驿系代表性单个土体化学性质

深度 /cm	pH （H₂O）	有机碳 /(g/kg)	全氮(N) /(g/kg)	全磷(P) /(g/kg)	全钾(K) /(g/kg)	CaCO₃ /(g/kg)	CEC /[cmol(+)/kg]
0~18	8.3	9.79	1.18	0.34	17.3	12.9	16.8
18~72	8.4	2.92	0.59	0.30	16.1	29.0	13.0
72~131	8.2	1.10	0.37	0.13	16.1	17.8	19.0
131~160	8.0	0.47	0.33	0.31	18.1	7.2	16.9

深度 /cm	全铁(Fe₂O₃) /(g/kg)	游离铁 (Fe₂O₃) /(g/kg)	有效铁(Fe) /(mg/kg)	无定形铁氧 化物(Fe₂O₃) /(g/kg)	无定形硅氧 化物(SiO₂) /(g/kg)	无定形铝氧 化物(Al₂O₃) /(g/kg)	无定形锰氧 化物(MnO) /(g/kg)	无定形钛氧 化物(TiO₂) /(g/kg)
0~18	49.21	17.28	0.87	1.95	1.84	11.13	0.55	0.35
18~72	45.60	15.68	0.91	1.79	1.29	5.80	0.50	0.22
72~131	52.54	18.44	1.19	1.99	1.64	5.49	0.74	0.25
131~160	53.80	18.86	1.31	1.79	1.51	5.65	0.75	0.31

8.6.5 南家山系（Nanjiashan Series）

土　族：黏质混合型石灰性温性-普通简育干润淋溶土
拟定者：张凤荣，王秀丽，靳东升，李　超

分布与环境条件　属暖温带大
陆性气候，日照充足，昼夜温差
大。年均气温 9.32 ℃，极端最高
气温达 40 ℃，极端最低气温为
–20 ℃，年均降水量 627.61 mm，
年均蒸发量 1025 mm，蒸发量大
于降水量，雨量集中在每年的
7～9 月，全年无霜期 202 天，
年均日照总时数 2808 h。地处中
山地带的中坡部位，坡度约 15°。

南家山系典型景观

成土母质为坡积黄土与红黏土。土地利用类型为灌木林地，植物主要为臭椿、杨树、铁
杆蒿。

土系特征与变幅　本土系具有黏化层、温性土壤温度、半干润土壤水分状况、石灰性等
诊断层和诊断特性。剖面质地构型为粉砂壤土-黏土。上部为 50 cm 的黄土层，具有极强
石灰反应，下部为厚度>1 m 的深厚红黏土层，无石灰反应。其中 50～71 cm 处为发育
强的棱块状结构，有胶膜；剖面内含有白色高度风化的砂岩屑，岩屑上具有强石灰反应；
71～150 cm 为极坚硬的大块状结构。

对比土系　与左权县故驿系最相似，质地构型均是上壤下黏，但故驿系下部的黏化层有
棱块状结构层，而本土系均是大块状结构。与段王系相比，不仅在颗粒大小级别上不同，
也不像段王系的黏化层有钙结核。与同亚类的南花村系和辛庄系比，那两个系的黏化层
与上覆土层的质地差异不大，可能是残积黏化形成，而本土系的黏化层与上覆土层质地
差异明显，似乎呈不整合接触。

利用性能综述　土层深厚，质地构型上轻下黏，保水保肥效果好。但由于处于低山地带，
灌溉用水受到限制。因此，宜用作林地，保护其自然植被。

代表性单个土体　剖面位于山西省太原市古交市马兰镇南家山村，37°52′59.50″N，
111°59′49.04″E，海拔 1323 m。地处中山地带的中坡部位，成土母质为坡积黄土与红黏
土。土地利用类型为林地，植物主要为臭椿、杨树、铁杆蒿等。野外调查时间为 2015
年 8 月 27 日，编号为 14-039。

Ah：　0～22 cm，黄棕色（10YR 5/6，干），棕色（10YR 4/6，
润）；壤土；发育弱的 1 mm 大的屑粒状结构；疏松；0.5～
2 mm 的草本根系，丰度为 12 条/dm²；极强石灰反应；
渐变平滑过渡。

Bw：　22～50 cm，黄棕色（10YR 5/6，干），棕色（10YR 4/6，
润）；粉砂壤土；发育弱的 1 mm 大的屑粒状结构；疏松；
0.5～2 mm 的草本根系，丰度为 8 条/dm²；极强石灰反应；
突然平滑过渡。

2Bt1：50～71 cm，亮红棕色（5YR 5/6，干），红棕色（5YR 4/6，
润）；粉砂质黏壤土；发育强的 5～30 mm 大的棱块状结
构，有黏粒胶膜；很坚硬；0.5～1 mm 的草本根系，丰度
为 2 条/dm²；无石灰反应；模糊平滑过渡。

2Bt2：71～150 cm，亮红棕色（5YR 5/6，干），红棕色（5YR 4/6，
润）；粉砂质黏土；发育强的大块状结构；有黏粒胶膜；
极坚硬；无石灰反应。

南家山系代表性单个土体剖面

南家山系代表性单个土体物理性质

土层	深度 /cm	细土颗粒组成（粒径：mm）/(g/kg)			质地
		砂粒 2～0.05	粉粒 0.05～0.002	黏粒 <0.002	
Ah	0～22	265	475	260	壤土
Bw	22～50	209	521	270	粉砂壤土
2Bt1	50～71	118	504	378	粉砂质黏壤土
2Bt2	71～150	108	431	461	粉砂质黏土

南家山系代表性单个土体化学性质

深度 /cm	pH (H₂O)	有机碳 /(g/kg)	全氮(N) /(g/kg)	全磷(P) /(g/kg)	全钾(K) /(g/kg)	CaCO₃ /(g/kg)	CEC /[cmol(+)/kg]
0～22	8.7	6.41	0.55	0.10	16.9	76.2	12.9
22～50	8.8	6.28	0.43	0.12	17.7	72.3	15.1
50～71	8.7	10.72	0.34	0.10	16.9	30.5	20.6
71～150	7.7	5.24	0.38	0.19	17.7	1.3	27.3

深度 /cm	全铁 (Fe₂O₃) /(g/kg)	游离铁 (Fe₂O₃) /(g/kg)	有效铁(Fe) /(mg/kg)	无定形铁氧化物(Fe₂O₃) /(g/kg)	无定形硅氧化物(SiO₂) /(g/kg)	无定形铝氧化物(Al₂O₃) /(g/kg)	无定形锰氧化物(MnO) /(g/kg)	无定形钛氧化物(TiO₂) /(g/kg)
0～22	39.63	12.85	0.46	1.53	1.14	7.32	0.51	0.26
22～50	40.92	13.84	0.36	1.60	1.37	6.03	0.51	0.16
50～71	47.74	19.47	0.22	1.81	1.47	5.00	0.84	0.14
71～150	57.88	21.02	0.26	1.94	1.81	5.80	0.68	0.15

第9章 雏 形 土

9.1 石质草毡寒冻雏形土

9.1.1 北台顶系（Beitaiding Series）

土　族：粗骨壤质混合型-石质草毡寒冻雏形土
拟定者：董云中，靳东升，王秀丽，李　超，张凤荣

分布与环境条件　属温带大陆性季风气候，气候高寒而湿润，年平均气温–5.6 ℃，年极端最低气温–44.5 ℃，极端最高气温＜20℃，是华北最冷的地区，有"华北屋脊"之称。年均降水量619.73 mm，全年无霜期 90～110 天。地处亚高山的山顶区域，坡度约 30°。成土母质为风成黄土与基岩风化物。由于海拔高，温度低，有冻融现象。土地利用类型为天然草地，植被类型为薹草等草甸植被。

北台顶系典型景观

土系特征与变幅　本土系具草毡层、雏形层、寒冻土壤温度、冻融特征、石质接触面等诊断层和诊断特性。剖面质地构型为通体壤土，0～15 cm 为根系盘结的草毡层，之下为 30 cm 厚的矿质土壤层，细土物质为壤土，含棱角分明的大块的物理风化的花岗岩岩屑。

对比土系　与岭底系、五里沣系不同，本土系在 50 cm 深度内有基岩，被分为不同亚类。与荷叶坪系、洞儿上系的不同之处，在于那两个土系没有草毡层。

利用性能综述　地处陡坡面上，土层较薄，且位于高山地区，土壤温度低，冻融现象明显，仅适宜草甸植被生长。注意坡面植被保护，减少土壤冻融后的水蚀危害。应作为自然保护区。

代表性单个土体　剖面位于山西省忻州市五台县台怀镇北台顶祖师坛旁，

39°04′48.29″N，113°34′08.97″E，海拔 3050 m。位于亚高山山地的山顶位置。成土母质为岩石风化残积物夹杂风成黄土。土地利用类型为天然草地，植被类型为薹草等草甸植被。野外调查时间为 2015 年 8 月 4 日，编号为 14-023。

北台顶系代表性单个土体剖面

Ao：0～5 cm，黑棕色（10YR 3/2，干），黑棕色（10YR 2/2，润）；黏壤土；发育强的 2～4 mm 的团粒状结构；湿时疏松，稍黏着；大量根系盘结，土粒被根系缠绕在一起，为 1～2 mm 的草本根系，丰度为 70 条/dm²；无石灰反应。

Ah：5～15 cm，暗棕色（10YR 3/3，干），黑棕色（10YR 3/2，润）；壤土；发育强的 2～4 mm 的团粒状结构；湿时疏松，稍黏着；根系盘结，土粒基本被根系缠绕在一起，1～2 mm 的草本根系，丰度为 50 条/dm²；未风化的直径 2～10 mm 的砾石矿物碎屑，丰度为 15%；无石灰反应；清晰平滑过渡。

Bw：15～45 cm，浊黄棕色（10YR 5/3，干），暗棕色（10YR 3/3，润）；砂质壤土；发育强的 2～3 mm 的团粒状结构；湿时疏松，稍黏着；1～2 mm 的草本根系，丰度为 10 条/dm²；未风化的直径 10～80 mm 的花岗岩碎屑，丰度为 40%；无石灰反应。

R：45cm 以下，花岗岩基岩。

北台顶系代表性单个土体物理性质

土层	深度/cm	砂粒 2～0.05	粉粒 0.05～0.002	黏粒 <0.002	质地
Ao	0～5	161	505	334	黏壤土
Ah	5～15	354	495	151	壤土
Bw	15～45	496	385	119	砂质壤土

北台顶系代表性单个土体化学性质

深度/cm	pH(H₂O)	有机碳/(g/kg)	全氮(N)/(g/kg)	全磷(P)/(g/kg)	全钾(K)/(g/kg)	CaCO₃/(g/kg)	CEC/[cmol(+)/kg]
0～5	6.0	54.79	5.79	0.85	18.5	0.4	44.5
5～15	6.3	37.13	3.35	0.76	16.9	1.9	28.3
15～45	7.0	18.48	2.06	0.91	21.7	0.5	14.2

深度/cm	腐殖酸总碳/(g/kg)	胡敏酸碳/(g/kg)	富里酸碳/(g/kg)	胡敏素碳/(g/kg)
0～5	10.47	2.77	7.69	59.94
5～15	8.68	1.96	6.72	32.09
15～45	6.10	3.23	2.87	15.23

9.2　普通草毡寒冻雏形土

9.2.1　岭底系（Lingdi Series）

土　族：壤质混合型-普通草毡寒冻雏形土
拟定者：王秀丽，张凤荣，李　超，董云中，靳东升

分布与环境条件　属温带大陆
性季风气候，气候高寒而湿润，
年平均气温–5.6 ℃，年极端最
低气温–44.5 ℃，极端最高气温
<20 ℃，是华北最冷的地区。年
均降水量 623.3 mm，全年无霜
期 90～110 天。处于中山地带的
中坡部位，坡度 15°，成土母质
为风成黄土与基岩风化物。由于
海拔高，温度低，有冻融现象。
土地利用类型为天然草地，植被
类型是以薹草为建群种的草甸植被。

岭底系典型景观

土系特征与变幅　本土系具有草毡层、雏形层、寒冻土壤温度、冻融特征等诊断层和诊
断特性。土层厚度约 80 cm；剖面质地构型为壤-粉砂壤土；表层 10～15 cm 根系盘结的
草毡层；30 cm 以下土壤为片状结构，扰动后即呈小的次棱块状结构。

对比土系　与北台顶系在亚类上就不相同，北台顶系土层薄，且有石质接触界面。五里
洼系在剖面形态上最相似，也有冻融现象和草毡层，但五里洼系的土壤更黏重些，而且
五里洼系的大岩屑含量也多。与荷叶坪系、洞儿上系、东台沟系、狮子窝系、小马蹄系
均不同，那 5 个土系没有草毡层。

利用性能综述　地处陡坡面上，土层较薄，且位于中山地区，土壤温度低，冻融现象明
显，草甸植被生长较好，应划为自然保护区，但可作为夏季牧场利用。注意坡面植被保
护，减少土壤冻融后的水蚀危害。

代表性单个土体　剖面位于山西省忻州市繁峙县东山乡岭底村（近花岩岭），也属于五
台山区，39°04′09.39″N，113°35′23.25″E，海拔 2697 m。位于中山地带的中坡部位。成
土母质为基岩风化物和风成黄土。土地利用类型为天然草地，植被类型是以薹草为建群
种的草甸植被。野外调查时间为 2015 年 8 月 4 日，编号为 14-024。

岭底系代表性单个土体剖面照

Ao: 0～7 cm，灰黄棕色（10YR 4/2，干），黑棕色（10YR 2/2，润）；壤土；发育强的 2～4 mm 的团粒状结构；湿时疏松，稍黏着；大量根系盘结，土粒被根系缠绕在一起，1～2 mm 的草本根系，丰度为 80 条/dm²；无石灰反应。

Ah: 7～20 cm，灰黄棕色（10YR 4/2，干），黑棕色（10YR 2/2，润）；粉砂质黏壤土；发育强的 2～4 mm 的团粒状结构；湿时疏松，稍黏着；大量根系盘结，土粒基本被根系缠绕在一起，1～2 mm 的草本根系，丰度为 50 条/dm²；无石灰反应；渐变平滑过渡。

Bw1: 20～30 cm，灰黄棕色（10YR 4/2，干），黑棕色（10YR 3/2，润）；粉砂壤土；中等发育的 5～10 mm 的次棱块状结构；湿时稍坚实，稍黏着；1～2 mm 的草本根系，丰度为 10 条/dm²；无石灰反应；清晰平滑过渡。

Bw2: 30～42 cm，灰黄棕色（10YR 4/2，干），黑棕色（10YR 2/2，润）；粉砂壤土；发育弱的 1～2 mm 的片状结构；湿时疏松，稍黏着；无石灰反应；清晰平滑过渡。

Bw3: 42～78 cm，浊黄橙色（10YR 6/4，干），浊黄棕色（10YR 4/3，润）；粉砂壤土；发育弱的 2～3 mm 的片状结构；湿时松散；无石灰反应，向下为基岩。

R: 花岗岩。

岭底系代表性单个土体物理性质

| 土层 | 深度 /cm | 细土颗粒组成（粒径：mm）/(g/kg) | | | 质地 |
		砂粒 2～0.05	粉粒 0.05～0.002	黏粒 <0.002	
Ao	0～7	256	452	292	壤土
Ah	7～20	155	517	328	粉砂质黏壤土
Bw1	20～30	302	515	183	粉砂壤土
Bw2	30～42	323	526	151	粉砂壤土
Bw3	42～78	218	524	258	粉砂壤土

岭底系代表性单个土体化学性质

深度 /cm	pH (H₂O)	有机碳 /(g/kg)	全氮(N) /(g/kg)	全磷 P /(g/kg)	全钾(K) /(g/kg)	CaCO₃ /(g/kg)	CEC /[cmol(+)/kg]
0～7	6.0	38.39	4.12	0.94	20.1	0.2	32.0
7～20	6.0	38.33	4.13	1.24	17.7	0.1	35.2
20～30	6.3	42.82	4.56	0.95	16.9	0.6	36.6
30～42	6.4	47.21	4.59	1.16	20.1	0.1	36.2
42～78	6.4	14.69	1.56	0.35	19.7	0.1	30.4

续表

深度 /cm	腐殖酸总碳 /(g/kg)	胡敏酸碳 /(g/kg)	富里酸碳 /(g/kg)	胡敏素碳 /(g/kg)
0～7	9.86	8.35	1.50	28.54
7～20	10.98	2.94	8.04	27.67
20～30	11.31	1.50	9.81	37.63
30～42	12.05	2.28	9.76	35.16
42～78	7.11	4.83	2.28	7.58

9.2.2　五里洼系（Wuliwa Series）

土　族：壤质混合型–普通草毡寒冻雏形土
拟定者：张凤荣，王秀丽，李　超，董云中

五里洼系典型景观

分布与环境条件　属温带大陆性气候，气候宜人，四季分明，夏无酷暑，冬无奇寒。年平均气温 –1.8 ℃，极端最低气温 –32.4 ℃，极端最高气温 29.5 ℃，年均降水量为 882.46 mm 左右，降水量多集中在 7～9 月，但年际差较大。地处中山地带的中下坡部位，坡度 15°，成土母质主要为风成黄土，下伏物理风化的花岗岩。由于海拔高，温度低，有冻融现象。土地利用类型为天然草地，植被类型为以薹草为建群种的草甸植被。

土系特征与变幅　本土系具有草毡层、雏形层、寒性土壤温度、潮湿土壤水分状况等诊断层和诊断特性。剖面质地构型为通体壤质。土层厚度约 90 cm。表层为厚 15 cm 左右的草毡层；下伏为厚 80 cm 的片状结构壤土层，人为扰动后即成小的次棱块状结构；之下即为花岗岩基岩。其中 10～25 cm 根系周围分布有少量模糊的铁锈斑；25～55 cm 处含有较多的花岗岩粗碎屑。

对比土系　与北台顶系在亚类上就不相同，北台顶系土层薄，且有石质接触界面。与岭底系在剖面形态上最相似，也有冻融现象和草毡层，但岭底系的土壤更砂性些，而且岭底系不如五里洼系的大岩屑含量多。与荷叶坪系、洞儿上系、东台沟系、狮子窝系、小马蹄系均不同，那 5 个土系没有草毡层。

利用性能综述　土壤质地适中，有机质含量较高，但由于海拔高，土壤温度低，不适宜作物生长，草甸植被生长较好，可作为夏季牧场利用。同时注意坡面植被保护，减少土壤冻融后的水蚀危害。

代表性单个土体　剖面位于山西省忻州市繁峙县东山乡五里洼（太平沟村附近），39°03′40.42″N，113°40′29.79″E，海拔 2285 m。位于中山地形的中下坡部位。成土母质为风成黄土和花岗岩风化物。土地利用类型为天然草地，植被类型为以薹草为建群种的草甸植被。野外调查时间为 2015 年 8 月 4 日，编号为 14-025。

Ao： 0～10 cm，黑棕色（10YR 3/2，干），黑棕色（10YR 2/2，润）；壤土；发育强的 2～4 mm 的团粒状结构；湿时疏松，稍黏着；大量根系盘结，土粒被根系缠绕在一起，1～3 mm 的草本根系，丰度为 70 条/dm²；无石灰反应。

Ah： 10～25 cm，暗棕色（10YR 3/3，干），黑棕色（10YR 2/2，润）；粉砂壤土；发育弱的 1～2 mm 的片状结构；湿时疏松，稍黏着；大量根系盘结，土粒基本被根系缠绕在一起，1 mm 的草本根系，丰度为 40 条/dm²；无石灰反应；模糊平滑过渡。

Bw1： 25～55 cm，浊黄棕色（10YR 5/3，干），暗棕色（10YR 3/4，润）；粉砂壤土；发育弱的 1～2 mm 的片状结构；湿时疏松，稍黏着；直径 50～200 mm 的花岗岩矿物碎屑，丰度 30%；1 mm 的草本根系，丰度为 10 条/dm²；有<2 mm 的锈斑，丰度 3%；无石灰反应；清晰平滑过渡。

五里洼系代表性单个土体剖面

Bw2： 55～90 cm，浊黄橙色（10YR 6/4，干），棕色（10YR 4/4，润）；壤土；发育弱的 2～3 mm 的片状结构；湿时疏松，稍黏着；直径 10～40 mm 的花岗岩矿物碎屑，丰度 20%；1 mm 的草本根系，丰度为 2 条/dm²；无石灰反应。

五里洼系代表性单个土体物理性质

土层	深度/cm	细土颗粒组成 (粒径：mm) /(g/kg)			质地
		砂粒 2～0.05	粉粒 0.05～0.002	黏粒 <0.002	
Ao	0～10	365	429	206	壤土
Ah	10～25	267	528	205	粉砂壤土
Bw1	25～55	328	510	162	粉砂壤土
Bw2	55～90	417	437	146	壤土

五里洼系代表性单个土体化学性质

深度/cm	pH (H₂O)	有机碳/(g/kg)	全氮(N)/(g/kg)	全磷(P)/(g/kg)	全钾(K)/(g/kg)	CaCO₃/(g/kg)	CEC/[cmol(+)/kg]
0～10	7.0	65.24	5.07	0.92	16.1	0.6	34.0
10～25	6.7	46.59	3.31	0.93	18.9	0.3	24.2
25～55	7.0	24.37	1.89	0.86	19.3	0.1	23.1
55～90	7.2	7.54	0.87	0.20	16.1	0.6	11.5

深度/cm	腐殖酸总碳/(g/kg)	胡敏酸碳/(g/kg)	富里酸碳/(g/kg)	胡敏素碳/(g/kg)
0～10	9.53	2.77	6.76	55.71
10～25	10.11	0.52	9.59	36.48
25～55	8.09	1.99	6.10	16.28
55～90	3.99	3.20	0.79	3.55

9.3　普通暗沃寒冻雏形土

9.3.1　荷叶坪系（Heyeping Series）

土　族：壤质混合型–普通暗沃寒冻雏形土

拟定者：王秀丽，李　超，董云中，张凤荣

荷叶坪系典型景观

分布与环境条件　属温带大陆性季风气候，气候高寒而湿润。年平均气温–2.75 ℃，极端最低气温–38.1 ℃，极端最高气温36.7 ℃，昼夜温差悬殊，年均降水量为517.31 mm，降水相对集中在7～9月，占全年降水总量的65%，年蒸发量为1784.4 mm，全年无霜期110～130天。地处中山地带的中坡部位，坡度约8°，成土母质为黄土。土地利用类型为天然草地，植被类型为草原性草甸植被。

土系特征与变幅　本土系具有暗沃表层、雏形层、寒性土壤温度、冻融特征、湿润土壤水分状况等诊断层和诊断特性。剖面质地构型为通体壤土。土层厚度约160 cm。上部与底部土体内含有<25%半风化的岩屑，中部18～100 cm处无岩屑。通体无石灰反应。

对比土系　与北台顶系、岭底系、五里迮系不同，那3个土系都有草毡层，而亚纲不同。与狮子窝系相似，但狮子窝系下部土体岩屑含量高，且土壤温度状况不同，属于不同亚纲。与邻近的洞儿上系亚类、土族均相同，但土系不同，洞儿上系土体厚度为1 m，且矿质土层之上有松针落叶层。至于邻近的后店坪系，土体尚未有雏形层形成，属于新成土纲，土纲即不同。

利用性能综述　土层深厚，质地适中，但由于海拔高，土壤温度低，不适宜作物生长，草甸植被生长较好，最好划入自然保护区发展观光旅游，也可作为夏季牧场利用。同时注意草场植被保护，防止草场退化与水土流失危害。

代表性单个土体　剖面位于忻州市五寨县五寨沟荷叶坪顶，38°43′30.09″N，111°50′34.51″E，海拔2315 m。位于中山地带的中坡部位。成土母质为黄土。土地利用类型为天然草地，植被类型为草原性草甸植物。野外调查时间为2015年8月7日，编号为14-031。

Ah:　0～5 cm，灰黄棕色（10YR 5/2，干），暗棕色（10YR 3/3，润）；壤土；发育弱的 1 mm 的团粒状结构；湿时疏松，稍黏着；1～3 mm 的草本根系，丰度为 30 条/dm²，没有明显的根系盘结，含约 5%的直径 2～20 mm 的岩屑；无石灰反应；清晰平滑过渡。

Bw1:　5～18 cm，浊黄棕色（10YR 5/3，干），棕色（10YR 4/4，润）；壤土；发育弱的 2～3 mm 的屑粒/团粒状结构；湿时疏松，稍黏着；1～2 mm 的草本根系，丰度为 15 条/dm²，没有明显的根系盘结；含约 25%的直径 2～20 mm 的岩屑；无石灰反应；清晰平滑过渡。

Bw2:　18～39 cm，灰黄棕色（10YR 5/2，干），暗棕色（10YR 3/3，润）；粉砂壤土；发育弱的 1 mm 的屑粒状结构；湿时疏松，稍黏着；1～2 mm 的草本根系，丰度为 8 条/dm²；无石灰反应；清晰平滑过渡。

荷叶坪系代表性单个土体剖面

Bw3:　39～100 cm，浊黄棕色（10YR 5/3，干），棕色（10YR 4/4，润）；粉砂质黏壤土；发育弱的 1 mm 的片状结构；湿时疏松，稍黏着；1～2 mm 的草本根系，丰度为 3 条/dm²；无石灰反应；清晰平滑过渡。

2Bw4:　100～147 cm，浊黄橙色（10YR 6/3，干），浊黄棕色（10YR 4/3，润）；粉砂质黏壤土；中等发育的 1 mm 的片状结构；湿时疏松，稍黏着；有一长 30 cm、宽约 18 cm 的石块，土层其他部分不含岩屑；2%的黑色燧石屑；无石灰反应；清晰平滑过渡。

2Bw5:　147～160 cm，浊黄橙色（10YR 6/4，干），浊黄棕色（10YR 5/4，润）；壤土；中等发育的 1～2 mm 的片状结构；湿时疏松，稍黏着；土体内含有 5%的直径 2～50 mm 的岩屑；无石灰反应。

荷叶坪系代表性单个土体物理性质

土层	深度/cm	细土颗粒组成（粒径：mm）/(g/kg)			质地
		砂粒 2～0.05	粉粒 0.05～0.002	黏粒 <0.002	
Ah	0～5	368	418	214	壤土
Bw1	5～18	415	402	183	壤土
Bw2	18～39	263	502	235	粉砂壤土
Bw3	39～100	124	553	323	粉砂质黏壤土
2Bw4	100～147	175	519	306	粉砂质黏壤土
2Bw5	147～160	275	499	226	壤土

荷叶坪系代表性单个土体化学性质

深度 /cm	pH (H₂O)	有机碳 /(g/kg)	全氮(N) /(g/kg)	全磷(P) /(g/kg)	全钾(K) /(g/kg)	CaCO₃ /(g/kg)	CEC /[cmol(+)/kg]
0~5	6.2	24.07	2.47	0.09	22.1	0.5	21.4
5~18	7.3	12.24	1.39	0.05	22.1	0.8	13.9
18~39	7.3	20.87	2.63	0.67	22.5	0.1	27.0
39~100	7.0	31.66	3.19	0.60	20.9	0.1	30.8
100~147	6.2	25.72	2.66	1.09	21.7	0.3	27.2
147~160	6.2	6.24	0.83	0.20	23.3	0.5	12.0

深度 /cm	腐殖酸总碳 /(g/kg)	胡敏酸碳 /(g/kg)	富里酸碳 /(g/kg)	胡敏素碳 /(g/kg)
0~5	7.79	0.51	7.28	16.28
5~18	4.14	0.24	3.90	8.10
18~39	8.45	6.19	2.26	12.42
39~100	11.23	8.11	3.13	20.43
100~147	11.43	5.50	5.94	14.28
147~160	2.69	0.60	2.09	3.56

9.3.2 洞儿上系（**Dongershang Series**）

土　族：壤质混合型–普通暗沃寒冻雏形土
拟定者：李　超，靳东升，董云中，王秀丽，张凤荣

分布与环境条件　属温带大陆性季风气候，年均气温–2.2 ℃，年积温 2430 ℃，极端最低气温–38.1 ℃，极端最高气温36.7 ℃，昼夜温差悬殊，年均降水量 516.99 mm，降水相对集中在 7～9 月，占全年降水总量的65%，年蒸发量为 1784.4 mm，全年无霜期 110～130 天。地处中山地带的中坡部位，坡度约25°，成土母质为黄土。土地利用类型为林地，自然植被为云杉、落叶松林，林下植物为薹草等。

洞儿上系典型景观

土系特征与变幅　本土系具有暗沃表层、雏形层、寒性土壤温度、湿润土壤水分状况、冻融特征、枯枝落叶等诊断层和诊断特性。土层厚度约 100 cm，之下即为花岗岩基岩。土体构型为通体壤土。矿质土表层上覆盖有 3～4 cm 的松毛针层。上部 50 cm 左右为黑棕色的腐殖质层，从土表向下颜色渐淡；50 cm 以下色调明显变浅，底部 78 cm 以下土体内含有 35%花岗岩矿物碎屑，其上土层内未出现碎屑。土壤通体无石灰反应。

对比土系　与北台顶系、岭底系、五里洼系不同，那 3 个土系都有草毡层，而亚纲不同。与邻近的荷叶坪系亚类、土族均相同，土系不同。荷叶坪系土层厚度达 1.6 m，且矿质土层之上没有松针落叶层。与邻近的后店坪系更不同，其土体尚未有雏形层形成，属于新成土纲，土纲即不同。与之相似的土体构型是东台沟系，但东台沟系土层薄，且土壤温度状况不同，亚纲不同。

利用性能综述　土壤质地适中，但地处陡坡上，且土壤温度低，不适宜耕种，适宜利用方向为林地。继续封山育林，防止水土流失。

代表性单个土体　剖面位于山西省忻州市五寨县前所乡洞儿上村，38°43′44.66″N，111°51′56.76″E，海拔 2605 m。位于中山地带的中坡部位。成土母质为黄土。土地利用类型为林地，自然植被为云杉、落叶松林，林下植物为薹草等。野外调查时间为 2015年 8 月 7 日，编号为 14-032。

Ai：　松毛针层，厚度 3 cm。

Ah：　0～7 cm，灰黄棕色（10YR 4/2，干），黑棕色（10YR 2/2，润）；粉砂壤土；发育弱的 0.5～1 mm 的团粒状结构；湿时疏松，黏着；3～8 mm 的乔、草根系，丰度为 10 条/dm²；无石灰反应；清晰平滑过渡。

Bw1：　7～22 m，灰黄棕色（10YR 4/2，干），黑棕色（10YR 3/2，润）；粉砂壤土；中等发育的 1～2 mm 的团粒状结构；湿时疏松，黏着；1～10 mm 的乔、草根系，丰度为 8 条/dm²；无石灰反应；模糊平滑过渡。

Bw2：　22～53 cm，浊黄棕色（10YR 4/3，干），暗棕色（10YR 3/3，润）；粉砂壤土；中等发育的 0.5～1 mm 的团屑粒状结构；湿时疏松，黏着；1～8 mm 的乔、草根系，丰度为 5 条/dm²；无石灰反应；清晰平滑过渡。

洞儿上系代表性单个土体剖面

Bw3：53～78 cm，浊黄棕色（10YR 5/3，干），棕色（10YR 4/4，润）；粉砂壤土；中等发育的 1～2 mm 的片状结构；湿时疏松，黏着；无石灰反应；模糊平滑过渡。

Bw4：78～100 cm，浊黄棕色（10YR 5/4，干），棕色（10YR 4/4，润）；壤土；中等发育的 1～2 mm 的屑粒状结构；湿时疏松，黏着；直径 2～10 mm 的花岗岩矿物碎屑，丰度 35%；无石灰反应。

洞儿上系代表性单个土体物理性质

土层	深度 /cm	细土颗粒组成（粒径：mm）/(g/kg)			质地
		砂粒 2～0.05	粉粒 0.05～0.002	黏粒 <0.002	
Ah	0～7	256	521	223	粉砂壤土
Bw1	7～22	252	508	240	粉砂壤土
Bw2	22～53	207	561	232	粉砂壤土
Bw3	53～78	193	554	253	粉砂壤土
Bw4	78～100	399	400	201	壤土

洞儿上系代表性单个土体化学性质

深度 /cm	pH (H₂O)	有机碳 /(g/kg)	全氮(N) /(g/kg)	全磷(P) /(g/kg)	全钾(K) /(g/kg)	CaCO₃ /(g/kg)	CEC /[cmol(+)/kg]
0～7	6.5	35.13	2.97	0.44	17.7	0.4	34.2
7～22	6.5	37.73	2.98	0.38	16.9	0.2	34.5
22～53	6.8	29.35	2.36	0.56	17.7	0.6	30.7
53～78	6.8	14.11	1.10	0.30	17.7	0.3	20.7
78～100	6.9	10.65	0.82	0.14	16.9	0.3	16.4

深度 /cm	腐殖酸总碳 /(g/kg)	胡敏酸碳 /(g/kg)	富里酸碳 /(g/kg)	胡敏素碳 /(g/kg)
0～7	10.15	6.75	3.39	24.98
7～22	10.79	5.88	4.92	26.93
22～53	10.91	7.32	3.58	18.44
53～78	4.79	0.72	4.07	9.32
78～100	3.48	0.31	3.17	7.16

9.4 弱盐淡色潮湿雏形土

9.4.1 黄庄系（Huangzhuang Series）

土　　族：砂质混合型石灰性温性-弱盐淡色潮湿雏形土
拟定者：靳东升，李　超，王秀丽，张凤荣

分布与环境条件　属暖温带大陆性季风气候，四季分明，夏季高温多雨，冬季寒冷干燥。年均气温 6.93 ℃，年均降水量 538.15 mm，多集中于 7～8 月，全年无霜期 150 天左右，年均日照总时数 2800 h。成土母质为砂质河流沉积物。主要分布于盆地中的桑干河河漫滩上。在上游没有水库和水土保持之前，经常有洪水泛滥威胁。现在，少有洪水泛滥。地下潜水埋藏浅，通常为 1.5～2 m。地表有大量盐斑，土

黄庄系典型景观

地利用类型为荒草地，主要用于放牧，地上植被类型多为荆条、碱蓬、白蒿等灌草。

土系特征与变幅　本土系具有盐积现象、温性土壤温度、潮湿土壤水分状况、氧化还原特征、石灰性等诊断层和诊断特性。剖面沉积层理明显，土体构型为上部 77 cm 的砂壤土中夹杂两层薄且不连续的黏土层，77～104 cm 为较黏的土层，其下质地偏砂。氧化还原特征在 42～150 cm 处均有出现，结构体面上更明显。除 104～113 cm 的砂土层无石灰反应外，其他土层均有不同程度的石灰反应。

对比土系　与兰玉堡系和曲村系相比，本土系盐分含量较低，已经不是盐成土；而兰玉堡系和曲村系含盐量高，是盐成土。与褚村系相比，褚村系的土壤颗粒大小级别为壤质，土族不同。

利用性能综述　本土系土层较厚，砂黏相间，在构型上比较保水保肥。但由于地下潜水位高，土壤盐渍化较严重，且土壤主要位于河滩地上，很可能遭受泛滥威胁，不适宜耕种，应维持其自然状态，保护生态环境。

代表性单个土体　剖面位于山西省朔州市怀仁县海北头乡黄庄村，39°47′01.56″N，113°15′41.32″E，海拔 968 m，位于桑干河河道上，成土母质为河流沉积物。土地利用类

型为荒草地，地上植被类型多为荆条、碱蓬、白蒿等灌草。野外调查时间为 2015 年 5 月 29 日，编号为 14-010。

Az: 0～13 cm，棕色（10YR 5/3，干），深黄棕色 （10YR 4/6，润）；壤土；发育弱的 1～2 mm 粒状结构；松散；1～2 mm 的草本根系，丰度为 5 条/dm²；多量细小孔隙；强石灰反应；渐变平滑过渡。

黄庄系代表性单个土体剖面

BC: 13～20 cm，深黄棕色（10YR 4/4，润）；砂质壤土；粒状结构；松散；多量细小孔隙；强石灰反应；突然平滑过渡。

2Bw1：20～22 cm，深棕色（10YR 3/3，润）；断续的强发育的 3～5 mm 的棱块状结构的黏土层，坚实；多量细小孔隙；轻度石灰反应；突然平滑过渡。

3Bw2：22～42 cm，深黄棕色（10YR 4/4，润）；砂质壤土；粒状结构；松散；少量细小孔隙；强石灰反应；突然平滑过渡。

4Br1： 42～45 cm，深棕色（10YR 3/3，润）；断续的强发育的 3～5 mm 的棱块状结构的黏土层，坚实；强发育的 3～5 mm 的棱块状结构；坚实；多量细小孔隙；结构体面上有明显的锈纹锈斑，丰度 5%左右；轻度石灰反应；突然平滑过渡。

5Br2： 45～77 cm，浅棕色（10YR 6/3，干），深黄棕色（10YR 4/4，润）；砂质壤土；粒状结构；松散；多量细小孔隙；结构体面上有模糊的锈纹锈斑，丰度 3%左右；强石灰反应；突然平滑过渡。

6Br3： 77～104 cm，浅棕色（10YR 6/3，干），深黄棕色（10YR 4/4，润）；黏壤土；强发育的 5～10 mm 棱块状结构；坚实；多量细小孔隙；结构体面上有明显的锈纹锈斑，丰度 30%左右；轻度石灰反应；突然平滑过渡。

7Br4： 104～113 cm，亮黄棕色（10YR 6/4，干），深黄棕色（10YR 4/4，润）；壤质砂土；单粒，无结构；松散；多量细小孔隙；结构体面上有明显的锈纹锈斑，丰度 5%左右；轻度石灰反应；突然平滑过渡。

7Br5： 113～123 cm，亮黄棕色（10YR 6/4，干），浅棕灰色（10YR 6/2，润）；砂质壤土；粒状结构；松散；多量细小孔隙；结构体面上有明显的锈纹锈斑，丰度 15%～20%；轻度石灰反应；突然平滑过渡。

8Br6： 123～150 cm，浅棕色（10YR 6/3，干），深黄棕色（10YR 3/6，润）；砂土；单粒，无结构；松散；多量细小孔隙；结构体面上有较模糊的锈纹锈斑，丰度 3%左右；轻度石灰反应。

黄庄系代表性单个土体物理性质

土层	深度/cm	细土颗粒组成 (粒径: mm) /(g/kg)			质地
		砂粒 2～0.05	粉粒 0.05～0.002	黏粒 <0.002	
Az	0～13	468	396	136	壤土
3Bw2	22～42	585	372	43	砂质壤土
6Br3	77～104	420	304	276	黏壤土
7Br4	104～113	805	191	4	壤质砂土
7Br5	113～123	576	357	67	砂质壤土
8Br6	123～150	954	1	45	砂土

黄庄系代表性单个土体化学性质

深度/cm	pH(H₂O)	有机碳/(g/kg)	全氮(N)/(g/kg)	全磷(P)/(g/kg)	全钾(K)/(g/kg)	ESP/%	Na⁺/(g/kg)
0～13	8.5	7.08	0.53	1.88	12.4	63.1	4.30
13～77	9.2	2.73	0.49	1.79	11.2	35.0	1.97
77～104	9.1	3.54	0.66	1.60	14.5	40.6	4.43
104～113	9.2	1.91	0.28	1.53	12.0	23.9	1.18
113～123	9.3	2.09	0.25	1.28	12.0	35.2	1.49
123～150	9.4	1.45	0.56	1.42	11.2	9.4	0.52

深度/cm	含盐量/(g/kg)	CaCO₃/(g/kg)	CEC/[cmol(+)/kg]	EC/(mS/cm)
0～13	17.54	70.5	6.81	28.40
13～77	2.03	66.8	5.63	3.16
77～104	0.95	25.3	10.90	1.85
104～113	1.24	72.9	4.94	1.31
113～123	1.27	84.0	4.22	1.10
123～150	0.86	45.3	5.54	0.87

9.4.2 褚村系（Chucun Series）

土　　族：壤质混合型石灰性温性-弱盐淡色潮湿雏形土
拟定者：张凤荣，李　超，靳东升

分布与环境条件　属暖温带半
干旱半湿润大陆性季风气候，春
季干旱多风，夏季雨量集中，秋
季秋高气爽，冬季雨雪稀少。年
均气温 13.01 ℃，年均降水量
528.91 mm，全年无霜期 197 天，
年均日照总时数 2272 h。位于黄
土高原的河谷低阶地上，成土母
质为冲积物。土地利用类型为耕
地，主要植物为向日葵、灰灰菜、
辫子草。

褚村系典型景观

土系特征与变幅　本土系具有盐积现象、温性土壤温度、潮湿土壤水分状况、氧化还原
特征、石灰性等诊断层和诊断特性。土体为黄土状冲积物，质地较均一，只是表下层比
上下的土层较紧实，通体含有盐晶。表层土壤由于耕作或雨季刚过，盐晶含量不如表下
层，表下层 25～50 cm 盐晶最多，再向下稍减少，与耕层含量差不多，1m 以下土层盐晶
含量最少。土地利用类型是耕地，种植葵花，但有盐秃，即葵花没有生长，而是生长耐
盐的灰灰菜和辫子草，其面积占耕地面积的 30%～40%，说明其是盐渍土。耕层有塑料
薄膜，特别是耕层与表下层的界面之间塑料薄膜多。通体极强石灰反应。

对比土系　与兰玉堡系和曲村系相比，本土系盐分含量较低，已经不是盐成土；而兰玉
堡系和曲村系含盐量高，是盐成土。与黄庄系相比，虽地表都有盐碱斑块，但与黄庄系
的土壤颗粒大小级别不同，而且黄庄系地下水位高。

利用性能综述　土壤盐分含量高、地下水位浅且矿化度高，宜耐盐植物生长。如果种植
作物，需排水降低地下水位，灌溉洗盐。

代表性单个土体　剖面位于山西省临汾市侯马市张村街道褚村，35°39′44.818″N，
111°18′13.201″E，海拔 384 m。位于黄土高原的河谷低阶地上，成土母质为冲积物。土
地利用类型为耕地，主要植物为向日葵、灰灰菜、辫子草。野外调查时间为 2015 年 9
月 24 日，编号为 14-075。

Apz：0～25 cm，浊黄棕色（10YR 5/4，干），暗黄棕色（10YR 3/6，润）；粉砂壤土；发育弱的 0.5～1 mm 的屑粒状结构；1～2 mm 的草本根系，丰度 5 条/dm²；松脆；含有 3% 的白色盐晶；极强石灰反应；突然平滑过渡。

Bz：25～47 cm，浊黄棕色（10YR 5/4，干），棕色（10YR 4/6，润）；粉砂壤土；发育弱的 0.5～1 mm 的屑粒状结构；1～2 mm 的草本根系，丰度 3 条/dm²；稍紧；含有 5% 的白色盐晶；极强石灰反应；明显平滑过渡。

Bzr1：47～104 cm，浊黄棕色（10YR 5/4，干），棕色（10YR 4/6，润）；粉砂壤土；发育极弱的 0.5 mm 的屑粒状结构；松脆；含有 3% 的白色盐晶；极强石灰反应；有锈纹锈斑；模糊平滑过渡。

Bzr2：104～155 cm，浊黄橙色（10YR 6/3，干），浊黄棕色（10YR 5/4，润）；粉砂壤土；发育极弱的 0.5 mm 的屑粒状结构；松脆；含有 1% 的白色盐晶；有锈纹锈斑；极强石灰反应。

褚村系代表性单个土体剖面

褚村系代表性单个土体物理性质

土层	深度 /cm	细土颗粒组成(粒径：mm) /(g/kg)			质地
		砂粒 2～0.05	粉粒 0.05～0.002	黏粒 <0.002	
Apz	0～25	126	698	176	粉砂壤土
Bz	25～47	118	711	171	粉砂壤土
Bzr1	47～104	124	743	133	粉砂壤土
Bzr2	104～155	192	697	111	粉砂壤土

褚村系代表性单个土体化学性质

深度 /cm	pH (H₂O)	有机碳 /(g/kg)	全氮(N) /(g/kg)	全磷(P) /(g/kg)	全钾(K) /(g/kg)	ESP /%
0～25	8.6	4.56	0.78	0.62	23.3	61.5
25～47	8.6	1.98	0.46	0.53	27.3	43.1
47～104	8.9	2.08	0.41	0.58	20.1	66.3
104～155	8.9	1.20	0.36	0.31	17.7	59.0

深度 /cm	含盐量 /(g/kg)	CaCO₃ /(g/kg)	CEC /[cmol(+)/kg]	EC /(mS/cm)	Na⁺/(g/kg)
0～25	5.12	74.2	5.56	4.40	3.42
25～47	18.92	50.8	9.15	4.28	3.95
47～104	3.27	53.9	5.82	3.71	3.86
104～155	2.69	47.7	5.79	3.88	3.42

9.5 石灰淡色潮湿雏形土

9.5.1 苏家堡系（**Sujiabu Series**）

土　族：壤质混合型温性-石灰淡色潮湿雏形土

拟定者：张凤荣，李　超，董云中

分布与环境条件　属温带季风气候，四季分明，年均气温 10.57 ℃，年均降水量 453.14 mm，年降水量分配亦相差悬殊，主要集中在 7～9 月，全年无霜期 183 天。地处汾河故河道上，成土母质为冲积物。土地利用类型为荒草地，主要植物是芦苇。周边绝大部分土地已经开垦，种植作物主要为玉米。

苏家堡系典型景观

土系特征与变幅　本土系具有淡薄表层、雏形层、温性土壤温度、潮湿土壤水分状况、氧化还原特征、石灰性等诊断层和诊断特性。剖面上部土体质地较黏，65 cm 以下为砂土，可见地下水。通体含有大量明显的绣纹锈斑，越向下含量越多。通体强石灰反应。

对比土系　与上湾系亚类相同，但因为上湾系土壤颗粒大小级别不同，土族不同；而且上湾系上部土体质地较砂，底部出现卵石层，土族颗粒大小级别为砂质。本土系为温性，颗粒大小级别为黏质。与茨林系虽然亚类相同，但茨林系剖面中出现石质接触界面。

利用性能综述　土壤质地黏重，地下水位埋深浅，不适宜深根作物生长。位于河道上，有泛滥威胁，最好保留原生植被。

代表性单个土体　剖面位于山西省晋中市平遥县杜家庄乡苏家堡村，37°14′21.93″N，112°06′47.70″E，海拔 726 m。位于汾河故河道上，成土母质为冲积物。土地利用类型为荒草地，主要植物是芦苇。野外调查时间为 2015 年 8 月 30 日，编号为 14-046。

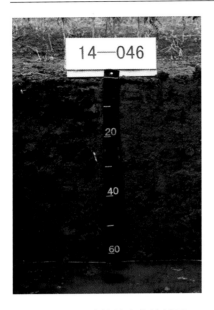

苏家堡系代表性单个土体剖面

Ah：　0～8 cm，灰黄棕色(10YR 5/2，干)，暗棕色 (10YR 3/3，润)；壤土；中等发育的 2～3 mm 棱块状结构；湿时很坚实、黏着；0.5～2 mm 的草本根系，丰度为 8 条/dm²；结构体面有 1～2 mm 的绣纹锈斑，丰度为 5%；极强石灰反应；清晰平滑过渡。

Br1：8～28 cm，浊黄棕色（10YR 5/3，干），暗棕色（10YR 3/3，润）；壤土；强发育的 5～20 mm 棱块状结构；湿时很坚实、黏着；0.5～1 mm 左右的草本根系，丰度为 5 条/dm²；结构体面有 1～5 mm 的绣纹锈斑，丰度为 5%；极强石灰反应；渐变平滑过渡。

Br2：28～65 cm，浊黄棕色（10YR 5/3，干），暗棕色（10YR 3/3，润）；粉砂壤土；强发育的 5～30 mm 棱块状结构；湿时很坚实、极黏着；0.5～1 mm 左右的草本根系，丰度为 3 条/dm²；结构体面有 2～10 mm 的绣纹锈斑，丰度为 15%；极强石灰反应。

2C：65 cm 以下，砂土，见水面。

苏家堡系代表性单个土体物理性质

| 土层 | 深度 /cm | 细土颗粒组成（粒径：mm）/(g/kg) | | | 质地 |
		砂粒 2～0.05	粉粒 0.05～0.002	黏粒 <0.002	
Ah	0～8	254	483	263	壤土
Br1	8～28	373	470	157	壤土
Br2	28～65	265	509	226	粉砂壤土

苏家堡系代表性单个土体化学性质

深度 /cm	pH (H₂O)	有机碳 /(g/kg)	全氮(N) /(g/kg)	全磷(P) /(g/kg)	全钾(K) /(g/kg)	CaCO₃ /(g/kg)	CEC /[cmol(+)/kg]
0～8	7.9	13.43	1.02	0.59	18.5	64.3	16.0
8～28	8.2	8.75	0.56	0.54	18.1	57.3	9.1
28～65	8.3	8.60	0.52	0.28	20.1	51.8	11.0

9.5.2 茨林系（Cilin Series）

土　族：壤质混合型温性-石灰淡色潮湿雏形土
拟定者：张凤荣，李　超

分布与环境条件　属暖温带大
陆性气候，一年四季分明。年均
气温 10.84 ℃，年均降水量
516.16 mm，全年无霜期 212 天
左右。位于山间沟谷河流的河滩
地上，成土母质为冲积物。土地
利用类型为未利用地（荒草地），
植物种类为尖草、铁杆蒿等。

茨林系典型景观

土系特征与变幅　本土系具有雏形层、石质接触面、温性土壤温度、潮湿土壤水分状况、
氧化还原特征、石灰性等诊断层和诊断特性。位于山间沟谷河流的河滩地上，但并无河
漫滩相的二元结构，河流冲积特征不明显，土体中部出现连续的近乎水平的砂岩基岩；
通体土壤质地为壤土，黄棕色（17～31 cm 颜色稍暗，腐殖质含量稍高），弱屑粒状结构，
可见明显的锈纹锈斑（表层含量约 5%；之下土层含量约 8%），通体强石灰反应。

对比土系　与上湾系和苏家堡系相比，虽均发育于河滩地上，但上湾系和苏家堡系土体
深度内都没有下伏基岩。与古台系相比，虽都有锈斑等氧化还原特征，但古台系不受地
下水影响，为半干润土壤水分条件，属底锈干润雏形土类，土类已不同；而且古台系出
现基岩，已经在 140 cm 以下，是在土体下部。与壶口系相比，壶口系也有下伏基岩，但
没有土壤结构发育，为新成土；而本土系土壤结构已经发育，有雏形层，土纲已经不同。
与西沟系和磨盘沟系相比，虽然都下伏连续的基岩，但那两个土系未见锈斑等氧化还原
特征。

利用性能综述　细土物质质地适中，通透性好，排水性好，适宜耕种。但毕竟土层较薄，
有些地方基岩直接出露，且地处河滩阶地上，还有遭受泛滥威胁，宜保持原有植被，发
挥生态作用，发展季节性畜牧业。

代表性单个土体　剖面位于山西省临汾市大宁县三多乡茨林村，36°21′49.393″N，
110°49′00.161″E，海拔 973 m。位于山间沟谷河流的河滩地上。成土母质为冲积物。土
地利用类型为未利用地（荒草地），植物种类为尖草、铁杆蒿等。野外调查时间为 2016
年 4 月 13 日，编号为 14-097。

Ah: 0～17 cm，浊黄橙色（10YR 7/4，干），浊黄棕色（10YR 5/4，润）；粉砂壤土；发育弱的 0.5～1 mm 的屑粒状结构；松散；0.5～2 mm 的草本根系，丰度为 10 条/dm²；可见明显的绣纹锈斑，丰度约 5%；强石灰反应；逐渐平滑过渡。

Br1：17～31 cm，浊黄橙色（10YR 7/4，干），浊黄棕色（10YR 5/4，润）；粉砂壤土；发育弱的 0.5～1 mm 的屑粒状结构；松散；0.5～2 mm 的草本根系，丰度为 15 条/dm²；可见明显的绣纹锈斑，丰度约 8%；强石灰反应；逐渐平滑过渡。

茨林系代表性单个土体剖面

Br2：31～45 cm，浊黄橙色（10YR 7/4，干），浊黄棕色（10YR 5/4，润）；粉砂壤土；发育弱的 0.5～1 mm 的屑粒状结构；松散；可见明显的绣纹锈斑，丰度约 8%；强石灰反应。向下为基岩。

茨林系代表性单个土体物理性质

| 土层 | 深度/cm | 细土颗粒组成 (粒径: mm) /(g/kg) | | | 质地 |
		砂粒 2～0.05	粉粒 0.05～0.002	黏粒 <0.002	
Ah	0～17	269	655	76	粉砂壤土
Br1	17～31	153	742	105	粉砂壤土
Br2	31～45	98	715	187	粉砂壤土

茨林系代表性单个土体化学性质

深度/cm	pH (H₂O)	有机碳 /(g/kg)	全氮(N) /(g/kg)	全磷(P) /(g/kg)	全钾(K) /(g/kg)	CaCO₃ /(g/kg)	CEC /[cmol(+)/kg]
0～17	8.9	1.59	0.53	0.37	17.7	98.4	2.9
17～31	9.1	1.91	0.59	0.31	17.7	107.9	4.6
31～45	8.8	1.85	0.59	0.39	19.3	95.7	5.6

9.5.3　上湾系（Shangwan Series）

土　族：砂质混合型温性-石灰淡色潮湿雏形土
拟定者：张凤荣，王秀丽，靳东升

分布与环境条件　属温带半干
旱大陆性季风气候，四季分明，
年均气温 6.83 ℃，年均降水量
409.10 mm，全年无霜期 90～
128 天。年蒸发量远大于年降水
量，除了雨季，绝大部分时间蒸
发量大于降水量。成土母质为冲
积物。处于大同盆地的河谷地
区，位于南洋河河漫滩，地势低
平。土地利用类型是荒草地，植
被类型为草甸植被，主要植物有
羊胡子草、披碱草、矮芦苇、车
前草、红荆条。周边绝大部分土

上湾系典型景观

地已经开垦，有灌溉条件（井灌），种植作物主要为玉米。

土系特征与变幅　本土系具有雏形层、温性土壤温度、潮湿土壤水分状况、氧化还原特
征、石灰性等诊断层和诊断特性。剖面通体质地较砂，剖面沉积层次明显，地表至 63 cm，
基本为细砂土，63 cm 以下为粗砂，且含 15% 左右的鹅卵石，100 cm 可见地下水，水受
河道水的补给。有些地方也可能是因为腐殖质染色而分层；15～63 cm 均见锈斑，但下
部比上部多；但粗砂土层因砂砾棕色，不显现锈斑。

对比土系　与苏家堡系亚类相同，但因为苏家堡系土壤颗粒大小级别不同，土族不同；
而且苏家堡系上部土体质地较黏，下部也不像本土系一样出现卵石层，土族颗粒大小级
别为壤质。与茨林系不同；茨林系土体内出现连续的基岩。与樊村系相比，本土系虽然
地下水也埋深浅，但是受河流水补充，不缺氧，没有潜育特征，土纲不同，樊村系属于
潜育土土纲。

利用性能综述　质地较轻，耕性好，通透性好，但保水保肥能力稍差。有泛滥威胁，最
好保留原生植被，用以季节性放牧。如果开垦，则必须修筑防洪堤坝和注意排涝。

代表性单个土体　剖面位于山西省大同市天镇县逯家湾镇上湾村，40°31′59.118″N，
114°11′59.118″E，海拔 932 m。大同盆地的河谷地区，位于南洋河河漫滩。成土母质为
冲积物。土地利用类型是荒草地，植被类型为草甸植被，主要植物有羊胡子草、披碱草、
矮芦苇、车前草和红荆条。野外调查时间为 2015 年 5 月 28 日，编号为 14-008。

上湾系代表性单个土体剖面

Az: 0～15 cm，浅黄棕色（10YR 6/4，干），黄棕色 （10YR 5/4，润）；壤质砂土；单粒状；非常松散；1～4 mm 的草本根系，丰度为 15 条/dm²；强石灰反应；清晰平滑过渡。

2Br1: 15～31 cm，棕色（10YR 5/3，干），深棕色 （10YR 3/3，润）；壤质砂土；单粒状；非常松散；2～8 mm 的草本根系，丰度为 10 条/dm²；有丰度为 10%～20%的锈纹锈斑；较强石灰反应；清晰平滑过渡。

3Br2: 31～63 cm，浅棕色（10YR 6/3，干），深黄棕色 （10YR 3/6，润）；砂质壤土；单粒状；非常松散；2～10 mm 的草本根系，丰度为 20 条/dm²；有丰度为 30%的锈纹锈斑；中度石灰反应；突变平滑过渡。

4Br3: 63～100 cm，浅黄棕色（10YR 6/4，干），棕色 （10YR 4/3，润）；砂土；单粒状；极松散；150～200 mm 的浑圆状鹅卵石及砾石，丰度为 10%～15%；无石灰反应。

上湾系代表性单个土体物理性质

土层	深度 /cm	细土颗粒组成（粒径：mm）/(g/kg)			质地
		砂粒 2～0.05	粉粒 0.05～0.002	黏粒 <0.002	
Az	0～15	801	156	43	壤质砂土
2Br1	15～31	810	149	41	壤质砂土
3Br2	31～63	724	235	41	砂质壤土
4Br3	63～100	959	30	11	砂土

上湾系代表性单个土体化学性质

深度 /cm	pH (H₂O)	有机碳 /(g/kg)	全氮(N) /(g/kg)	全磷(P) /(g/kg)	全钾(K) /(g/kg)	ESP /%
0～15	8.5	1.97	0.50	3.16	10.4	44.3
15～31	8.9	1.55	0.33	4.40	8.0	1.8
31～63	8.7	1.44	0.46	3.67	11.2	1.5
63～100	8.6	1.10	0.41	3.51	7.2	1.5

深度 /cm	含盐量 /(g/kg)	CaCO₃ /(g/kg)	CEC /[cmol(+)/kg]	EC /(mS/cm)	Na⁺ /(g/kg)
0～15	3.3	49.8	4.94	2.66	2.19
15～31	0.82	25.3	4.42	0.29	0.08
31～63	0.65	52.1	5.38	0.23	0.08
63～100	0.52	32.6	5.34	0.16	0.08

9.6 石灰底锈干润雏形土

9.6.1 涑阳系（Suyang Series）

土　族：壤质混合型温性-石灰底锈干润雏形土
拟定者：张凤荣，李　超，靳东升

分布与环境条件　属暖温带半干旱大陆性季风气候，四季分明，年均气温 12.8 ℃，年均降水量 528.83 mm，年均蒸发量 1838.9 mm，年蒸发量远大于年降水量，除了雨季，绝大部分时间蒸发量大于降水量，全年无霜期 190 天。位于古河漫滩上，地壳抬升已经使其不再有洪泛，也不再受地下水影响，成土母质为冲积物。土地利用类型为耕地，种植作物主要为小麦。

涑阳系典型景观

土系特征与变幅　本土系具有雏形层、温性土壤温度、沉积层理、半干润土壤水分状况、氧化还原特征、石灰性等诊断层和诊断特性。剖面沉积层理明显，上层约 35 cm 厚的浊棕色壤土层，含少量砾石，屑粒状结构，该层旋耕形成 15 cm 厚的耕层，之下有 5～8 cm 厚的厚薄不一的黏土层，大块状沉积物形态。距地表半米之下为厚约 60 cm 的砂土层，有少许黏土块和少量砾石（5 cm 大小），该层与下层过渡不平滑。再向下为粉砂壤土层，屑粒状结构，该层夹杂少量黏土瓣。剖面通体强石灰反应，除表层外，均见少量铁锈斑，含量最多的为黏土层，丰度约 10%。

对比土系　与古台系和孙家寨系虽属同一土族，但本土系的质地比古台系和孙家寨系的质地较细，在 35 cm 以下有一厚 7cm 的黏壤土。与同亚类的大白登系相比，大白登系砂性大，颗粒大小级别为砂质，土族不同。与上湾系、黄庄系相比，虽都发育于河流阶地上，且都有锈斑等氧化还原特征，但上湾系、黄庄系依然受地下水影响，而本系不再受地下水影响。

利用性能综述　表土质地较黏重，耕种时最好深翻，增加土体通透性；土体下部有保水保肥能力好的黏土层，因此经过土地整治可建成高产田。

代表性单个土体　剖面位于山西省运城市闻喜县东镇镇涑阳村，35°25′58.875″N，111°20′13.667″E，海拔 478 m。位于古河漫滩上，成土母质为河流冲积物。土地利用类型为耕地，种植作物主要为小麦。野外调查时间为 2016 年 4 月 11 日，编号为 14-092。

中国土系志·山西卷

涑阳系代表性单个土体剖面

Ap: 0～16 cm，浊黄棕色（10YR 5/3，干），棕色（10YR 4/6，润）；壤土；发育弱的0.5～1 mm屑粒状结构；松散；0.5 mm左右的作物根系，丰度为5条/dm²；弱风化状态的<20 mm磨圆状卵石，丰度<5%；强石灰反应；明显平滑过渡。

Bw: 16～35 cm，浊黄橙色（10YR 6/3，干），黄棕色（10YR 5/6，润）；壤土；发育较强的1～2 mm屑粒状结构；松散；0.5 mm左右的作物根系，丰度为5条/dm²；弱风化状态的<20 mm磨圆状卵石，丰度<5%；强石灰反应；突然平滑过渡。

2Cr1: 35～43 cm，浊黄橙色（10YR 6/4，干），浊黄棕色（10YR 5/4，润）；黏壤土；发育强的5～50 mm大块状结构；坚实；0.5 mm的作物根系，丰度为1条/dm²；结构体面上含2 mm的铁质绣纹锈斑，丰度<5%；强石灰反应。

3Cr2: 43～107 cm，浊黄橙色（10YR 6/3，干），黄棕色（10YR 5/6，润）；砂质壤土；发育强的1～3 mm层理结构；松散；弱风化状态的<40 mm磨圆状卵石，丰度<40%；砂砾面上含2 mm的铁质绣纹锈斑，丰度<7%；强石灰反应；逐渐平滑过渡。

4Cr3: 107～150 cm，浊黄橙色（10YR 6/4，干），棕色（10YR 4/6，润）；黏壤土；发育较强的0.5～1 mm层理结构；松散；弱风化状态的<10 mm磨圆状卵石，丰度<1%；基质含1～2 mm的铁质绣纹锈斑，丰度<5%；强石灰反应。

涑阳系代表性单个土体物理性质

| 土层 | 深度/cm | 细土颗粒组成（粒径：mm）/(g/kg) | | | 质地 |
		砂粒 2～0.05	粉粒 0.05～0.002	黏粒 <0.002	
Ap	0～16	296	462	242	壤土
Bw	16～35	380	425	195	壤土
2Cr1	35～43	241	426	333	黏壤土
3Cr2	43～107	571	292	137	砂质壤土
4Cr3	107～150	231	498	271	黏壤土

涑阳系代表性单个土体化学性质

深度/cm	pH(H₂O)	有机碳/(g/kg)	全氮(N)/(g/kg)	全磷(P)/(g/kg)	全钾(K)/(g/kg)	CaCO₃/(g/kg)	CEC/[cmol(+)/kg]
0～16	8.5	8.89	1.03	0.72	28.2	72.3	10.0
16～35	8.9	5.15	0.77	0.70	29.8	103.8	6.7
35～43	8.5	5.39	0.82	0.46	26.5	103.5	12.7
43～107	8.9	2.91	0.54	0.66	23.3	67.2	4.2
107～150	8.6	5.72	0.93	0.62	28.2	94.9	9.5

9.6.2 古台系（Gutai Series）

土　族：壤质混合型温性-石灰底锈干润雏形土
拟定者：李　超，靳东升，张凤荣

分布与环境条件　属暖温带大
陆性气候，一年四季分明，冬夏
长，春秋短，季风强盛。冬季寒
冷少雪，春季干燥多风，夏季炎
热多雨，秋季温和凉爽。年均气
温 9.2 ℃，年均降水量 589.97
mm，全年无霜期 150 天左右。
位于山间沟谷侧基座阶地上，成
土母质为冲积物。土地利用类型
为撂荒耕地，植被类型为玉米、
铁杆蒿。

古台系典型景观

土系特征与变幅　本土系具有雏形层、温性土壤温度、半干润土壤水分状况、氧化还原特
征、钙积层等诊断层和诊断特性。位于深切沟谷侧阶地上，但并无河漫滩相的二元结构，细
土物质直接坐落在砂岩基岩上。细土物质从表层向下越来越紧实。与下部土体相比，0～63 cm
土色较暗较松，63～100 cm 土色较白（碳酸钙多的原因），自 63 cm 以下出现锈斑，锈斑越
向下越多，但无锰斑。假菌丝体自 42 cm 以下即有，在 63～89 cm 之间较多，89～100 cm
达到最多，再向下又减少，63～84 cm 之间有少量黑色腐殖类沉积物包被土块。

对比土系　与同土族的涑阳系相比，本土系的质地较粗；与同土系的孙家寨系相比，本
土系有钙积层，而孙家寨系没有。本土系有钙积层，但没有被分类为钙积简育干润雏形
土，是因为下部土体有锈斑，而先检索为底锈干润雏形土。与同亚类的大白登系相比，
大白登系砂性大，颗粒大小级别为砂质，土族不同。与上湾系、黄庄系相比，虽都发育
于河流阶地上，且都有锈斑等氧化还原特征，但上湾系、黄庄系依然受地下水影响，而
本系不再受地下水影响。与西沟系和磨盘沟系相比，虽然都下伏连续的基岩，但那两个
土系未见锈斑等氧化还原特征。

利用性能综述　土层较厚，细土物质质地适中，通透性好，排水性好，适宜耕种。但保
水性差，且地处河滩阶地上，有遭受泛滥威胁。

代表性单个土体　剖面位于山西省长治市武乡县贾豁乡古台村，36°51′15.955″N，
112°59′28.545″E，海拔 973 m。位于山间沟谷侧基座阶地上。成土母质为冲积物。土地
利用类型为撂荒耕地，植被类型为铁杆蒿、白草。野外调查时间为 2015 年 9 月 21 日，
编号为 14-067。

Ap：　0～18 cm，棕色（10YR 4/4，干），暗棕色（10YR 3/4，润）；粉砂壤土；较强发育的 1～2 mm 的屑粒状结构；松散；<1 mm 的草本根系，丰度为 20 条/dm²；极强石灰反应；明显平滑过渡。

Bw：　18～42 cm，棕色（10YR 4/6，干），棕色（10YR 4/4，润）；粉砂壤土；发育弱的 1 mm 的屑粒状结构；疏松；<1 mm 的草本根系，丰度为 15 条/dm²；极强石灰反应；逐渐平滑过渡。

Bk：　42～63 cm，棕色（10YR 4/6，干），暗黄棕色（10YR 3/6，润）；粉砂壤土；发育非常弱的 1 mm 的屑粒状结构；稍紧；<1 mm 的草本根系，丰度为 5 条/dm²；土壤孔隙内含有白色霜状碳酸钙质假菌丝体，占剖面面积的 25%；极强石灰反应；模糊平滑过渡。

古台系代表性单个土体剖面

Bkr1：63～89 cm，浊黄橙色（10YR 6/3，干），浊黄棕色（10YR 5/4，润）；粉砂壤土；发育非常弱的 0.5～1 mm 的屑粒状结构；紧实；<1 mm 的草本根系，丰度为 1 条/dm²；10～15 mm 大小的铁质锈斑占剖面面积的 25%；土壤孔隙内含有白色霜状碳酸钙质假菌丝体，丰度 40%；极强石灰反应；模糊平滑过渡。

Bkr2：89～100 cm，浊黄橙色（10YR 6/3，干），浊黄棕色（10YR 5/4，润）；粉砂壤土；发育非常弱的 0.5～1 mm 的屑粒状结构；非常紧实；10～15 mm 大小的铁质锈斑占剖面面积的 30%；土壤孔隙内含有白色霜状碳酸钙质假菌丝体，占剖面面积的 60%；极强石灰反应；明显平滑过渡。

Bkr3：100～140 cm，浊黄橙色（10YR 6/3，干），浊黄棕色（10YR 5/4，润）；粉砂壤土；发育极弱的 0.5～1 mm 的屑粒与单粒状；稍紧；10～15 mm 大小的铁质锈斑占剖面面积的 35%；土壤孔隙内含有白色霜状碳酸钙质假菌丝体，丰度 20%；极强石灰反应。向下是连续坚硬的基岩。

古台系代表性单个土体物理性质

土层	深度/cm	细土颗粒组成 (粒径：mm) /(g/kg)			质地
		砂粒 2～0.05	粉粒 0.05～0.002	黏粒 <0.002	
Ap	0～18	296	515	189	粉砂壤土
Bw	18～42	208	634	158	粉砂壤土
Bk	42～63	198	632	170	粉砂壤土
Bkr1	63～89	177	657	166	粉砂壤土
Bkr2	89～100	316	557	127	粉砂壤土
Bkr3	100～140	388	532	80	粉砂壤土

古台系代表性单个土体化学性质

深度 /cm	pH (H₂O)	有机碳 /(g/kg)	全氮(N) /(g/kg)	全磷(P) /(g/kg)	全钾(K) /(g/kg)	CaCO₃ /(g/kg)	CEC /[cmol(+)/kg]
0～18	8.6	6.74	0.93	0.53	16.1	73.0	8.2
18～42	8.6	7.31	0.60	0.46	16.5	83.3	8.6
42～63	8.6	4.23	0.56	0.49	13.7	95.0	7.8
63～89	8.5	4.46	0.51	0.53	12.9	98.2	7.0
89～100	8.7	3.02	0.42	0.58	12.9	132.5	7.0
100～140	8.5	3.19	0.39	0.38	17.7	148.5	5.9

9.6.3　孙家寨系（Sunjiazhai Series）

土　族：壤质混合型温性-石灰底锈干润雏形土
拟定者：靳东升，李　超，张凤荣

分布与环境条件　属暖温带大陆性气候，一年四季分明，雨热同期，降水主要集中于夏季。年均气温 10.7 ℃，年均降水量 479.7 mm，全年无霜期 192 天，年均日照总时数 2083 h。地处汾河阶地，地形平缓，成土母质为冲积物。土地利用类型为农田和人工林地。

孙家寨系典型景观

土系特征与变幅　本土系具有淡薄表层、雏形层、温性土壤温度、湿润土壤水分状况、氧化还原特征、石灰性等诊断层和诊断特性。剖面质地构型为壤黏相间。76～100 cm 处夹一黏土层，含有大量的铁锈斑（15%）和 4～5 mm 的椭球形结核（3%）。通体具有石灰反应。

对比土系　与同土族的涑阳系相比，本土系的质地较粗；与同族的古台系相比，本土系没有钙积层，而古台系有。与同亚类的大白登系相比，大白登系的颗粒大小级别是砂质，因而土族不同。与上湾系、黄庄系相比，虽都发育于河流阶地上，且都有锈斑等氧化还原特征，但上湾系、黄庄系依然受地下水影响，而本系不再受地下水影响。

利用性能综述　土体整体构型为上砂下黏，保水保肥性能较好，地处河谷阶地，水分条件较好，适宜农业种植。

代表性单个土体　剖面位于山西省晋中介休市义安镇孙家寨村，37°07′25.34″N，111°58′07.56″E。海拔 716 m。地处汾河阶地，地形平缓，成土母质为冲积物。土地利用类型为农田和人工杨树林地，种植玉米、杨树等。野外调查时间为 2015 年 8 月 30 日，编号为 14-045。

Ah: 0～25 cm，浊黄橙色（10YR 6/3，干），浊黄棕色（10YR 4/3，润）；粉砂壤土；强发育的1～2 mm 大的屑粒状结构；润时疏松；0.5～3 mm 的草本根系，丰度为3 条/dm^2；有蚯蚓粪填充物，丰度为 5%；强石灰反应；清晰平滑过渡。

Bw1: 25～38 cm，浊黄棕色（10YR 5/3，干），棕色（10YR 4/4，润）；粉砂壤土；强发育的1～2 mm 大的屑粒状结构；润时疏松；0.5～2 mm 的草本根系，丰度为2 条/dm^2；有蚯蚓粪填充物，丰度为 3%；极强石灰反应；清晰平滑过渡。

Bw2: 38～49 cm，浊黄橙色（10YR 6/3，干），浊黄棕色（10YR 5/4，润）；粉砂壤土；发育弱的1 mm 大的屑粒状结构；润时松散；0.5～1 mm 的草本根系，丰度为2 条/dm^2；有蚯蚓粪填充物，丰度为2%；极强石灰反应；清晰平滑过渡。

孙家寨系代表性单个土体剖面照

Bw3: 49～76 cm，浊黄橙色（10YR 6/3，干），棕色（10YR 4/4，润）；粉砂壤土；中等发育的2～5 mm 大的次棱块状结构；润时疏松；0.5～1 mm 的草本根系，丰度为2 条/dm^2；有蚯蚓粪填充物，丰度为8%；极强石灰反应；突变平滑过渡。

2Br: 76～100 cm，浊黄橙色（10YR 6/3，干），暗黄棕色（10YR 3/6，润）；粉砂质黏壤土；大块状结构；润时很坚实；在结构体面上形成2～20 mm 的铁锈斑，边界清晰，丰度为15%，4～5 mm 球形氧化铁结核，丰度为3%；有蚯蚓粪填充物，丰度为2%；强石灰反应；突变平滑过渡。

3Bw4: 100～160 cm，浊黄橙色（10YR 6/3，干），棕色（10YR 4/6，润）；粉砂壤土；弱发育的<1 mm 大的屑粒状结构；润时松散；极强石灰反应。

孙家寨系代表性单个土体物理性质

土层	深度 /cm	细土颗粒组成 (粒径：mm) /(g/kg)			质地
		砂粒 2～0.05	粉粒 0.05～0.002	黏粒 <0.002	
Ah	0～25	319	541	140	粉砂壤土
Bw1	25～38	202	610	188	粉砂壤土
Bw2	38～49	250	669	81	粉砂壤土
Bw3	49～76	115	747	138	粉砂壤土
2Br	76～100	132	571	297	粉砂质黏壤土
3Bw4	100～160	274	619	107	粉砂壤土

孙家寨系代表性单个土体化学性质

深度/cm	pH (H₂O)	有机碳 /(g/kg)	全氮(N) /(g/kg)	全磷(P) /(g/kg)	全钾(K) /(g/kg)	CaCO₃ /(g/kg)	CEC /[cmol(+)/kg]
0～25	7.9	12.27	1.09	0.22	20.1	56.0	9.6
25～38	7.9	4.66	0.52	0.32	19.3	74.0	9.2
38～49	8.2	2.49	0.39	0.12	18.5	68.9	6.5
49～76	8.0	3.00	0.46	0.32	18.5	77.0	8.3
76～100	8.1	4.67	0.56	0.55	20.9	90.8	17.6
100～160	8.4	2.18	0.29	0.27	18.5	59.9	6.0

9.6.4 大白登系（Dabaideng Series）

土　族：砂质混合型温性-石灰底锈干润雏形土
拟定者：王秀丽，董云中，靳东升，李　超，张凤荣

分布与环境条件　属暖温带半干旱大陆性季风气候，四季分明，年均气温 7.13 ℃，年均降水量 420.32 mm，全年无霜期135 天。年蒸发量远大于年降水量，除了雨季，绝大部分时间蒸发量大于降水量。成土母质为冲积物。处于山前冲积平原地区，地势低平，但剖面深度内已经没有地下水。天然植被为草甸草原，主要为披碱草。现为耕地，种植作物主要为玉米。

大白登系典型景观

土系特征与变幅　本系具有雏形层、温性土壤温度、半干润土壤水分状况、氧化还原特征、石灰性等诊断层和诊断特性。为深厚的壤质砂土，夹两层薄层壤土，一层出现在52 cm 深，厚约 10 cm 的壤土，另一层出现在 100～105 cm，质地更细一些（黏壤）。因夹层的存在而沉积层理显现。因为质地粗，基本没有结构形成，还显沉积微层理（不明显）。在 52 cm 深以下出现锈斑，两个质地较细的夹层在其沉积层面上锈斑更明显一些，其余细砂层锈斑不明显，边界模糊。通体具有石灰反应。

对比土系　与同亚类的涑阳系、古台系和孙家寨系相比，那 3 个土系的颗粒大小级别是壤质，大白登是砂质，土族不同。与本土系最相似的是于八里系；但于八里系剖面下部没有发现锈斑，土类已经不同；而且其 1 m 以下全部为壤土层，心土的黏壤土夹层也薄些；实际上，于八里系土壤温度状况为冷性的，土族也不同。与兰玉堡系不同，兰玉堡系盐分含量高，已是盐土纲，土壤质地也黏重。与鲍家屯系也不同；鲍家屯系的质地较重，且沉积层理不明显。与五里墩系也不同；五里墩系没有明显沉积层理，质地为砂壤土。

利用性能综述　质地较轻，耕性好，通透性好，但保水保肥能力稍差。水肥管理注意少量多次。有灌溉排水体系则是良好农田。

代表性单个土体　剖面位于山西省大同市阳高县大白登镇大白登村，40°17′41.50″N，113°48′27.28″E，海拔 1011 m。处于山前冲积平原地区。土层深厚，成土母质为冲积物。土地利用类型是耕地，种植作物主要为玉米。野外调查时间为 2015 年 5 月 29 日，编号为 14-009。

大白登系代表性单个土体剖面

Ap:　0～21 cm，浅棕色（10YR 6/3，干），深黄棕色（10YR 4/6，润）；砂质壤土；发育弱的1 mm左右屑粒状结构；松散；1～5 mm的草本根系，丰度为8条/dm²；强石灰反应；突然平滑过渡。

BC:　21～52 cm，亮黄棕色（10YR 6/4，干），黄棕色（10YR 5/6，润）；砂质壤土；大块状结构；松散；1 mm左右的草本根系，丰度为2条/dm²；中度石灰反应；渐变平滑过渡。

2Br1：52～60 cm，黄棕色（10YR 6/4，干），深黄棕色（10YR 4/4，润）；砂质壤土；发育较强的大块状结构；松脆；结构体面有明显且边界清楚的锈纹锈斑，丰度为5%；多孔隙；强石灰反应；明显平滑过渡。

3Br2：60～100 cm，浅棕色（10YR 6/3，干），黄棕色（10YR 5/6，润）；壤质砂土；发育弱的大块状结构；非常松脆；1～2 mm的草本根系，丰度为2条/dm²；结构体面有不明显且边界模糊的锈纹锈斑，丰度为5%；轻度石灰反应；渐变平滑过渡。

4Br3：100～105 cm，浅棕色（10YR 6/3，干），深黄棕色（10YR 3/6，润）；壤质砂土；发育强的大块状结构；较坚实；1～3 mm的草本根系，丰度为15～20条/dm²；结构体面有明显且边界清楚的锈纹锈斑，丰度为10%～15%；多孔隙；强石灰反应；突然平滑过渡。

5Br4：105～160 cm，极浅棕色（10YR 7/3，干），深黄棕色（10YR 4/4，润）；壤质砂土；无结构；非常松脆；1 mm左右的草本根系，丰度为2条/dm²；结构体面有不明显且边界模糊的锈纹锈斑，丰度为5%；强石灰反应；突然平滑过渡。

大白登系代表性单个土体物理性质

土层	深度 /cm	细土颗粒组成 (粒径：mm) /(g/kg)			质地
		砂粒 2～0.05	粉粒 0.05～0.002	黏粒 <0.002	
Ap	0～21	658	270	72	砂质壤土
BC	21～52	639	320	41	砂质壤土
2Br1	52～60	474	462	64	砂质壤土
3Br2	60～100	792	165	43	壤质砂土
5Br4	105～160	819	144	37	壤质砂土

大白登系代表性单个土体化学性质

深度/cm	pH (H₂O)	有机碳 /(g/kg)	全氮(N) /(g/kg)	全磷(P) /(g/kg)	全钾(K) /(g/kg)	CaCO₃ /(g/kg)	CEC /[cmol(+)/kg]
0～21	8.4	4.21	0.57	1.75	11.2	58.6	4.8
21～52	9.6	2.07	0.17	1.48	12.0	57.1	4.4
52～60	9.7	2.77	0.28	1.65	12.9	63.3	5.3
60～100	9.6	2.16	0.44	1.74	8.8	57.8	3.9
105～160	8.6	1.51	0.54	1.77	12.0	50.2	4.1

9.7 钙积简育干润雏形土

9.7.1 小铎系（Xiaoduo Series）

土　族：壤质混合型温性-钙积简育干润雏形土
拟定者：靳东升，张凤荣

分布与环境条件　属暖温带大陆性季风气候，四季分明。年均气温 9.48 ℃，年均降水量 601.2 mm（夏季降水占全年降水量的 62.5%），全年无霜期 181 天。位于低山地带的黄土台地上，成土母质为红黄土与红黏土。土地利用类型为耕地，植物为谷子、铁杆蒿、狗尾草。

小铎系典型景观

土系特征与变幅　本土系具有黏化层、雏形层、钙积层、温性土壤温度、半干润土壤水分状况、铁质特性、石灰性等诊断层和诊断特性。但黏化层据地表深度大，在 100 cm 深度以下才出现。土体构型为上轻下黏，上部 70 cm 左右为黄土，部分土体有砂姜，平均该层含 20%左右的碳酸钙结核（砂姜），黄土状物质呈强石灰反应；之下为约 30 cm 厚的砂姜连续层，只是砂姜间隙有细土物质填充，砂姜体积百分比超过 70%；之下为厚约 40 cm 的粉砂壤土层，含大量假菌丝体，其下部与黏壤土层土交界处的菌丝体多，且有少部分已形成结核；再下是厚达至少 1 m 的红黏土层，红黏土层结构体面有光亮黏粒胶膜，且有锰斑。

对比土系　与简育干润雏形土土类的其他土系不同之处是，剖面中有钙积层和底部出现黏化层；而与淋溶土类的土系区别是黏化层在距地表 150 cm 之下出现。而与同样具有钙积层的古台系的区别是，古台系因为下部土体有氧化还原特征而归类为底锈土类，本土系没有氧化还原特征而且其钙积层与古台系也不同，古台系的钙积层没有如此大量的砂姜。

利用性能综述　地处坡面上，坡度陡，土层较厚，但土体下部粗碎屑含量高，对耕种有一定影响，宜作为林地或天然草地利用。同时注意坡面植被保护，防止水土流失。

代表性单个土体　剖面位于山西省长治市平顺县北社乡小铎村，36°14′47.606″N，113°11′26.120″E，海拔 1006 m。位于低山地带的黄土台地上，成土母质为红黄土与红黏土，土地利用类型为耕地，植物为谷子、铁杆蒿、狗尾草。野外调查时间为 2015 年 9 月 20 日，编号为 14-065。

小铎系代表性单个土体剖面

Ah：0～18 cm，黄棕色（10YR 5/6，干），暗黄棕色（10YR 3/6，润）；粉砂壤土；较强发育的 1～2 mm 的屑粒状结构；<1 mm 的灌草根系，丰度 2 条/dm²；疏松；弱石灰反应；明显平滑过渡。

Bck：18～72 cm，亮棕色（7.5YR 5/6，干），棕色（7.5YR 4/6，润）；粉砂壤土；较强发育的 2～3 mm 的次棱块状结构；<1 mm 的灌草根系，丰度 2 条/dm²；较坚硬；含有 20%白色碳酸钙结核（砂姜）；强石灰反应；明显平滑过渡。

Bmk：72～107 cm，亮棕色（7.5YR 5/6，干），棕色（7.5YR 4/6，润）；粉砂壤土；发育较强的 1～2 mm 的棱块状结构；较坚硬；白色大块碳酸钙结核（砂姜）已经连为一体，含量至少占土体的 70%，细土物质只是在砂姜之间填充；强石灰反应；明显平滑过渡。

Bck：107～146 cm，亮棕色（7.5YR 5/6，干），棕色（7.5YR 4/6，润）；粉砂壤土；较强发育的 2 mm 的次棱块状结构；坚硬；假菌丝体明显，土层下部含有 10%白色大块碳酸钙结核（砂姜）；强石灰反应，突然平滑过渡。

2Bt：146～187 cm，暗红棕色（2.5YR 3/6，干），暗红棕色（2.5YR 3/6，润）；粉砂质黏壤土；发育极强的 2～10 mm 的棱块状结构；较坚硬；结构体面有光亮的铁质黏粒胶膜；结构体面有 2 mm 大小的锰斑；无石灰反应。

小铎系代表性单个土体物理性质

土层	深度 /cm	细土颗粒组成 (粒径：mm)/(g/kg)			质地
		砂粒 2～0.05	粉粒 0.05～0.002	黏粒 <0.002	
Ah	0～18	122	621	257	粉砂壤土
Bck	18～72	136	626	238	粉砂壤土
Bmk	72～107	190	644	166	粉砂壤土
Bck	107～146	126	650	224	粉砂壤土
2Bt	146～187	109	546	345	粉砂质黏壤土

小锌系代表性单个土体化学性质

深度 /cm	pH (H₂O)	有机碳 /(g/kg)	全氮(N) /(g/kg)	全磷(P) /(g/kg)	全钾(K) /(g/kg)	CaCO₃ /(g/kg)	CEC /[cmol(+)/kg]
0～18	7.9	31.26	2.20	0.40	15.3	19.8	21.8
18～72	8.5	1.51	0.34	0.35	16.9	75.8	12.3
72～107	8.6	0.33	0.29	0.32	13.7	121.4	10.4
107～146	8.6	0.81	0.46	0.23	15.3	55.4	10.0
146～187	8.0	1.75	0.53	0.26	13.7	1.6	22.6

9.8　普通简育干润雏形土

9.8.1　五里墩系（Wulidun Series）

土　族：砂质混合型石灰性冷性–普通简育干润雏形土
拟定者：张凤荣，王秀丽，靳东升

五里墩系典型景观

分布与环境条件　属温带半干旱半湿润大陆性季风气候，冬春干旱多风，夏季温热多雨。年平均温度 6.79 ℃，年均降水量 504.11 mm，降水集中在 7～8 月，占全年的 70%；降水年际变化大，而且多大雨，甚至暴雨，容易造成地表径流。主要分布于大同盆地周边中山山前黄土台地上，海拔 1200 m 左右，黄土台地面上坡度<10°；但黄土沟壁立，坡度陡峭，大于 70°。成土母质为次生黄土，但少见砾石。自然植被为旱生草原，主要是针茅、白蒿、狼毒草、苦苣。土地利用类型为梯田耕地，种植作物为玉米。

土系特征与变幅　本土系具有淡薄表层、雏形层、钙积现象、石灰性、冷性土壤温度、半干润土壤水分状况等诊断层和诊断特性。剖面发育于深厚的次生黄土母质上。典型的黄土大块状结构，含有零星的菌丝状的细小白色碳酸盐结晶，心土形成微弱的屑粒土壤结构，颜色稍红，但黏粒含量的增加不足以为残积黏化层；剖面底部有砂性沉积物。土体通体含有少量砾石。

对比土系　与同土族的新河峪系相比，本土系的土层深厚，而新河峪系在 40 cm 左右就出现卵石层。与同土族的岩头寺系不同，本土系的石灰反应较强烈，而且发现有假菌丝体，而岩头寺系的石灰反应较弱，没有发现有假菌丝体。与同土族的坪上系相比，坪上系土体内含岩石碎屑，而本土系没有。

利用性能综述　土层深厚，通透性强，保水保肥。但因处于较干旱的缺水山地，不能灌溉的情况下，适宜利用方向是旱作，宜种作物为谷子、玉米、马铃薯。细土物质为粉砂壤土，因为含大量碳酸钙，湿陷性强，修建道路得有良好的排水系统。虽已经修筑成梯田，但要维护地埂，防止水土流失，也要防止潜蚀造成塌陷性侵蚀。

代表性单个土体 剖面位于大同市天镇县新平镇五里墩村，40°37′57.5″N，114°04′29.9″E，中山黄土台地上，海拔 1165 m，成土母质为次生黄土。退化草原植被，主要是针茅、白蒿、狼毒草、苦苣，以针茅为主要建群种。土地利用类型为梯田，种植春玉米。野外调查时间为 2015 年 5 月 27 日，编号为 14-003。

Ah: 0～7 cm，灰棕色（10YR 6/3，干），黄棕色（10YR 5/4，润）；砂质壤土；发育弱的 1 mm 屑粒状结构；松散；1～2 mm 的草本根系，丰度为 7 条/dm²；土体内有 2～5 mm 大的岩屑，丰度为 10%左右；多量细小孔隙；强石灰反应；逐渐平滑过渡。

Bw: 7～41 cm，亮黄棕色（10YR 6/4，干），黄棕色（10YR 5/4，润）；砂质壤土；发育弱的 1 mm 屑粒状结构；松散；1 mm 的草本根系，丰度为 10 条/dm²；土体内有 2～5 mm 大的岩屑，丰度为 5%左右；多量细小孔隙；极强石灰反应；逐渐平滑过渡。

Bk1: 41～104 cm，亮棕色（10YR 7/4，干），黄棕色（10YR 5/4，润）；砂质壤土；大块状结构；松散；1 mm 的草本根系，丰度为 5 条/dm²；多量细小孔隙；结构体面还有白色碳酸钙质假菌丝体，丰度<5%；强石灰反应；逐渐平滑过渡。

2Bk2: 104～160 cm，亮黄棕色（10YR 6/4，干），黄棕色（10YR 5/4，润）；壤质砂土；大块状结构；松散；1 mm 的草本根系，丰度为 2 条/dm²；少量细小孔隙；结构体面还有白色碳酸钙质假菌丝体，丰度 5%；轻度石灰反应。

五里墩系代表性单个土体剖面

五里墩系代表性单个土体物理性质

土层	深度/cm	细土颗粒组成（粒径：mm）/(g/kg)			质地
		砂粒 2～0.05	粉粒 0.05～0.002	黏粒 <0.002	
Ah	0～7	601	240	159	砂质壤土
Bw	7～41	589	268	143	砂质壤土
Bk1	41～104	660	214	126	砂质壤土
2Bk2	104～160	806	87	107	壤质砂土

五里墩系代表性单个土体化学性质

深度 /cm	pH (H₂O)	有机碳 /(g/kg)	全氮(N) /(g/kg)	全磷(P) /(g/kg)	全钾(K) /(g/kg)	CaCO₃ /(g/kg)	CEC /[cmol(+)/kg]
0～7	8.3	4.36	0.63	0.58	12.9	88.3	6.5
7～41	8.5	3.09	0.49	0.54	12.0	91.4	6.8
41～104	8.6	2.24	0.18	0.50	12.4	107.8	6.0
104～160	8.7	1.94	0.17	0.64	12.9	78.9	4.5

9.8.2 新河峪系（**Xinheyu Series**）

土　族：砂质混合型石灰性冷性-普通简育干润雏形土
拟定者：张凤荣，李　超，董云中

分布与环境条件　属温带半干旱大陆性季风气候，四季分明。由于受季风和西伯利亚、蒙古高原高压控制，冬季少雪寒冷，春季干旱多风，夏季较热多雨，秋季温凉气爽。年均气温 7.33 ℃，年均降水量 538.28 mm，年降水量分布不均，50%的降水量集中在 7~8 月。位于山间河谷地的河漫滩上，河流为季节性的，但雨季有泛滥情况发生。成土母质为冲积物。土地利用类型为其他草地，植物主要有尖草、灌丛、艾蒿等灌草。

新河峪系典型景观

土系特征与变幅　本土系具有雏形层、冷性土壤温度、半干润土壤水分状况、石灰性等诊断层和诊断特性。剖面为典型的河漫滩二元结构，上部 45 cm 为黄土，下部 45 cm 为磨圆的砾石与粗砂的混合物。剖面通体具有强石灰反应。

对比土系　与同土族的五里墩系、岩头寺系和坪上系不同之处是，本土系在 40 cm 左右就出现卵石层，而那 3 个土系的土层深厚，超过 150 cm。与黎城县茶棚滩系相似，但茶棚滩系壤土层下是大卵石层，且具温性土壤温度、无石灰反应，土族已不同。

利用性能综述　细土物质质地适中，但由于土层较薄，且地处河漫滩上，目前仍有遭受泛滥威胁，因此不适宜耕种。宜保持其自然状态，维护生态环境。

代表性单个土体　剖面位于山西省大同市灵丘县落水河乡新河峪村，39°31′38.29″N，114°16′23.33″E，海拔 1107 m。位于山间沟谷地的河漫滩上。成土母质为冲积物。土地利用类型为其他草地，植被类型主要有尖草、灌丛、艾蒿等灌草。野外调查时间为 2015 年 8 月 2 日，编号为 14-019。

Ah: 0～23 cm，浊黄橙色（10YR 6/4，干），浊黄棕色（10YR 5/4，润）；砂质壤土；中度发育的 1～2 mm 大的屑粒状结构；松散；1～3 mm 的草本根系，丰度为 10 条/dm²；强石灰反应；模糊平滑过渡。

Bw: 23～45 cm，浊黄橙色（10YR 6/4，干），浊黄棕色（10YR 5/4，润）；砂质壤土；中度发育的 1～2 mm 大的屑粒状结构；松散；1 mm 的草本根系，丰度为 3 条/dm²；强石灰反应；突变平滑过渡。

2C: 45～90 cm，砂土；有 10～150 mm 的浑圆状砾石，丰度为 80%～90%。

新河峪系代表性单个土体剖面

新河峪系代表性单个土体物理性质

土层	深度/cm	细土颗粒组成（粒径：mm）/(g/kg)			质地
		砂粒 2～0.05	粉粒 0.05～0.002	黏粒 <0.002	
Ah	0～23	651	286	63	砂质壤土
Bw	23～45	665	282	53	砂质壤土

新河峪系代表性单个土体化学性质

深度/cm	pH (H₂O)	有机碳/(g/kg)	全氮(N)/(g/kg)	全磷(P)/(g/kg)	全钾(K)/(g/kg)	CaCO₃/(g/kg)	CEC/[cmol(+)/kg]
0～23	8.3	4.01	0.58	17.7	6.9	52.2	3.5
23～45	8.4	1.60	0.76	16.1	2.8	63.3	4.5

9.8.3　岩头寺系（Yantousi Series）

土　族：砂质混合型石灰性冷性-普通简育干润雏形土
拟定者：张凤荣，李　超，靳东升

分布与环境条件　属暖温带半
干旱大陆性季风气候，四季分
明，年均气温 6.7 ℃，年均降水
量 516.25 mm，全年无霜期 140
天。地处山间河谷的河流阶地
上，成土母质为河流阶地沉积
物。土地利用类型为林地（苗
圃），种植植物主要为油松。

岩头寺系典型景观

土系特征与变幅　本土系具有雏形层、冷性土壤温度、沉积层理、半干润土壤水分状况、
石灰性等诊断层和诊断特性。剖面可见沉积层理，深厚均匀的极细砂土（粉砂壤土）中，
有 2 条不连续的（宽度 3～5 cm）色调稍红的质地略黏的土层。除 85～130 cm 土层稍紧
实外，其他土层都疏松；除表层强石灰反应，其余土层弱石灰反应，但约 50 cm 深度以
下的各层土壤有些部分并无石灰反应。表层和表下层有 2%～3%的磨圆度很好的卵石
（0.5～2 cm）。

对比土系　与同土族的新河峪系相比，本土系的土层深厚，而新河峪系在 40 cm 左右就
出现卵石层。与同土族的五里墩系不同，本土系的石灰反应较弱，没有假菌丝体，而五
里墩系的石灰反应较强，发现有假菌丝体。与同土族的坪上系相比，本土系土质均匀，
不像坪上系有岩石碎屑。

利用性能综述　土层深厚，但质地较轻，通体为粉砂质（极细砂），耕性较好，但地处
半干旱区，缺乏灌溉水源。因此，不适宜耕种，最好草灌利用。如果耕种，宜谷类耐旱
作物，并注意采取保护性耕作措施。

代表性单个土体　剖面位于山西省忻州市偏关县老营镇岩头寺村，39°30′58.085″N，
111°48′05.240″E，海拔 1206 m。位于山间河谷的河流阶地上，成土母质为河流阶地沉积
物。土地利用类型为林地（苗圃），种植植物主要为油松。野外调查时间为 2016 年 4 月
16 日，编号为 14-102。

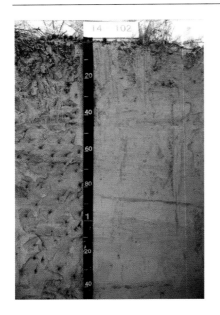

岩头寺系代表性单个土体剖面

Ah：0～23 cm，亮黄棕色（10YR 6/6，干），黄棕色（10YR 5/6，润）；砂质壤土（极细砂）；发育弱的 0.5 mm 屑粒状结构；松散；0.5～1 mm 的草本根系，丰度为 10 条/dm²；强石灰反应；模糊平滑过渡。

Bw：23～43 cm，亮黄棕色（10YR 6/6，干），黄棕色（10YR 5/6，润）；砂质壤土（极细砂）；发育很弱的 0.5～1 mm 屑粒状结构；松散；0.3～0.5 mm 的草本根系，丰度为 7 条/dm²；弱石灰反应；模糊平滑过渡。

BC：43～85 cm，浊黄橙色（10YR 7/4，干），黄棕色（10YR 5/6，润）；砂质壤土（极细砂）；大部分为单粒，有些极微弱的 0.5～1 mm 屑粒状结构；松散；0.3～0.5 mm 的草本根系，丰度为 3 条/dm²；弱石灰反应；模糊平滑过渡。

C1：85～130 cm，浊黄橙色（10YR 7/4，干），黄棕色（10YR 5/6，润）；砂质壤土（极细砂）；无结构；稍坚实；弱石灰反应；模糊平滑过渡。

C2：130～155 cm，浊黄橙色（10YR 7/4，干），黄棕色（10YR 5/6，润）；砂质壤土（极细砂）；无结构；松散；极弱石灰反应。

岩头寺系代表性单个土体物理性质

| 土层 | 深度/cm | 细土颗粒组成 (粒径：mm) /(g/kg) | | | 质地 |
		砂粒 2～0.05	粉粒 0.05～0.002	黏粒 <0.002	
Ah	0～23	580	347	73	砂质壤土
Bw	23～43	604	324	72	砂质壤土
BC	43～85	627	296	77	砂质壤土
C1	85～130	601	331	68	砂质壤土
C2	130～155	670	262	68	砂质壤土

岩头寺系代表性单个土体化学性质

深度/cm	pH (H$_2$O)	有机碳/(g/kg)	全氮(N)/(g/kg)	全磷(P)/(g/kg)	全钾(K)/(g/kg)	CaCO$_3$/(g/kg)	CEC/[cmol(+)/kg]
0～23	8.8	1.09	0.75	0.39	20.1	67.6	3.1
23～43	9.1	0.26	0.47	0.48	20.1	75.4	2.7
43～85	9.0	0.66	0.25	0.46	20.1	69.7	3.1
85～130	9.0	0.89	0.42	0.42	19.3	69.4	2.3
130～155	9.1	1.93	0.52	0.35	20.1	61.0	2.9

9.8.4 坪上系（Pingshang Series）

土　族：砂质混合型石灰性冷性-普通简育干润雏形土
拟定者：张凤荣，李　超

分布与环境条件　属暖温带大陆性季风气候，其特点是：春秋季短暂不明显，夏季凉爽无炎热，冬季长而寒冷。年均气温 5.64 ℃，年均降水量 522.11 mm，全年无霜期 120 天左右。位于山坡坡脚与河谷交界处的阶地上，母质为坡洪积物。土地利用类型为未利用地（荒草地），植被类型主要为松草等。

坪上系典型景观

土系特征与变幅　本土系具有淡薄表层、雏形层、冷性土壤温度、半干润土壤水分状况等诊断层和诊断特性。土层厚度大于 2m。通体含有棱角状的岩屑，有石灰反应，从地表至 74 cm 岩屑含量较少，为 15%左右；74~106 cm 的岩屑含量高达 35%~40%；106 cm 之下的岩屑<5%；土壤细土物质从地表到 106 cm 处为壤土，含粗砂粒，106 cm 之下为壤土，没有粗砂。

对比土系　与同土族的新河峪系相比，本土系的土层深厚，而新河峪系在 40 cm 左右就出现卵石层。与同土族的岩头寺系和五里墩系不同，那两个土系土质均匀，本系中的黄土物质夹杂岩石粗碎屑。而磨盘沟系发育于花岗岩风化物上，粗骨颗粒多，属于粗骨砂质颗粒大小级别，土族不同。与赵二坡系和上营系相比，那两个土系位于黄土台地，土体中碎屑含量较少，颗粒大小级别为壤质，土族不同。

利用性能综述　土层厚，细土物质质地适中，但由于地处中山地带的高阶地上，可能存在水分缺乏的情况，容易发生干旱，对农业生产造成一定限制。最好是退耕还草。

代表性单个土体　剖面位于山西省吕梁市岚县岚城镇坪上村，38°27′9.377″N，111°40′15.791″E，海拔 1417 m。位于山坡坡脚与河谷的交界处上，母质为坡洪积物。土地利用类型为未利用地（荒草地），植物主要为松草等。野外调查时间为 2016 年 4 月 18 日，编号为 14-105。

坪上系代表性单个土体剖面

Ah:　0～23 cm，浊黄橙色（10YR 6/3，干），棕色（10YR 4/4，润）；砂质壤土；中等发育的 1 mm 的屑粒状结构；松散；0.5～1 mm 的草本根系，丰度为 10 条/dm²；土体含有直径<30 mm 的半风化棱角状岩石碎屑，丰度为 15%；弱石灰反应；明显平滑过渡。

Bw1：23～74 cm，浊黄橙色（10YR 6/3，干），棕色（10YR 4/6，润）；砂质壤土；发育弱的 0.5～1 mm 的屑粒状结构；松散；0.5～1 mm 的草本根系，丰度为 5 条/dm²；土体含有直径<30 mm 的半风化棱角状岩石碎屑，丰度为 15%；弱石灰反应；逐渐平滑过渡。

Bw2：74～106 cm，浊黄橙色（10YR 6/3，干），棕色（10YR 4/6，润）；砂质壤土；发育弱的 0.5～1 mm 的屑粒状结构；松散；0.5 mm 的草本根系，丰度为 2 条/dm²；土体含直径<50 mm 的半风化棱角状岩石碎屑，丰度为 35%～40%；弱石灰反应；明显平滑过渡。

Bw3：106～150 cm，浊黄橙色（10YR 6/3，干），棕色（10YR 4/4，润）；壤土；发育非常弱的 0.5 mm 的屑粒状结构；松散；0.5 mm 的草本根系，丰度为 2 条/dm²；土体含有直径<50 mm 的半风化棱角状岩石碎屑，丰度为 5%；无石灰反应。

坪上系代表性单个土体物理性质

土层	深度 /cm	细土颗粒组成 (粒径：mm) /(g/kg)			质地
		砂粒 2～0.05	粉粒 0.05～0.002	黏粒 <0.002	
Ah	0～23	540	380	80	砂质壤土
Bw1	23～74	637	297	66	砂质壤土
Bw2	74～106	681	243	76	砂质壤土
Bw3	106～150	445	436	119	壤土

坪上系代表性单个土体化学性质

深度 /cm	pH (H₂O)	有机碳 /(g/kg)	全氮(N) /(g/kg)	全磷(P) /(g/kg)	全钾(K) /(g/kg)	CaCO₃ /(g/kg)	CEC /[cmol(+)/kg]
0～23	8.3	9.44	1.31	1.02	20.1	9.9	12.7
23～74	8.6	1.85	0.68	1.05	23.3	16.1	9.0
74～106	8.6	0.46	0.78	0.84	21.7	12.0	9.0
106～150	8.6	1.79	0.49	0.43	21.7	4.6	8.1

9.8.5 磨盘沟系（Mopangou Series）

土　　族：粗骨砂质混合型冷性-普通简育干润雏形土
拟定者：张凤荣，李　超，靳东升

分布与环境条件　属温带季风
气候，四季分明，十年九旱，夏
季暖热且昼夜温差大，冬季寒
冷。年均气温 3.6 ℃，年降水量
380～500 mm，全年无霜期
120～135 天。地处中山地带的
中下坡部位，坡度约 20°。成土
母质主要为花岗岩残坡积物。土
地利用类型为灌木林地，植物为
白草、铁杆蒿、沙棘等低矮灌木。

磨盘沟系典型景观

土系特征与变幅　本土系具有雏形层、冷性土壤温度、半干润土壤水分状况等诊断层和
诊断特性。位于中山地带的花岗岩残坡积物上，土层厚度 1 m，之下即为连续的坚硬基
岩（花岗岩），剖面质地构型为通体粗骨质粉砂壤土，花岗岩碎屑含量较高，表层含量较
少（20%左右），下面均在 40%以上，通体无石灰反应。

对比土系　与位于浑源的龙咀系很相似，但不同之处是，龙咀系在 100 cm 层面没有出现
连续的坚硬花岗岩基岩，100 cm 深处也是花岗岩风化物，虽然都属于普通简育干润雏形
土，但土族不同，龙咀系是壤质盖粗骨质。与砂质混合型石灰性冷性土族的五里墩、新
河峪、岩头寺和坪上四个系因颗粒大小级别不同，而土族不同。与壤质混合型石灰性冷
性土族的赵二坡系、于八里系、上营系和邵家庄系也因土壤颗粒大小级别不同而土族不
同。灵石县东峪口系土体也发育于坡积物上，含有的岩屑含量也高，为粗骨砂质，但土
壤温度状况为温性的，且有石灰反应，岩屑较大。与邻近的王明滩系不同；王明滩系的
花岗岩风化物厚度达 160 cm，但没有土壤结构形成，基本上是岩石碎屑，为新成土。

利用性能综述　土体质地为粗骨粉砂壤土，土层较深厚，但保水保肥性差些，可以种植
小杂粮。但地处陡峭山坡上，易形成水土流失危害。因此，适宜利用方向是林地。

代表性单个土体　剖面位于山西省忻州市静乐县堂尔上乡磨盘沟村，38°30′14.02″N，
112°17′48.70″E。海拔 1779 m。地处中山地带的中下坡部位，坡度约 20°，成土母质主
要为花岗岩残坡积物。土地利用类型为灌木林地，自然植被为白草、铁杆蒿、三桠绣线
菊等，人工种植沙棘。野外调查时间为 2015 年 8 月 8 日，编号为 14-036。

磨盘沟系代表性单个土体剖面

Ah：　0～10 cm，棕色（10YR 4/4，干），暗黄棕色（10YR 3/6，润）；砂质壤土；发育弱的 1 mm 大的屑粒状结构；干、湿时均松散；1～5 mm 的灌草根系，丰度为 20 条/dm²；土体内含有直径 2～8 mm 中度风化的花岗岩矿物碎屑，丰度为 5%；无石灰反应；模糊平滑过渡。

Bw1：10～49 cm，浊黄棕色（10YR 5/4，干），棕色（10YR 4/6，润）；壤质砂土；发育弱的 1 mm 大的屑粒状结构；干、湿时均松散；1～10 mm 的草本根系，丰度为 10 条/dm²；土体内含有直径 5～30 mm 中度风化的砂岩矿物碎屑，丰度为 40%～50%；无石灰反应；模糊平滑过渡。

Bw2：49～100 cm，浊黄棕色（10YR 5/4，干），棕色（10YR 4/6，润）；壤质砂土；发育弱的 1 mm 大的屑粒状结构；干、湿时均松散；1～5 mm 的草本根系，丰度为 5 条/dm²；土体内含有直径 2～12 mm 中度风化的砂岩矿物碎屑，丰度为 40%～50%；无石灰反应。

R：100 cm 以下，花岗岩。

磨盘沟系代表性单个土体物理性质

土层	深度 /cm	细土颗粒组成（粒径：mm）/(g/kg)			质地
		砂粒 2～0.05	粉粒 0.05～0.002	黏粒 <0.002	
Ah	0～10	753	186	61	砂质壤土
Bw1	10～49	842	124	34	壤质砂土
Bw2	49～100	762	176	62	壤质砂土

磨盘沟系代表性单个土体化学性质

深度 /cm	pH (H₂O)	有机碳 /(g/kg)	全氮(N) /(g/kg)	全磷(P) /(g/kg)	全钾(K) /(g/kg)	CaCO₃ /(g/kg)	CEC /[cmol(+)/kg]
0～10	7.3	27.21	2.23	0.15	20.1	1.4	11.2
10～49	8.3	10.43	0.89	0.26	19.3	1.4	7.2
49～100	8.5	9.48	0.66	0.27	19.3	7.0	7.0

9.8.6 赵二坡系（**Zhaoerpo Series**）

土　　族：壤质混合型石灰性冷性-普通简育干润雏形土
拟定者：张凤荣，李　超

分布与环境条件　属暖温带大
陆性季风气候，四季分明，7～9
月气温最高。年均气温 6.91 ℃，
年均降水量 522.5 mm（大部分
集中于 7～9 月），全年无霜期
120 天。位于黄土丘陵台地陡坡
上，成土母质为马兰黄土。土地
利用类型为未利用地（荒草地），
植物主要为尖草、铁杆蒿等。

赵二坡系典型景观

土系特征与变幅　本土系具有雏形层、冷性土壤温度、半干润土壤水分状况、石灰性
等诊断层和诊断特性。剖面发育于马兰黄土上，通体为均一的粉砂壤土，强石灰反应。
表土与心土层已形成屑粒结构，底土为黄土大块状结构，心土部位有少量细小石灰霜
状结晶。

对比土系　与同土族的邵家庄系和于八里系相比，在剖面构型上相同，那两个剖面土层
分异明显，而本土系土层均一性强。与同土族的上营系相比，本土系的成土母质为马兰
黄土且土体中不含岩石碎屑，而上营的成土母质是以黄土物质为主的坡积物，含岩石
碎屑多。与小庄系、大沟系相比，虽土体构型相似，但因小庄系土壤温度状况为温性，
大沟系为热性，而本系土壤温度状况为冷性，故土族已不同。

利用性能综述　土层较厚，细土物质质地适中，通透性好，排水性好，但由于位于陡坡
上，坡度较大，易造成水土流失，不适宜耕种，宜保持原有植被，或封山育林。

代表性单个土体　剖面位于山西省忻州市岢岚县阳坪乡赵二坡村，38°40′43.970″N，
111°27′01.180″E，海拔 1248 m。位于黄土丘陵台地陡坡上，成土母质为马兰黄土。土地
利用类型为未利用地（荒草地），植物主要为尖草、铁杆蒿等。与其同土系的剖面是山西
省晋中市左权县寒王乡大红背村（37°10′22.835″N，113°22′57.791″E）。野外调查时间为
2016 年 4 月 18 日，编号为 14-104。

赵二坡系代表性单个土体剖面

Ah：0～22 cm，浊黄橙色（10YR 7/4，干），黄棕色（10YR 5/6，润）；粉砂壤土；发育弱的 1 mm 的屑粒状结构；松散；0.5～1 mm 的草本根系，丰度为 10 条/dm²；强石灰反应；模糊平滑过渡。

Bw：22～79 cm，浊黄橙色（10YR 7/4，干），黄棕色（10YR 5/6，润）；粉砂壤土；发育非常弱的 0.5～1 mm 的屑粒状结构；干时松脆；0.5～2 mm 的草本根系，丰度为 5 条/dm²；强石灰反应；模糊平滑过渡。

Bk：79～114 cm，浊黄橙色（10YR 7/4，干），黄棕色（10YR 5/6，润）；粉砂壤土；发育非常弱的 0.5～1 mm 的屑粒状结构；干时松脆；0.5～2 mm 的草本根系，丰度为 3 条/dm²；土壤孔隙内有白色霜状碳酸钙质假菌丝体，丰度 <5%；强石灰反应；模糊平滑过渡。

C：114～160 cm，浊黄橙色（10YR 7/4，干），黄棕色（10YR 5/6，润）；粉砂壤土；无结构；干时松脆；0.5～2 mm 的草本根系，丰度为 2 条/dm²；强石灰反应。

赵二坡系代表性单个土体物理性质

| 土层 | 深度 /cm | 细土颗粒组成 (粒径：mm) /(g/kg) | | | 质地 |
		砂粒 2～0.05	粉粒 0.05～0.002	黏粒 <0.002	
Ah	0～22	311	564	125	粉砂壤土
Bw	22～79	290	571	139	粉砂壤土
Bk	79～114	290	587	123	粉砂壤土
C	114～160	265	625	110	粉砂壤土

赵二坡系代表性单个土体化学性质

深度 /cm	pH (H₂O)	有机碳 /(g/kg)	全氮(N) /(g/kg)	全磷(P) /(g/kg)	全钾(K) /(g/kg)	CaCO₃ /(g/kg)	CEC /[cmol(+)/kg]
0～22	8.7	4.40	0.92	0.41	20.9	81.2	19.0
22～79	8.9	3.21	0.65	0.41	20.1	84.9	11.2
79～114	9.0	1.49	0.51	0.35	21.7	91.4	3.1
114～160	9.1	0.66	0.33	0.42	20.9	116.8	2.3

9.8.7 于八里系（Yubali Series）

土　　族：壤质混合型石灰性冷性-普通简育干润雏形土
拟定者：王秀丽，张凤荣，董云中

分布与环境条件　属暖温带半
干旱大陆性季风气候，四季分
明，年均气温 6.92 ℃，年均降
水量 431.28 mm，全年无霜期
90～128 天。年蒸发量远大于年
降水量，除了雨季，绝大部分时
间蒸发量大于降水量。成土母质
为冲积物。处于河谷平原地区，
地势平，但不受地下水影响。土
地利用类型为耕地，种植作物主
要为玉米。

于八里系典型景观

土系特征与变幅　本土系具有雏形层、冷性土壤温度、半干润土壤水分状况、石灰性等
诊断层和诊断特性。剖面质地以壤土为主，在 46～60 cm 和 101～104 cm 深处出现两层
黏壤土层。通体具有石灰反应。

对比土系　与同土族的邵家庄系相比，剖面构型在土层分异上相似，但土层构成（主要
是颜色）不同。与同土族的赵二坡系和上营系相比，那两个土系的剖面没有明显的土层
分异，而本土系的土层分异明显。

利用性能综述　质地较轻，耕性好，通透性好，心土有一厚约 15 cm 的保水保肥能力好
的黏壤土层。良好农田。

代表性单个土体　剖面位于山西省大同市天镇县南河堡乡于八里村，40°22′20.77″N，
114°03′37.4″E，海拔 1115 m。处于河谷平原地区。土层深厚，成土母质为冲积物。土地利
用类型是耕地，种植作物主要为玉米。野外调查时间为 2015 年 5 月 28 日，编号为 14-006。

Ap:　0～10 cm，浅棕色（10YR 6/3，干），深黄棕色（10YR 4/4，润）；壤土；发育弱的<1 mm 屑
　　　粒状结构；结构松脆；1～3 mm 的禾本科作物根系，丰度为 8 条/dm²；多孔隙；强石灰反应；
　　　渐变平滑过渡。

Bw1：10～46 cm，棕色（10YR 5/3，干），黄棕色 （10YR 5/4，润）；壤土；发育弱的<1 mm 屑粒状
　　　结构；结构松脆；1～3 mm 的草本根系，丰度为 14 条/dm²；多孔隙；有少量蚂蚁，强石灰反应；
　　　明显平滑过渡。

于八里系代表性单个土体剖面

2Bw2：46～60 cm，黄棕色（10YR 5/4，干），深黄棕色（10YR 4/4，润）；粉砂壤土；中等发育的3～5 mm棱块状结构；较坚实；<1 mm的草本根系，丰度为6条/dm²；多孔隙；有少量蚯蚓粪孔道；强石灰反应；明显平滑过渡。

3Bw3：60～101 cm，黄棕色（10YR 5/4，干），黄棕色（10YR 5/4，润）；砂质壤土；大块状结构；松散；<1 mm的草本根系，丰度为5条/dm²；多孔隙；强石灰反应；突变平滑过渡。

4Bw4：101～104 cm，浅棕色（10YR 6/3，干），深黄棕色（10YR 4/4，润）；粉砂质黏壤土；中等发育的3～5 mm棱块状结构；松脆；<1 mm的草本根系，丰度为3条/dm²；多孔隙；强石灰反应；明显平滑过渡。

5Bw5：104～150 cm，棕色（10YR 5/3，干），黄棕色（10YR 5/4，润）；矿质壤土；中等发育的2～5 mm次棱块状结构；松脆；含有8～10 mm浑圆硬质岩屑，丰度<5%；多孔隙；强石灰反应。

于八里系代表性单个土体物理性质

土层	深度/cm	细土颗粒组成（粒径：mm）/(g/kg)			质地
		砂粒 2～0.05	粉粒 0.05～0.002	黏粒 <0.002	
Ap	0～10	389	418	193	壤土
Bw1	10～46	419	389	192	壤土
2Bw2	46～60	220	538	242	粉砂壤土
3Bw3	60～101	564	361	75	砂质壤土
4Bw4	101～104	188	503	309	粉砂质黏壤土
5Bw5	104～150	622	252	126	砂质壤土

于八里系代表性单个土体化学性质

深度/cm	pH (H₂O)	有机碳/(g/kg)	全氮(N)/(g/kg)	全磷(P)/(g/kg)	全钾(K)/(g/kg)	CaCO₃/(g/kg)	CEC/[cmol(+)/kg]
0～10	8.1	6.02	0.93	0.52	12.0	71.9	11.6
10～46	8.5	4.23	0.42	0.47	12.0	73.1	10.5
46～60	8.4	2.51	0.78	0.50	14.5	84.0	12.4
60～101	8.8	1.97	0.66	0.47	12.9	59.6	6.0
101～104	8.3	0.72	0.64	0.51	14.9	104.4	14.2
104～150	8.5	2.40	0.76	0.50	12.9	56.3	6.3

9.8.8 邵家庄系（Shaojiazhuang Series）

土 族：壤质混合型石灰性冷性-普通简育干润雏形土
拟定者：张凤荣，李 超，董云中

分布与环境条件 属温带半干旱大陆性季风气候，四季分明。由于受季风和西伯利亚、蒙古高原高压控制，冬季少雪寒冷，春季干旱多风，夏季较热多雨，秋季温凉气爽。年均气温 7.21 ℃，极端最高气温 38.2 ℃，最低 –34 ℃，年均降水量 569.34 mm，全年无霜期 130 天。地处中山地带的高阶地上，坡度约 5°，成土母质为黄土状洪冲积物。土地利用类型为荒草地，自然植被主要为艾蒿、尖草等。

邵家庄系典型景观

土系特征与变幅 本土系具有雏形层、冷性土壤温度、半干润土壤水分状况、钙积现象等诊断层和诊断特性。剖面为典型的河漫滩二元结构，111 cm 处出现半磨圆的砾石层，之上为黄土洪冲积物；其中 70～90 cm 为暗棕色的埋藏腐殖质层。42～111 cm 均有假菌丝体出现，但 70～90 cm 暗棕色的埋藏腐殖质层假菌丝体多。剖面通体具有强石灰反应。

对比土系 与同土族的于八里系相比，剖面构型在土层分异上相似，但土层构成（主要是颜色）不同，本土系不同的土层颜色分异更明显。与同土族的赵二坡系和上营系相比，那两个土系的剖面没有明显的土层分异，而本土系的土层分异明显。

利用性能综述 有效土层厚度能够满足大多数作物生长需求，细土物质质地适中。但由于地处中山地带的高阶地上，没有地下水补给，易发生干旱，农业生产受到一定限制。

代表性单个土体 剖面位于山西省大同市广灵县宜兴乡邵家庄村，39°38′59.108″N，114°15′41.24″E，海拔 1206 m。处于中山地带的阶地上。成土母质为黄土状洪冲积物。土地利用类型为荒草地，自然植被主要为艾蒿、尖草等。野外调查时间为 2015 年 8 月 2 日，编号为 14-018。

Ah：0～17 cm，浊黄棕色（10YR 5/3，干），浊黄棕色（10YR 4/3，润）；壤土；中等发育的 1～2 mm 的屑粒状结构；松软；1～10 mm 的草本根系，丰度为 15 条/dm²；强石灰反应；渐变平滑过渡。

Bw：17～42 cm，棕色（10YR 4/4，干），暗棕色（10YR 3/4，润）；壤土；中等发育的 1～2 mm 的屑粒状结构；松软；0.5～2 mm 的草本根系，丰度为 5 条/dm²；强石灰反应；清晰平滑过渡。

Bk1：42～70 cm，浊黄棕色（10YR 5/3，干），浊黄棕色（10YR 4/3，润）；壤土；发育弱的 1 mm 的屑粒状结构；松散；0.5～2 mm 的草本根系，丰度为 3 条/dm²；土体含 2～3 mm 的霜状碳酸钙质假菌丝体，丰度约为 2%；强石灰反应；突变平滑过渡。

邵家庄系代表性单个土体剖面

2Ahb：70～91 cm，暗棕色（10YR 3/3，干），黑棕色（10YR 3/2，润）；壤土；发育强的 8～15 mm 的团块状结构；坚硬；0.5～2 mm 的草本根系，丰度为 5 条/dm²；土体含 10～20 mm 的霜状碳酸钙质假菌丝体，丰度约为 20%；强石灰反应；突变平滑过渡。

3Bk2：91～111 cm，浊黄橙色（10YR 6/4，干），浊黄棕色（10YR 4/3，润）；砂质壤土；发育弱的 1 mm 的屑粒状结构；松散；0.5～2 mm 的草本根系，丰度为 3 条/dm²；土体含 2～3 mm 的霜状碳酸钙质假菌丝体，丰度约为 3%；强石灰反应；突变平滑过渡。

4C：111～150 cm，细土物质为粉砂壤土；土体含有 2～100 mm 的浑圆状砾石，丰度约 80%。

邵家庄系代表性单个土体物理性质

土层	深度 /cm	细土颗粒组成 (粒径：mm) /(g/kg)			质地
		砂粒 2～0.05	粉粒 0.05～0.002	黏粒 <0.002	
Ah	0～17	507	351	142	壤土
Bw	17～42	467	371	162	壤土
Bk1	42～70	425	462	113	壤土
2Ahb	70～91	372	434	194	壤土
3Bk2	91～111	534	368	98	砂质壤土

邵家庄系代表性单个土体化学性质

深度 /cm	pH (H₂O)	有机碳 /(g/kg)	全氮(N) /(g/kg)	全磷(P) /(g/kg)	全钾(K) /(g/kg)	CaCO₃ /(g/kg)	CEC /[cmol(+)/kg]
0～17	8.0	10.13	1.15	0.79	20.9	39.6	13.9
17～42	8.3	7.47	0.83	0.64	20.1	41.4	13.8
42～70	8.2	3.16	0.41	0.69	20.1	65.1	8.5
70～91	8.1	1.50	0.88	0.88	20.9	51.8	13.4
91～111	8.6	1.61	0.25	0.85	19.3	84.7	4.8

9.8.9 铺上系（Pushang Series）

土　　族：粗骨壤质混合型石灰性冷性-普通简育干润雏形土
拟定者：张凤荣，李　超，靳东升，王秀丽，董云中

分布与环境条件　　属温带季风气候，四季分明，昼夜温差大，冬季寒冷。年均气温 6.5 ℃，极端最高气温 35.5 ℃，极端最低气温 –32.8 ℃，年均降水量 614.9 mm，无霜期 90～170 天。地处中山地带的下坡部位，坡度约 45°，成土母质主要为坡积物。土地利用类型为荒草地，植被类型以灌草植被为主。

铺上系典型景观

土系特征与变幅　　本土系具有雏形层、冷性土壤温度、半干润土壤水分状况、氧化还原特性、石灰性等诊断层和诊断特性。土层厚度约 160 cm，黏粒与岩屑含量随着土壤深度加深而增加。上部 62 cm 为壤土，岩屑含量<40%，具有石灰反应；62～93 cm 岩屑含量增加，细土物质为粉砂壤土；93～160 cm 为由古风化物形成的夹杂红色黏土岩屑层，岩屑含量达 80%，结构体面上分布有少量的锰斑；且土体 62 cm 以下无石灰反应。

对比土系　　与沙岭村系属于同土族，但沙岭村系土体下部的细土物质没有红黏土，是壤土。与邻近的东瓦厂系不同的是，本土系没有黏化层，东瓦厂系有黏化层，土纲不同；东瓦厂系剖面也没有那么多粗大岩石碎屑。

利用性能综述　　由于地势陡峭，土体内岩屑含量高，细土物质少。因此不适宜种植作物，宜维持灌草植被，防止水土流失。

代表性单个土体　　剖面位于山西省忻州市五台县豆村镇铺上村，38°56′13.38″N，113°21′11.64″E，海拔 1324 m。地处中山地带的下坡部位。成土母质主要为坡积物。土地利用类型为荒草地，植被类型以灌草植被为主。野外调查时间为 2015 年 8 月 6 日，编号为 14-030。

Ah: 0～18 cm，浊棕色（7.5YR 5/4，干），棕色（7.5YR 4/4，润）；壤土；发育强的2～3 mm的屑粒状结构；干、湿时均松散；1～3 mm的灌草根系，丰度为30条/dm²（VF&F）；中等风化的5～30 mm的砂岩矿物碎屑，丰度为10%；强石灰反应；渐变平滑过渡。

Bw1: 18～62 cm，浊棕色（7.5YR 5/4，干），棕色（7.5YR 4/4，润）；壤土；中等发育的2～3 mm的屑粒状结构；干、湿时均松散；1～14 mm的灌草根系，丰度为15条/dm²（VF&F）；中等风化的5～50 mm的砂岩矿物碎屑，丰度为40%；中石灰反应；清晰平滑过渡。

Bw2: 62～93 cm，浊红棕色（5YR 5/4，干），浊红棕色（5YR 4/3，润）；粉砂壤土；中等发育的2～3 mm的次棱块状结构；湿时稍坚实，黏着；中等风化的5～150 mm的砂岩矿物碎屑，丰度为55%；无石灰反应；突变平滑过渡。

铺上系代表性单个土体剖面

2Bwr: 93～160 cm，红棕色（2.5YR 4/6，干），暗红棕色（2.5YR 3/6，润）；黏土；发育强的2～4 mm的棱块状结构；湿时坚实，黏着；中等风化的50～300 mm的砂岩矿物碎屑，丰度为50%；结构体面含直径<1 mm的锰结核，丰度<2%；无石灰反应。

铺上系代表性单个土体物理性质

土层	深度/cm	细土颗粒组成 (粒径：mm) /(g/kg)			质地
		砂粒 2～0.05	粉粒 0.05～0.002	黏粒 <0.002	
Ah	0～18	453	431	116	壤土
Bw1	18～62	434	419	147	壤土
Bw2	62～93	324	522	154	粉砂壤土
2Bwr	93～160	310	238	452	黏土

铺上系代表性单个土体化学性质

深度/cm	pH (H₂O)	有机碳/(g/kg)	全氮(N)/(g/kg)	全磷(P)/(g/kg)	全钾(K)/(g/kg)	CaCO₃/(g/kg)	CEC/[cmol(+)/kg]
0～18	8.2	15.59	1.50	0.33	17.7	7.8	11.4
18～62	8.3	9.82	1.11	0.05	18.5	19.6	10.3
62～93	8.3	5.04	0.64	0.03	18.5	9.2	13.4
93～160	7.8	5.07	0.67	0.16	16.1	3.5	31.0

9.8.10　沙岭村系（Shalingcun Series）

土　族：粗骨壤质混合型石灰性冷性–普通简育干润雏形土
拟定者：董云中，王秀丽，张凤荣

分布与环境条件　属温带大陆性季风气候。年均气温 7.08 ℃，年均降水量 441.95 mm，全年无霜期 120 多天。处于低山地带的中下坡部位，坡度 15° 左右。土地利用类型为未成林造林地，人工油松，自然植物种类为白草、艾蒿。

沙岭村系典型景观

土系特征与变幅　本土系具有淡薄表层、雏形层、冷性土壤温度、半干润土壤水分状况、石灰性等诊断层和诊断特性。剖面质地构型为壤–粉砂壤土，上部 90 cm 为壤土，90 cm 以下为破碎硅质灰岩的基岩。剖面通体含有大量中度风化的硅质灰岩岩屑，土体中部岩屑含量较上部、底部较少，但通体都在 40%以上。土壤细土物质通体具有强石灰反应。

对比土系　与同土族的铺上系不同，沙岭村系土体下部的细土物质没有红黏土，而铺上系的红色黏土物质多，故质地更黏重些。与上营系不同，因为土壤颗粒大小级别不同而土族不同，上营系的颗粒大小级别为壤质的，本土系含有大量风化的岩屑，为粗骨壤质。

利用性能综述　土层较厚，细土物质地适中，但通体含有较多岩屑，漏水漏肥严重，且地处半干旱的低山地带，缺乏灌溉水源。因此，不适宜耕种，宜保持其自然植被，维护生态环境。

代表性单个土体　剖面位于山西省大同市广灵县壶泉镇沙岭村，39°45′48.84″N，114°14′9.21″E，海拔 1058 m。处于低山地带的中下坡部位。成土母质为硅质灰岩风化物与风积黄土混合物。土地利用类型为未成林造林地，人工油松，自然植物种类为白草、艾蒿。野外调查时间为 2015 年 8 月 2 日，编号为 14-017。

沙岭村系代表性单个土体剖面

Ah: 0～11 cm，浊黄棕色（10YR 5.5/3，干），浊黄棕色（10YR 4/3，润）；壤土；发育较强的2～3 mm的屑粒状结构；松软；1～2 mm的草本根系，丰度为20条/dm²；土体内含有5～50 mm大小的中度风化的棱块状硅质灰岩岩屑，丰度约55%；强石灰反应；渐变平滑过渡。

Bw1: 11～35 cm，浊黄棕色（10YR 5.5/3，干），浊黄棕色（10YR 4/3，润）；壤土；发育较强的2～3 mm的屑粒状结构；松软；1～2 mm的草本根系，丰度为15条/dm²；土体内含有5～80 mm大小的中度风化的棱块状硅质灰岩岩屑，丰度约45%；强石灰反应；清晰平滑过渡。

Bw2: 35～52 cm，浊黄橙色（10YR 6/3，干），棕色（10YR 4/4，润）；壤土；发育弱的1～2 mm的屑粒状结构；松散；1 mm的草本根系，丰度为2条/dm²；土体内含有5～150 mm大小的中度风化的棱块状硅质灰岩岩屑，丰度约40%；强石灰反应；清晰平滑过渡。

Bw3: 52～90 cm，浊黄橙色（10YR 6/3，干），棕色（10YR 4/4，润）；壤土；发育弱的1～2 mm的屑粒状结构；松散；1 mm的草本根系，丰度为2条/dm²；土体内含有8～40 mm大小的中度风化的棱块状硅质灰岩岩屑，丰度约70%；强石灰反应；突变平滑过渡。

R: 90 cm以下，破碎的硅质灰岩基岩。

沙岭村系代表性单个土体物理性质

土层	深度/cm	细土颗粒组成 (粒径：mm) /(g/kg)			质地
		砂粒 2～0.05	粉粒 0.05～0.002	黏粒 <0.002	
Ah	0～11	521	346	133	壤土
Bw1	11～35	452	375	173	壤土
Bw2	35～52	465	414	121	壤土
Bw3	52～90	371	409	220	壤土

沙岭村系代表性单个土体化学性质

深度/cm	pH (H₂O)	有机碳/(g/kg)	全氮(N)/(g/kg)	全磷(P)/(g/kg)	全钾(K)/(g/kg)	CaCO₃/(g/kg)	CEC/[cmol(+)/kg]
0～11	8.1	16.91	1.69	0.81	10.4	255.3	6.5
11～35	8.4	10.88	1.06	0.80	12.0	215.5	7.8
35～52	8.4	5.80	0.63	0.52	15.3	93.1	4.5
52～90	8.2	7.14	0.98	0.58	9.6	331.7	4.3

9.8.11 龙咀系（Longzui Series）

土 族：壤质盖粗骨质混合型石灰性冷性-普通简育干润雏形土
拟定者：董云中，王秀丽，张凤荣

分布与环境条件 属温带大陆性季风气候，冬春长，夏秋短。春季干燥多大风、风沙；夏季温和，雨季集中（7 月下旬～9 月上旬），多局部性大雨、暴雨，且常发生山洪。年均气温 5.87 ℃，年均降水量 593.07 mm，全年无霜期 110～120 天。处于中山地带的上坡位置。成土母质为花岗岩风化物与坡积黄土的混合物。土地利用类型为荒草地，植物为蒿子、羊草等灌草。

龙咀系典型景观

土系特征与变幅 本土系具有雏形层、冷性土壤温度、半干润土壤水分状况、钙积现象等诊断层和诊断特性。剖面层次明显，上部 50 cm 的黄土，石灰反应强烈；下部 50 cm 为中度风化的花岗岩粗碎屑，粗碎屑含量可达 80%，在粗碎屑的表面分布着 15%左右的碳酸钙质假菌丝体，呈轻度石灰反应。

对比土系 本土系因壤质土在花岗岩风化粗碎屑上造成土壤颗粒大小级别不同而有别于同亚类中的其他土系。与静乐的磨盘沟系很相似，但不同之处是，磨盘沟系在 100 cm 深度出现连续的坚硬花岗岩基岩，土族也不同，磨盘沟系是粗骨砂质土族。与西喂马系的区别在于上部土层质地不同，西喂马系的上部土层没有那么多细土物质，为粗骨性的，土族不同；且西喂马系在 60 cm 左右出现大块半风化岩石。

利用性能综述 土壤质地适中，但有效土层厚度较薄，土体底部为花岗岩粗碎屑，保水保肥性能差，宜耕性差。且处于上坡部位，易发生水土流失，应注意坡面植被保护。

代表性单个土体 剖面位于山西省大同市浑源县千佛岭乡龙咀村，39°30′09.04″N，113°49′49.46″E，海拔 1353 m。处于中山地带的上坡位置。成土母质为花岗岩风化物与坡积黄土的混合物。土地利用类型为荒草地，植被类型为蒿子、羊草等灌草。野外调查时间为 2015 年 8 月 3 日，编号为 14-021。

龙咀系代表性单个土体剖面

Ah: 0~10 cm，棕色（10YR 4/6，干），暗黄棕色（10YR 3/6，润）；壤土；发育强的 2~3 mm 的屑粒状结构；松软；1~5 mm 的草本根系，丰度为 15 条/dm²；土体内含有中度风化的直径 5~10 mm 的花岗岩矿物碎屑，丰度为 10%~15%；强石灰反应；模糊倾斜过渡。

Bw: 10~50 cm，浊黄棕色（10YR 5/4，干），棕色（10YR 4/6，润）；壤土；发育强的 3~12 mm 的屑粒状结构；松软；1~2 mm 的草本根系，丰度为 5 条/dm²；土体内含有中度风化的直径 5~10 mm 的花岗岩矿物碎屑，丰度为 5%~10%；强石灰反应；突变倾斜过渡。

2Bk: 50~100 cm，黄棕色（10YR 5/6，干），棕色（10YR 4/6，润）；砂质壤土；发育弱的 1~2 mm 的屑粒状结构；土体内含有中度风化的直径 3~10 mm 的花岗岩矿物碎屑，丰度为 80%；粗碎屑表面分布有 15% 的霜状碳酸钙质假菌丝体；弱石灰反应；突变平滑过渡。

R: 100 cm 以下，基岩。

龙咀系代表性单个土体物理性质

| 土层 | 深度/cm | 细土颗粒组成 (粒径: mm) /(g/kg) | | | 质地 |
		砂粒 2~0.05	粉粒 0.05~0.002	黏粒 <0.002	
Ah	0~10	483	361	156	壤土
Bw	10~50	339	444	217	壤土
2Bk	50~100	664	170	166	砂质壤土

龙咀系代表性单个土体化学性质

深度/cm	pH(H₂O)	有机碳/(g/kg)	全氮(N)/(g/kg)	全磷(P)/(g/kg)	全钾(K)/(g/kg)	CaCO₃/(g/kg)	CEC/[cmol(+)/kg]
0~10	8.1	12.92	1.22	1.13	19.3	42.0	10.4
10~50	8.0	7.40	0.59	0.72	22.5	42.7	15.1
50~100	8.0	2.85	0.42	0.57	24.9	11.3	15.7

9.8.12　西喂马系（Xiweima Series）

土　族：粗骨壤质混合型冷性-普通简育干润雏形土
拟定者：张凤荣，李　超，靳东升

分布与环境条件　属温带大陆性气候，四季分明，春季干燥多风，夏季温暖多雨，秋季凉爽且阴雨较多，冬季漫长而寒冷。年均温度 6.17 ℃，年均降水量 735.05 mm，降水集中在 7～8 月，全年无霜期 124 天。位于中山地带的中坡部位，坡度约 20°，成土母质为非钙质页岩风化物的坡残积。土地利用类型是荒草地，植物为黄刺梅、三桠绣线菊、铁杆蒿、白草。

西喂马系典型景观

土系特征与变幅　本土系具有淡薄表层、雏形层、半干润土壤水分状况、冷性土壤温度状况等诊断层和诊断特性。土壤通体为砂质壤土，并含有 25%以上高度风化的非钙质胶结的页岩岩屑。因在陡峭山地坡上，常遭受侵蚀而使得土层薄，疏松土层厚度 10～40 cm，一般<50 cm 厚，没有石灰反应。一般 30～40 cm 以下有 10～20 cm 厚的非钙质页岩半风化物，可以用铁锹挖掘，再下为页岩基岩。通体无石灰反应。

对比土系　此土系与磨盘沟系不同在于颗粒大小级别不同，磨盘沟系的颗粒大小级别为粗骨砂质，而本土系为粗骨壤质。与前面的那些具有冷性土壤温度状况的土系的不同不但在于颗粒大小级别，更突出的是本土系没有石灰反应。柳沟系也是在 50～100 cm 出现基岩，但柳沟系的颗粒大小级别为壤质，属温性土壤温度，土族已不同。

利用性能综述　土层薄，土壤为粗骨壤土，保水性差，同时地处陡峭山坡上，极易形成水土流失危害。因此，应封山育林，即使种植树木时也需采用人造育林坑等方式增加树木成活率。

代表性单个土体　剖面位于山西省晋中市和顺县喂马乡西喂马村，37°16′09.983″N，113°29′29.253″E，海拔 1467 m。位于中山地带的中坡部位，坡度约 20°，成土母质为非钙质页岩风化物的坡残积物，土地利用类型是荒草地，植物为黄刺梅、三桠绣线菊、铁杆蒿、白草。野外调查时间为 2015 年 9 月 18 日，编号为 14-057。

Ah: 0~19 cm，浊黄橙色（10YR 6/3，干），浊黄棕色（10YR 5/4，润）；砂质壤土；发育弱的 1 mm 的屑粒状结构；1~3 mm 的草本根系，丰度为 15 条/dm²；松散；含有强风化状态的 2~5 mm 页岩碎屑，丰度为 35%~40%；无石灰反应；模糊平滑过渡。

Bw: 19~46 cm，浊黄橙色（10YR 6/3，干），浊黄棕色（10YR 5/4，润）；砂质壤土；发育弱的 1 mm 的屑粒状结构；1~5 mm 的草本根系，丰度为 5 条/dm²；松散；含有强风化状态的 2~5 mm 页岩碎屑，丰度为 25%~30%；无石灰反应；突然波状过渡。

C: 46~56 cm，非钙质页岩半风化物。

R: 56 cm 以下，页岩。

西喂马系代表性单个土体剖面

西喂马系代表性单个土体物理性质

土层	深度/cm	细土颗粒组成 (粒径：mm) /(g/kg)			质地
		砂粒 2~0.05	粉粒 0.05~0.002	黏粒 <0.002	
Ah	0~19	661	232	107	砂质壤土
Bw	19~46	590	257	153	砂质壤土

西喂马系代表性单个土体化学性质

深度/cm	pH (H₂O)	有机碳/(g/kg)	全氮(N)/(g/kg)	全磷(P)/(g/kg)	全钾(K)/(g/kg)	CaCO₃/(g/kg)	CEC/[cmol(+)/kg]
0~19	7.8	46.65	2.29	0.65	20.1	0.8	18.7
19~46	8.1	38.94	1.86	0.44	20.1	7.0	18.5

9.8.13　潞河系（Luhe Series）

土　　族：砂质混合型石灰性温性-普通简育干润雏形土
拟定者：李　超，张凤荣，靳东升

分布与环境条件　属暖温带半
湿润大陆性季风气候，四季分明，
气候宜人。年均气温 10.35 ℃，
年均降水量为 490.71 mm，全年
无霜期 176 天，年均日照总时数
2434.9 h。位于山间河谷阶地上，
成土母质为冲积物。土地利用类
型为耕地，植物为玉米。

潞河系典型景观

土系特征与变幅　本土系具有雏形层、温性土壤温度、半干润土壤水分状况、石灰性等
诊断层和诊断特性。剖面为典型的河漫滩二元结构，上部 0～27 cm 的壤土物质，含极少
量砾石，且越向下质地越粗，含零星的炭屑、砖屑；下部为磨圆度极好的卵石层，卵石
大的达 15 cm，卵石间隙含有砂和少量细土物质。剖面通体强石灰反应。

对比土系　与同土族的万家寨系的区别是，万家寨系的土层较为深厚，而且发育在山地
残积物上；而本土系发育在河流沉积物上。与新河峪系相似，也是砂质沉积物较薄；但
新河峪系具冷性土壤温度，而本土系具温性土壤温度，因而土族不同。与前面的那些具
有冷性土壤温度状况的土系的不同在于，本土系和同土族的万家寨系的土壤温度状况是
温性的。与小寨系同样地处河漫滩上，但小寨系没有雏形层，属于新成土，土纲已不同。

利用性能综述　土层较厚，细土物质质地适中，通透性好，排水性好，适宜耕种。但保
水性差，且地处河谷阶地上，有遭受泛滥威胁，利用时应注意须修筑防洪堤坝和注意排
涝，建设农田水利设施。

代表性单个土体　剖面位于山西省长治市潞城区辛安泉镇潞河村，36°26′40.730″N，
113°21′14.604″E，海拔 664 m。位于山间河谷阶地上，成土母质为冲积物，土地利用类
型为耕地，植物为玉米。野外调查时间为 2015 年 9 月 19 日，编号为 14-062。

潞河系代表性单个土体剖面

Ap：0～27 cm，浊黄棕色（10YR 5/4，干），暗黄棕色（10YR 3/6，润）；壤土；中度发育的 1～2 mm 的屑粒状结构；较坚硬；土体含有直径 2～10 mm 的半圆状砾石，丰度为 <3%；0.5～2 mm 的草本根系，丰度为 15 条/dm²；强石灰反应；明显平滑过渡。

Bw1：27～44 cm，浊棕色（7.5YR 5/4，干），亮棕色（7.5YR 5/6，润）；壤质砂土；单粒状；疏松；土体含有直径 2～10 mm 的半圆状砾石，丰度为 <2%；0.5～2 mm 的草本根系，丰度为 10 条/dm²；强石灰反应；突然平滑过渡。

Bw2：44～52 cm，浊棕色（7.5YR 5/4，干），棕色（7.5YR 4/6，润）；砂土；单粒状；疏松；强石灰反应；明显平滑过渡。

2C：52 cm 以下，卵石层，卵石间隙含少量粗砂。

潞河系代表性单个土体物理性质

土层	深度 /cm	细土颗粒组成 (粒径：mm) /(g/kg)			质地
		砂粒 2～0.05	粉粒 0.05～0.002	黏粒 <0.002	
Ap	0～27	489	427	84	壤土
Bw1	27～44	818	149	33	壤质砂土
Bw2	44～52	874	103	23	砂土

潞河系代表性单个土体化学性质

深度 /cm	pH (H₂O)	有机碳 /(g/kg)	全氮(N) /(g/kg)	全磷(P) /(g/kg)	全钾(K) /(g/kg)	CaCO₃ /(g/kg)	CEC /[cmol(+)/kg]
0～27	8.5	5.66	0.72	1.79	13.7	51.6	7.8
27～44	8.7	0.67	0.23	0.70	16.1	48.1	4.4
44～52	8.8	1.01	0.25	0.46	13.7	45.0	2.6

9.8.14 万家寨系（**Wanjiazhai Series**）

土　族：砂质混合型石灰性温性-普通简育干润雏形土
拟定者：李　超，靳东升，张凤荣

分布与环境条件　属暖温带大
陆性季风气候，四季分明，年均
气温 7.63 ℃，年降水量
516.25 mm，全年无霜期 140 天。
地处中山地带的中坡部位，坡度
约 10°。母质主要为残坡积物，
细土物质来自黄土降尘，经流水
再造。土地利用类型为林地，植
被类型为松树、白草、铁杆蒿、
荆条等。

万家寨系典型景观

土系特征与变幅　本土系具有雏形层、温性土壤温度、半干润土壤水分状况、石灰性等
诊断层和诊断特性。质地主要为砂质壤土，弱的屑粒状结构，通体强石灰反应。土层厚
度约 72 cm，之下即为连续的水平砂岩石板。土体内除表层外，通体含半风化状态的岩
屑，土体自上而下的岩屑含量有所增加，岩屑变大，但含量均低于 15%。

对比土系　与同土族的潞河系的区别是，潞河系的土层较浅薄；而且本土系发育在山地
残积物上；而潞河发育在河流沉积物上。与磨盘沟系相比，虽都是发育于连续的基岩上，
但磨盘沟系由于土壤温度为冷性，土族已不同。与柳沟系相比，虽土体构型相似，但柳
沟系仅底层（65～87 cm）含有砂岩碎屑，除表层外多为次棱块状结构，而本系除表层外
通体含砂岩岩屑，通体发育弱的屑粒状结构，即土系不同。与西沟系相比，土体构型相
似，但西沟系是西沟人"青石板造田"，在岩石（石灰岩）板上堆垫黄土而来，而本系
成土母质主要为残坡积物，细土物质主要来自黄土降尘。

利用性能综述　土体质地为砂质壤土，通透性好，土层较厚，可以种植小杂粮。但地处
陡峭山坡上，易形成水土流失危害。而且已经是林地，适宜利用方向是林地。

代表性单个土体　剖面位于山西省忻州市偏关县万家寨镇万家寨村，39°34′05.304″N，
111°26′10.028″E。海拔 1060 m。地处中山地带的中坡部位，坡度约 10°。母质主要为残
坡积物。土地利用类型为林地，自然植物种类为油松、白草、铁杆蒿、荆条等。野外调
查时间为 2016 年 4 月 16 日，编号为 14-101。

Ah：　0～12 cm，亮黄棕色（10YR 6/6，干），浊黄棕色（10YR 5/4，润）；壤土；发育弱的 0.5～1 mm 屑粒状结构；松散；0.5～1 mm 的草本根系，丰度为 20 条/dm²；强石灰反应；模糊平滑过渡。

Bw1：12～39 cm，亮黄棕色（10YR 6/6，干），浊黄棕色（10YR 5/4，润）；砂质壤土；发育弱的 0.5～1 mm 的屑粒状结构；松散；0.5～2 mm 的草本根系，丰度为 15 条/dm²；土体内含有直径 2～50 mm 半风化的砂岩矿物碎屑，丰度为 5%；强石灰反应；模糊平滑过渡。

Bw2：39～72 cm，亮黄棕色（10YR 6/6，干），浊黄棕色（10YR 5/4，润）；砂质壤土；发育弱的 0.5～1 mm 的屑粒状结构；松散；0.5～1 mm 的草本根系，丰度为 10 条/dm²；土体内含有直径 2～100 mm 半风化的砂岩矿物碎屑，丰度为 15%；强石灰反应。

万家寨系代表性单个土体剖面

R：72 cm 以下，连续的砂岩。

万家寨系代表性单个土体物理性质

| 土层 | 深度/cm | 细土颗粒组成 (粒径：mm) /(g/kg) | | | 质地 |
		砂粒 2～0.05	粉粒 0.05～0.002	黏粒 <0.002	
Ah	0～12	475	396	129	壤土
Bw1	12～39	577	300	123	砂质壤土
Bw2	39～72	646	236	118	砂质壤土

万家寨系代表性单个土体化学性质

深度/cm	pH (H₂O)	有机碳/(g/kg)	全氮(N)/(g/kg)	全磷(P)/(g/kg)	全钾(K)/(g/kg)	CaCO₃/(g/kg)	CEC/[cmol(+)/kg]
0～12	8.6	3.88	0.71	0.39	18.5	74.7	4.7
12～39	8.9	4.70	0.83	0.44	20.9	79.0	4.7
39～72	8.9	2.11	0.62	0.44	20.1	67.3	4.2

9.8.15　岩南山系（Yannanshan Series）

土　族：壤质混合型石灰性温性–普通简育干润雏形土
拟定者：张凤荣，李　超，靳东升

分布与环境条件　属暖温带大陆性季风气候，四季分明，昼夜温差大。由于受西北气流的影响，春季多风沙，夏季炎热多雨，秋季凉爽宜人，冬季干燥寒冷。年均气温 10.01 ℃，年均降水量 664.1 mm，主要集中在 7～9 月。一年四季日照充足，年均日照总时数 2800 h，全年无霜期 120～190 天。地处中山地带的下坡部位，坡度约 10°，成土母质为

岩南山系典型景观

坡积黄土。土地利用类型为荒草地，自然植物种类为铁杆蒿、榆树、沙棘等。

土系特征与变幅　本土系具有雏形层、温性土壤温度、半干润土壤水分状况、石灰性等诊断层和诊断特性。有效土层厚度 1.3 m，下面为中度风化的砂岩基岩。剖面质地构型以壤土为主，含有少量的岩屑。26～52 cm 处岩屑含量略多，结构体内孔隙处形成有极少量的假菌丝体。剖面通体具有极强石灰反应。

对比土系　与同土族的小庄系和上东村系相比，那两个土系土层深厚，剖面深度内没有出现基岩。与同土族的南马会系和柳沟系相比，那两个土系在 100 cm 之内就出现了基岩，而本土系在 130 cm 之下才出现。

利用性能综述　土壤质地为壤土，土层较厚，保水保肥性能好，但地处中山地带，水分不足，对作物生长限制性强。因此，适宜利用方向是林地。同时，注意自然植被保护，防止水土流失危害。

代表性单个土体　剖面位于山西省太原市万柏林区王封乡岩南山村，37°53′34.84″N，112°19′10.91″E。海拔 1292 m。地处中山地带的下坡部位，坡度约 10°，成土母质为坡积黄土。土地利用类型为荒草地，自然植物种类为铁杆蒿、榆树、沙棘等。野外调查时间为 2015 年 8 月 28 日，编号为 14-042。

岩南山系代表性单个土体剖面

Ah：　0～26 cm，浊黄棕色（10YR 5/4，干），棕色（10YR 4/4，润）；壤土；中度发育的 1～2 mm 的屑粒状结构；干时疏松；0.5～2 mm 的灌草根系，丰度为 10 条/dm²；土体含有直径 5～15 mm 的岩石矿物碎屑，丰度为 1%；极强石灰反应；清晰平滑过渡。

Bw1：26～52 cm，浊黄棕色（10YR 5/4，干），棕色（10YR 4/4，润）；壤土；中度发育的 1～2 mm 的屑粒状结构；干时疏松；0.5～5 mm 的灌草根系，丰度为 8 条/dm²；土体含有直径 5～20 mm 的岩石矿物碎屑，丰度为 5%；含有白色碳酸钙物质的假菌丝体，丰度为 2%；极强石灰反应；清晰平滑过渡。

Bw2：52～80 cm，浊黄棕色（10YR 5/4，干），棕色（10YR 4/4，润）；壤土；发育弱的 2～4 mm 的块状结构；干时疏松；0.5～1 mm 的灌草根系，丰度为 5 条/dm²；土体内含有直径 2～5 mm 的岩石矿物碎屑，丰度为 1%；极强石灰反应；模糊平滑过渡。

Bw3：80～130 cm，浊黄棕色（10YR 5/4，干），棕色（10YR 4/4，润）；粉砂壤土；发育弱的 2～4 mm 大的块状结构；干时疏松；土体内含有直径 2～10 mm 的岩石矿物碎屑，丰度为 1%；极强石灰反应。

岩南山系代表性单个土体物理性质

土层	深度/cm	细土颗粒组成（粒径：mm）/(g/kg)			质地
		砂粒 2～0.05	粉粒 0.05～0.002	黏粒 <0.002	
Ah	0～26	341	487	172	壤土
Bw1	26～52	321	463	216	壤土
Bw2	52～80	328	474	198	壤土
Bw3	80～130	476	524	0	粉砂壤土

岩南山系代表性单个土体化学性质

深度/cm	pH (H₂O)	有机碳/(g/kg)	全氮(N)/(g/kg)	全磷(P)/(g/kg)	全钾(K)/(g/kg)	CaCO₃/(g/kg)	CEC/[cmol(+)/kg]
0～26	8.4	10.43	0.89	0.31	16.1	89.0	10.6
26～52	8.7	5.22	0.62	0.84	16.1	114.78	9.6
52～80	8.7	4.87	0.53	0.15	15.3	100.1	9.1
80～130	8.3	7.97	0.64	0.48	15.3	108.2	9.7

9.8.16　小庄系（Xiaozhuang Series）

土　族：壤质混合型石灰性温性-普通简育干润雏形土
拟定者：张凤荣，李　超，靳东升

分布与环境条件　属温带大陆
性季风气候，四季分明，7～9
月气温最高。年均气温 9.55 ℃，
年均降水量 666.91 mm（大部分
集中于 7～9 月），全年无霜期
166 天。位于黄土丘陵上，成土
母质为马兰黄土。土地利用类型
为耕地，种植作物为玉米、谷
子等。

小庄系典型景观

土系特征与变幅　本土系具有雏形层、温性土壤温度、半干润土壤水分状况、钙积现象、
石灰性等诊断层和诊断特性。剖面发育于马兰黄土上，通体为均一的粉砂壤土；耕层与
表下层均含少量侵入体（炭屑、砖屑）；心土层含有少量霜状假菌丝体，向下底土层含量
更少一些；通体极强石灰反应。

对比土系　与同土族的上东村系最相似，但上东村系可见碳酸钙结核，而小庄系没有。
与同土族的岩南山系相比，本土系土层深厚，剖面深度内没有出现基岩。与同土族的南
马会系和柳沟系相比，那两个土系在 100 cm 之内就出现了基岩，而本土系在 150 cm 之
下才出现。

利用性能综述　土层较厚，细土物质质地适中，通透性好，排水性好，适宜耕种。

代表性单个土体　剖面位于山西省长治市襄垣县古韩镇小庄村，36°37′57.815″N，
113°04′35.340″E，海拔 1111 m。位于黄土丘陵上，成土母质为马兰黄土，土地利用类型
为耕地，种植作物为谷子。野外调查时间为 2015 年 9 月 21 日，编号为 14-066。

Ap：0～21 cm，浊黄橙色（10YR 6/3，干），暗黄棕色（10YR 3/6，润）；粉砂壤土；发育弱的 1 mm 的屑粒状结构；松散；土体含有 2%左右的炭屑、砖屑侵入体；<1 mm 的草本根系，丰度为 10 条/dm²；极强石灰反应；突然平滑过渡。

Bw：21～39 cm，浊黄橙色（10YR 6/3，干），棕色（10YR 4/6，润）；粉砂壤土；发育弱的 1 mm 的屑粒状结构；松散；土体含有 2%左右的炭屑、砖屑侵入体；<1 mm 的草本根系，丰度为 5 条/dm²；极强石灰反应；明显平滑过渡。

Bk1：39～120 cm，浊黄橙色（10YR 6/3，干），棕色（10YR 4/6，润）；粉砂壤土；发育非常弱的 0.5～1 mm 的屑粒状结构；松散；土壤孔隙内有白色霜状碳酸钙质假菌丝体，丰度 2%；极强石灰反应；模糊平滑过渡。

Bk2：120～150 cm，浊黄橙色（10YR 6/3，干），棕色（10YR 4/6，润）；粉砂壤土；发育非常弱的 0.5～1 mm 的屑粒状结构；松散；土壤孔隙内有白色霜状碳酸钙质假菌丝体，丰度 1%；极强石灰反应。

小庄系代表性单个土体剖面

小庄系代表性单个土体物理性质

土层	深度 /cm	细土颗粒组成（粒径：mm）/(g/kg)			质地
		砂粒 2～0.05	粉粒 0.05～0.002	黏粒 <0.002	
Ap	0～21	216	612	172	粉砂壤土
Bw	21～39	178	681	141	粉砂壤土
Bk1	39～120	194	686	120	粉砂壤土
Bk2	120～150	170	689	141	粉砂壤土

小庄系代表性单个土体化学性质

深度 /cm	pH (H₂O)	有机碳 /(g/kg)	全氮(N) /(g/kg)	全磷(P) /(g/kg)	全钾(K) /(g/kg)	CaCO₃ /(g/kg)	CEC /[cmol(+)/kg]
0～21	8.4	10.41	0.88	0.57	15.3	75.3	7.1
21～39	8.5	7.15	0.43	1.63	13.7	85.3	7.5
39～120	8.5	3.93	0.58	0.31	14.5	143.4	6.8
120～150	8.6	4.10	0.48	0.47	16.1	137.1	5.9

9.8.17 上东村系（Shangdongcun Series）

土　　族：壤质混合型石灰性温性–普通简育干润雏形土
拟定者：张凤荣，李　超

分布与环境条件　属暖温带大
陆性季风气候，四季分明，7～9
月气温最高。年均气温 9.25 ℃，
年均降水量 576.55 mm（大部分
集中于 7～9 月），全年无霜期
172 天。位于黄土高原的高丘残
垣地带，成土母质为马兰黄土。
土地利用类型为园地，植物主要
为枣树、山榆、铁杆蒿等。

上东村系典型景观

土系特征与变幅　本土系具有黄土和黄土状沉积物岩性特征、温性土壤温度、半干润土
壤水分状况、钙积现象、石灰性等诊断层和诊断特性。剖面发育于马兰黄土上，通体为
均一的粉砂壤土；土体除表层颜色稍暗外，通体颜色差异不明显；除表层外，通体有星
点状假菌丝体、碳酸钙结核（直径<15 mm，含量<3%），且各土层含量基本一致；通体
极强石灰反应。

对比土系　与同土族的小庄系最相似，但小庄系土体中没有见碳酸钙结核。与同土族的
南马会系和柳沟系相比，那两个土系的土体厚度都不足 100 cm 即出现基岩。与同土族的
岩南山系相比，那个土系在 130 cm 深度左右出现破碎的基岩，而本土系为深厚的黄土。

利用性能综述　土层较厚，细土物质质地适中，通透性好，排水性好，适宜耕种。

代表性单个土体　剖面位于山西省临汾市吉县吉昌镇上东村，36°07′43.345″N，
110°38′51.112″E，海拔 1027 m。位于黄土高原的高丘残垣地带，成土母质为马兰黄土。
土地利用类型为园地，植物主要为枣树、山榆、铁杆蒿等。野外调查时间为 2016 年 4
月 12 日，编号为 14-094。

上东村系代表性单个土体剖面

Ap: 0～20 cm，浊黄橙色（10YR 6/3，干），暗黄棕色（10YR 3/6，润）；粉砂壤土；发育弱的 0.2～0.5 mm 的屑粒状结构；松散；<1 mm 的草本根系，丰度为 10 条/dm²；极强石灰反应；逐渐平滑过渡。

Bk1: 20～47 cm，浊黄橙色（10YR 6/3，干），棕色（10YR 4/6，润）；粉砂壤土；大块状结构；松散；<1 mm 的草本根系，丰度为 5 条/dm²；土壤孔隙内有白色霜状碳酸钙质假菌丝体；土体内含有<15 mm 的白色碳酸钙结核，丰度<3%；极强石灰反应；模糊平滑过渡。

Bk2: 47～95 cm，浊黄橙色（10YR 6/3，干），棕色（10YR 4/6，润）；粉砂壤土；发育非常弱的 0.5～1 mm 的屑粒状结构；松散；土壤孔隙内有白色霜状碳酸钙质假菌丝体；土体内含有<15 mm 的白色碳酸钙结核，丰度<3%；极强石灰反应；模糊平滑过渡。

Bk3: 95～130 cm，浊黄橙色（10YR 6/3，干），棕色（10YR 4/6，润）；粉砂壤土；发育非常弱的 0.5～1 mm 的屑粒状结构；松散；土壤孔隙内有白色霜状碳酸钙质假菌丝体；土体内含有<15 mm 的白色碳酸钙结核，丰度<3%；极强石灰反应；模糊平滑过渡。

Bk4: 130～150 cm，浊黄橙色（10YR 6/3，干），棕色（10YR 4/6，润）；粉砂壤土；发育非常弱的 0.5～1 mm 的屑粒状结构；松散；土壤孔隙内有白色霜状碳酸钙质假菌丝体；土体内含有<15 mm 的白色碳酸钙结核，丰度<3%；极强石灰反应。

上东村系代表性单个土体物理性质

| 土层 | 深度 /cm | 细土颗粒组成 (粒径：mm) /(g/kg) | | | 质地 |
		砂粒 2～0.05	粉粒 0.05～0.002	黏粒 <0.002	
Ap	0～20	147	692	161	粉砂壤土
Bk1	20～47	176	719	105	粉砂壤土
Bk2	47～95	160	741	99	粉砂壤土
Bk3	95～130	165	752	83	粉砂壤土
Bk4	130～150	140	761	99	粉砂壤土

上东村系代表性单个土体化学性质

深度 /cm	pH (H₂O)	有机碳 /(g/kg)	全氮(N) /(g/kg)	全磷(P) /(g/kg)	全钾(K) /(g/kg)	CaCO₃ /(g/kg)	CEC /[cmol(+)/kg]
0～20	8.7	4.21	0.95	0.22	20.1	86.8	5.7
20～47	9.1	1.65	0.51	0.29	19.3	113.3	4.6
47～95	9.2	0.77	0.38	0.40	19.3	121.9	4.7
95～130	9.1	0.47	0.34	0.48	18.5	133.2	4.1
130～150	9.0	1.15	0.46	0.43	19.3	108.3	4.6

9.8.18 南马会系（Nanmahui Series）

土　　族：壤质混合型石灰性温性–普通简育干润雏形土
拟定者：张凤荣，李　超，靳东升

分布与环境条件　属暖温带大
陆性季风气候，四季分明，年均
气温 9.14 ℃，年均降水量
591.74 mm，全年无霜期 165 天
左右。地处低山地带的中部位
置，坡度 15°。成土母质为砂
质页岩坡残积物。土地利用类型
为荒草地，植被类型为铁杆蒿、
酸枣树、薹草。

南马会系典型景观

土系特征与变幅　本土系具有雏形层、温性土壤温度、半干润土壤水分状况、石灰性等
诊断层和诊断特性。发育于砂质页岩坡残积物上，上部 75 cm 为壤土，含有少量风化岩
屑，通体疏松、多孔，75 cm 以下的砂质页岩，虽然呈岩石状，但可以用镐刨动，即准
石质接触面。土层通体极强石灰反应，但下伏的砂质页岩及其风化物无石灰反应。

对比土系　与同土族的柳沟系剖面形态最相似，但柳沟系无半风化的可以用铁锹挖掘的
岩石，下伏的基岩十分坚硬。与同土族的小庄系、上东村系和大沟系相比，那 3 个土系
的土层厚度都大于 150 cm。

利用性能综述　土层较厚，细土物质质地适中；但只是局部分布，周边岩石露头出露多，
且地处山地中部陡坡上，如耕种有不适宜机械作业的问题，因此适宜的利用类型为林地
或维持现状，封育。

代表性单个土体　剖面位于山西省晋中市榆社县箕城镇南马会村，36°59′14.155″N，
112°55′06.035″E，海拔 1002 m。地处低山地带的中部位置，坡度 15°。成土母质为砂质
页岩坡残积物。土地利用类型为荒草地，植被类型为铁杆蒿、酸枣树、薹草。野外调查
时间为 2015 年 9 月 21 日，编号为 14-068。

Ah：　0～21 cm，浊黄棕色（10YR 5/3，干），暗黄棕色（10YR 3/6，润）；砂质壤土；发育弱的 0.5～1 mm 的屑粒状结构；松散；含有直径 30 mm 的半风化棱角状砂页岩碎屑，丰度为 5%；<1 mm 的草本根系，丰度为 10 条/dm²；极强石灰反应；逐渐平滑过渡。

Bw1：21～41 cm，浊黄橙色（10YR 6/3，干），棕色（10YR 4/6，润）；壤土；发育弱的 0.5～1 mm 的屑粒状结构；松散；含有直径 20 mm 的半风化棱角状砂页岩碎屑，丰度为 3%；<1 mm 的草本根系，丰度为 10 条/dm²；极强石灰反应；模糊平滑过渡。

Bw2：41～75 cm，浊黄橙色（10YR 6/3，干），棕色（10YR 4/6，润）；壤土；发育弱的 1 mm 的屑粒状结构；松散；含有直径 20 mm 的半风化棱角状砂页岩碎屑，丰度为 3%；<1 mm 的草本根系，丰度为 5 条/dm²；极强石灰反应；模糊倾斜过渡。

南马会系代表性单个土体剖面

C：75 cm 以下，半风化的砂质页岩，虽然呈连续的岩石产状，但可以用铁锹挖掘，无石灰反应。

R：基岩层，砂质页岩；无石灰反应。

南马会系代表性单个土体物理性质

土层	深度 /cm	细土颗粒组成（粒径：mm）/(g/kg)			质地
		砂粒 2～0.05	粉粒 0.05～0.002	黏粒 <0.002	
Ah	0～21	614	337	49	砂质壤土
Bw1	21～41	495	424	81	壤土
Bw2	41～75	496	409	95	壤土

南马会系代表性单个土体化学性质

深度 /cm	pH (H₂O)	有机碳 /(g/kg)	全氮(N) /(g/kg)	全磷(P) /(g/kg)	全钾(K) /(g/kg)	CaCO₃ /(g/kg)	CEC /[cmol(+)/kg]
0～21	8.6	14.12	1.49	0.57	16.9	96.7	7.6
21～41	8.1	7.43	0.93	0.41	15.3	116.3	4.9
41～75	8.6	4.61	0.76	0.38	14.5	124.6	5.9

9.8.19 柳沟系（Liugou Series）

土　族：壤质混合型石灰性温性-普通简育干润雏形土
拟定者：张凤荣，李　超，靳东升

分布与环境条件　属温带季风
气候，四季分明，春季干旱多风，
夏季湿热多雨，秋季晴朗，日照
充足，冬季寒冷少雪。年均气温
9.91 ℃，年降水量 602.25 mm，
全年无霜期 171.2 天。地处低山
地带的中坡部位，坡度约 20°。
成土母质主要为坡积物。土地利
用类型为灌木林地，自然植物以
酸枣树、铁杆蒿、白草为主。

柳沟系典型景观

土系特征与变幅　本土系具有淡薄表层、雏形层、温性土壤温度、半干润土壤水分状况、
石灰性等诊断层和诊断特性。土体细土物质基本由黄土物质构成，质地为粉砂壤土，
底部夹杂较多的砂岩碎屑，在 87 cm 左右即出现连续的基岩（砂岩）。通体具有极强石
灰反应。

对比土系　与同土族的南马会系剖面形态最相似，但南马会系下部是半风化的可以用铁
锹挖掘的岩石半风化物，本土系下伏的基岩连续且十分坚硬。与同土族的小庄系、上东
村系和大沟系相比，那 3 个土系的土层厚度都大于 150 cm。与静乐县的磨盘沟系在土地
构型上相似，但磨盘沟系下伏基岩是花岗岩，而且为冷性土壤温度，通体含大量花岗岩
风化的岩屑，为粗骨壤质。

利用性能综述　土层较厚，质地粉砂壤土，通透性好，但由于地处半干旱区和陡峭山坡
上，易形成水土流失危害。因此，适宜利用方向为林地。

代表性单个土体　剖面位于山西省太原市迎泽区郝庄镇柳沟村，37°50′35.71″N，
112°39′38.29″，海拔 1067m。地处低山地带的中坡部位，坡度约 20°，成土母质主要为
坡积物。土地利用类型为灌木林地，自然植物种类以酸枣、铁杆蒿、白草为主。与此相
似剖面发现在山西省晋中市祁县峪口乡左家滩村，37°16′47.66″N，112°28′44.02″E，海拔
852 m。野外调查时间为 2015 年 8 月 30 日，编号为 14-048。

Ah: 0～9 cm，浊黄橙色（10YR 6/3，干），浊黄棕色（10YR 5/4，润）；粉砂壤土；发育弱的 1 mm 的屑粒状结构；干、湿时均松散；0.5～3 mm 的草本根系，丰度为 10 条/dm²；极强石灰反应；模糊平滑过渡。

Bw1: 9～31 cm，浊橙色（7.5YR 6/4，干），浊棕色（7.5YR 5/4，润）；壤土；发育弱的 1～3 mm 的次棱块状结构；干、湿时均松散；0.5～1 mm 的草本根系，丰度为 8 条/dm²；极强石灰反应；模糊平滑过渡。

Bw2: 31～65 cm，浊橙色（7.5YR 6/4，干），浊棕色（7.5YR 5/4，润）；粉砂壤土；发育弱的 1～3 mm 的次棱块状结构；干、湿时均松散；0.5～1 mm 的草本根系，丰度为 3 条/dm²；极强石灰反应；模糊平滑过渡。

柳沟系代表性单个土体剖面

Bw3: 65～87 cm，浊橙色（7.5YR 6/4，干），浊棕色（7.5YR 5/4，润）；壤土；发育弱的 1～3 mm 的次棱块状结构；干、湿时均松散；0.5～1 mm 的草本根系，丰度为 3 条/dm²；土体含有直径 10～60 mm 的砂岩碎屑，丰度 30%；极强石灰反应；模糊平滑过渡。

R: 87 cm 以下，砂岩。

柳沟系代表性单个土体物理性质

土层	深度/cm	细土颗粒组成（粒径：mm）/(g/kg)			质地
		砂粒 2～0.05	粉粒 0.05～0.002	黏粒 <0.002	
Ah	0～9	274	579	147	粉砂壤土
Bw1	9～31	429	472	99	壤土
Bw2	31～65	319	526	155	粉砂壤土
Bw3	65～87	382	484	134	壤土

柳沟系代表性单个土体化学性质

深度/cm	pH(H₂O)	有机碳/(g/kg)	全氮(N)/(g/kg)	全磷(P)/(g/kg)	全钾(K)/(g/kg)	CaCO₃/(g/kg)	CEC/[cmol(+)/kg]
0～9	8.5	8.05	0.79	0.40	19.3	99.4	6.4
9～31	8.7	2.80	0.49	0.27	18.5	104.6	5.2
31～65	8.6	2.30	0.34	0.48	17.7	104.1	5.5
65～87	8.6	5.43	0.45	0.43	17.7	105.8	5.8

9.8.20 大沟系（Dagou Series）

土　族：壤质混合型石灰性热性-普通简育干润雏形土
拟定者：张凤荣，李　超

分布与环境条件　属暖温带半干润大陆性季风气候，四季分明。年均气温 14.01 ℃，年均降水量 549.1 mm（大部分集中于 7～9 月），全年无霜期 219 天。位于山地丘陵山脚的黄土阶地（台地）上，成土母质为次生黄土。土地利用类型为林地，植物为柏树、蒿草、尖草等。

大沟系典型景观

土系特征与变幅　本土系具有淡色表层、雏形层、热性土壤温度、半干润土壤水分状况、石灰性等诊断层和诊断特性。剖面为均一的淡黄棕色黄土状物质，通体强石灰反应，粉砂壤土，疏松，团聚弱的细屑粒状结构，但未发现假菌丝体。剖面自上而下除根系逐渐减少外，几乎无土层分异，但是在 63～113 cm 部分剖面土层杂有稍红色的黄土（颜色：7.5YR 4/6）土团，可能是再次沉积夹杂的老黄土；抑或是该剖面属于人造黄土梯田时，马兰黄土物质杂入少量离石黄土（或马兰黄土中的黏化层）。

对比土系　与此前描述的同亚类的土系主要不同之处是本土系的土壤温度状况为热性，此前的为冷性或温性。与在此后描述的同亚类的土系主要不同之处是，本土系的土壤温度状况为热性，那些为温性；除了连伯村系为热性外，但连伯村系的颗粒大小级别为黏壤质。

利用性能综述　土层较厚，细土物质质地适中，通透性好，排水性好，适宜耕种，但地处半干旱区和山脚部位，易受水土流失危害。因此，适宜利用方向是林地。但要注意防火。

代表性单个土体　剖面位于山西省运城市永济市韩阳镇大沟村，34°44′39.628″N，110°17′32.682″E，海拔 371 m。位于山地丘陵山脚的黄土阶地（台地）上，成土母质为次生黄土，土地利用类型为林地，植物为柏树、蒿草、尖草等。野外调查时间为 2016 年 4 月 6 日，编号为 14-076。

Ah：　0～20 cm，浊黄橙色（10YR 7/4，干），黄棕色（10YR 5/6，润）；粉砂壤土；发育弱的 1 mm 的屑粒状结构；疏松；2～5 mm 的草本根系，丰度为 15 条/dm²；强石灰反应；模糊平滑过渡。

Bw1：20～63 cm，浊黄橙色（10YR 7/4，干），黄棕色（10YR 5/6，润）；粉砂壤土；发育弱的 0.5～1 mm 的屑粒状结构；疏松；2～5 mm 的草本根系，丰度为 5 条/dm²；强石灰反应；模糊平滑过渡。

Bw2：63～113 cm，浊黄橙色（10YR 7/4，干），黄棕色（10YR 5/6，润）；粉砂壤土；发育弱的 0.5～1 mm 的屑粒状结构；疏松；<1 mm 的草本根系，丰度为 2 条/dm²；强石灰反应；模糊平滑过渡。

Bw3：113～150 cm，浊黄橙色（10YR 7/4，干），黄棕色（10YR 5/6，润）；粉砂壤土；发育弱的 0.5～1 mm 的屑粒状结构；疏松；强石灰反应。

大沟系代表性单个土体剖面

大沟系代表性单个土体物理性质

土层	深度 /cm	细土颗粒组成（粒径：mm）/(g/kg)			质地
		砂粒 2～0.05	粉粒 0.05～0.002	黏粒 <0.002	
Ah	0～20	178	695	127	粉砂壤土
Bw1	20～63	181	686	133	粉砂壤土
Bw2	63～113	189	706	105	粉砂壤土
Bw3	113～150	165	687	148	粉砂壤土

大沟系代表性单个土体化学性质

深度 /cm	pH (H₂O)	有机碳 /(g/kg)	全氮(N) /(g/kg)	全磷(P) /(g/kg)	全钾(K) /(g/kg)	CaCO₃ /(g/kg)	CEC /[cmol(+)/kg]
0～20	8.4	4.34	1.02	0.42	18.9	107.1	3.1
20～63	9.0	1.58	0.49	0.39	24.9	197.6	3.0
63～113	9.2	1.52	0.39	0.40	16.9	72.8	3.0
113～150	9.8	1.20	0.58	0.46	18.5	103.1	1.7

9.8.21 西沟系（Xigou Series）

土　族：黏壤质混合型石灰性温性-普通简育干润雏形土
拟定者：张凤荣，李　超，靳东升

分布与环境条件　属暖温带大陆性季风气候，四季分明。年均温度 9.17 ℃，年均降水量 696.76 mm，夏季降水量占全年降水量的 63%；全年无霜期 181 天；位于中山地带的中坡部位，坡度约 30°，但已经修成梯地。成土母质为黄土状物质。土地利用类型为林地，植物为柏树、黄刺梅、艾蒿、铁杆蒿、薹草、华北风毛菊。

西沟系典型景观

土系特征与变幅　本土系具有雏形层、温性土壤温度、半干润土壤水分状况等诊断层和诊断特性。剖面是 20 世纪 50～60 年代，西沟人"青石板造田"，在岩石（石灰岩）板上堆垫黄土而来，剖面质地构型为通体粉砂壤土，土层厚度 70～80 cm，上下均一，因为是搬运土，已无黄土沉积相；但土壤结构已经形成。土体含有 5%左右的岩屑，棱角分明，也含有很少的炭屑和砖屑侵入体。通体强石灰反应。

对比土系　与同土族的岩南山系、小庄系、上东村系、南马会系、柳沟系、大沟系几个系比较，那些土系都是天然形成，而西沟系是堆垫黄土形成，与下面的基岩形成突然的变化；而且岩南山系、小庄系、上东村系、大沟系几个土系的土层厚度都大于 100 cm；与柳沟系和南马会系相比，土层厚度相似，但柳沟系和南马会系剖面中有坡积的岩石风化碎屑，而西沟系没有。与大寨系一样，都是人工搬运黄土堆垫而成，但不像大寨系那样含有大量炭屑、砖屑等人为侵入物，人为侵入体含量太少，不能像大寨系一样分类为土垫人为土，本土系为雏形土。与之更相似的是天镇县的柳子堡系，也是人工搬运黄土堆垫而成，也没有大量炭屑、砖屑等人为侵入物，不能分类为土垫人为土，但柳子堡系是在沟道上堆垫黄土，下伏为砾石，本土系下伏基岩。

利用性能综述　土层较厚，质地良好，已经筑成梯田，较适宜耕种。但毕竟地处坡面上，且土体下部为石灰岩板，宜作为林地。

代表性单个土体　剖面位于山西省长治市平顺县西沟乡西沟村，36°08′29.861″N，113°26′32.465″E，海拔 1219 m。位于中山地带的中坡部位，坡度约 30°，但已经修成梯地。成土母质为黄土状物质。土地利用类型为林地，植被类型为植物为柏树、黄刺梅、艾蒿、铁杆蒿、薹草、华北风毛菊。野外调查时间为 2015 年 9 月 20 日，编号为 14-063。

西沟系代表性单个土体剖面照

Ah：　0~17 cm，浊黄棕色（10YR 5/4，干），暗黄棕色（10YR 3/6，干）；粉砂壤土；较强发育的 1~2 mm 的屑粒状结构；0.5~2 mm 的草本根系，丰度 8 条/dm²；疏松；含有半风化状态的 10~30 mm 棱角状石灰岩碎屑，丰度为 <5%；含少量炭屑、砖屑等侵入体，丰度<1%；强石灰反应；逐渐平滑过渡。

Bw：　17~73 cm，浊黄棕色（10YR 5/4，干），暗黄棕色（10YR 3/6，干）；粉砂壤土；较强发育的 1~2 mm 的屑粒状结构；0.5~3 mm 的草本根系，丰度 15 条/dm²；疏松；含有半风化状态的 10~30 mm 棱角状石灰岩碎屑，丰度为 <5%；含少量炭屑、砖屑等侵入体，丰度<1%；强石灰反应；突然平滑过渡。

2R：　73 cm 以下，石灰岩板。

西沟系代表性单个土体物理性质

土层	深度 /cm	细土颗粒组成（粒径：mm）/(g/kg)			质地
		砂粒 2~0.05	粉粒 0.05~0.002	黏粒 <0.002	
Ah	0~17	174	619	207	粉砂壤土
Bw	17~73	142	614	244	粉砂壤土

西沟系代表性单个土体化学性质

深度 /cm	pH (H₂O)	有机碳 /(g/kg)	全氮(N) /(g/kg)	全磷(P) /(g/kg)	全钾(K) /(g/kg)	CaCO₃ /(g/kg)	CEC /[cmol(+)/kg]
0~17	8.3	9.65	1.20	0.50	16.9	37.2	12.8
17~73	8.6	5.19	0.82	0.51	16.1	45.3	11.8

9.8.22　车辐系（Chefu Series）

土　族：黏壤质混合型石灰性温性-普通简育干润雏形土
拟定者：张凤荣，李　超，靳东升

分布与环境条件　属暖温带半
干旱半湿润大陆性季风气候，
四季分明，冬冷夏热，雨热同
期，旱多涝少，灾害趋多。年
均温度 11.96 ℃，年均降水量
529.77 mm，全年无霜期 203 天，
年均日照总时数 2416.5 h。位于
黄土高原台地上。成土母质为黄
土。土地利用类型为耕地，主要
植物为玉米、铁杆蒿。

车辐系典型景观

土系特征与变幅　本土系具有淡薄表层、雏形层、温性土壤温度、半干润土壤水分状况、
石灰性等诊断层和诊断特性。土体为均质的呈强石灰反应的黄土，呈屑粒状结构，干时
有开裂，缝宽 1～2 mm 而形成大块状。干时土壤通体非常坚硬。在 81～98 cm 之间有一
层显厚片状结构的土层。

对比土系　与西沟系比较，西沟系在不到 100 cm 深度即出现坚硬的基岩，而本土系发育
在黄土丘陵上，土层深厚。与五里墩系相比，虽都为均质的呈强石灰反应的黄土，但那
个系为冷性土壤温度，而本系为温性土壤温度，即土族已不同；且本土系的土壤质地比
那个较黏，其土壤结构体发育也较好。与同亚类的小庄系、上东村系和大沟系剖面相似，
但那 3 个土系的颗粒大小级别是壤质，本土系是黏壤质。

利用性能综述　土层较厚，细土物质质地适中，保水性好，适宜耕种。

代表性单个土体　剖面位于山西省临汾市尧都区魏村镇车辐村，36°14′58.142″N，
111°29′54.693″E，海拔 568 m。位于黄土高原台地上，成土母质为黄土，土地利用类型
为耕地，主要植被为玉米、铁杆蒿。野外调查时间为 2015 年 9 月 24 日，编号为 14-074。

车辐系代表性单个土体剖面

Ap: 0～18 cm，浊黄棕色（10YR 5/4，干），棕色（10YR 4/4，润）；粉砂壤土；发育较好的1～2 mm的屑粒状结构；0.5 mm的草本根系，丰度5 条/dm²；多含1 mm的细孔隙；较硬；强石灰反应；模糊平滑过渡。

Bw1: 18～81 cm，浊棕色（7.5YR 5/4，干），棕色（7.5YR 4/4，润）；粉砂壤土；发育较好的1～2 mm的屑粒状结构；0.5 mm的草本根系，丰度3 条/dm²；多含0.5 mm的细孔隙；硬；土体有达15cm长的裂隙，其宽度1～2 mm；强石灰反应；清晰平滑过渡。

Bw2: 81～98 cm，浊棕色（7.5YR 5/4，干），棕色（7.5YR 4/4，润）；粉砂壤土；发育较好的1～2 mm的屑粒状结构；0.5 mm的草本根系，丰度1 条/dm²；多含0.5 mm的细孔隙；非常硬；土体有达10 cm长的裂隙，其宽度1～2 mm；强石灰反应；清晰平滑过渡。

Bw3: 98～150 cm，浊棕色（7.5YR 5/4，干），棕色（7.5YR 4/4，润）；粉砂质黏壤土；发育较好的1～2 mm的屑粒状结构；0.5 mm的草本根系，丰度1 条/dm²；多含0.5 mm的细孔隙；土体有达5cm长的裂隙，其宽度1 mm；非常硬；强石灰反应。

车辐系代表性单个土体物理性质

土层	深度/cm	细土颗粒组成 (粒径：mm) /(g/kg)			质地
		砂粒 2～0.05	粉粒 0.05～0.002	黏粒 <0.002	
Ap	0～18	151	625	224	粉砂壤土
Bw1	18～81	230	538	232	粉砂壤土
Bw2	81～98	158	604	238	粉砂壤土
Bw3	98～150	123	605	272	粉砂质黏壤土

车辐系代表性单个土体化学性质

深度/cm	pH (H₂O)	有机碳/(g/kg)	全氮(N)/(g/kg)	全磷(P)/(g/kg)	全钾(K)/(g/kg)	CaCO₃/(g/kg)	CEC/[cmol(+)/kg]
0～18	8.3	26.69	1.79	0.56	20.9	64.1	12.2
18～81	8.6	6.64	0.69	0.58	19.3	59.4	11.2
81～98	8.3	6.17	1.01	0.42	19.7	47.3	11.3
98～150	7.8	12.38	0.88	0.71	21.7	78.9	14.9

9.8.23 东峪口系 (Dongyukou Series)

土　　族：粗骨砂质混合型石灰性温性-普通简育干润雏形土
拟定者：张凤荣，王秀丽，董云中

分布与环境条件　属温带大陆性气候，年均气温 11.15 ℃左右，年均降水量 709.42 mm，全年无霜期 140 天。地处低山陡坡的下坡部位，坡度约 33°，成土母质为坡积物。土地利用类型为灌木林地，自然植物主要为黄刺梅、侧柏、铁杆蒿等。

东峪口系典型景观

土系特征与变幅　本土系具有雏形层、温性土壤温度、半干润土壤水分状况、石灰性等诊断层和诊断特性。剖面质地构型为通体壤土。通体岩屑含量较多，表层略少，越向下越多。55 cm 以下岩屑面上有霜状的碳酸钙淀积，通体具有石灰反应。

对比土系　与岩南山系同样发育于坡积物上，亚类相同，但土族不同；因为岩南山系土体内岩屑含量较少，土族颗粒大小级别为壤质；而本土系岩屑含量高，属于粗骨砂质。神郊村系发育在河谷阶地或坡积物上，土层深厚，而且砾石的磨圆度高，神郊村系的颗粒大小级别为粗骨壤质，土族不同。左家滩系也发育在山地残坡积物上，土层深厚差不多，砾石的磨圆度都不高，但左家滩系下部土体的颜色更红；也是颗粒大小级别为粗骨壤质，土族不同。

利用性能综述　岩屑含量多，保水保肥性能差，且地处陡峭山地区。因此，适宜利用方向是林地，防止泥石流等地质灾害。

代表性单个土体　剖面位于山西省晋中市灵石县南关镇东峪口村，36°44′37.78″N，111°54′24.42″E，海拔 1051 m。地处低山陡坡的下坡部位，成土母质为坡积物。土地利用类型为灌木林地，植物为黄刺梅、侧柏、铁杆蒿等。野外调查时间为 2015 年 8 月 29 日，编号为 14-043。

Ah：　0～18 cm，浊黄棕色（10YR 5/4，干），浊黄棕色（10YR 4/3，润）；砂质壤土；中度发育的1～2 mm的屑粒状结构；干时疏松；0.5～8 mm的灌草根系，丰度为12条/dm²；土体含有3～10 mm的花岗岩碎屑，丰度为25%；强石灰反应；渐变平滑过渡。

Bw：18～55 cm，浊黄棕色（10YR 5/4，干），棕色（10YR 4/4，润）；砂质壤土；中度发育的1 mm的屑粒状结构；干时疏松；0.5～3 mm的灌草根系，丰度为8条/dm²；土体含有2～20 mm的花岗岩碎屑，丰度为35%；强石灰反应；模糊平滑过渡。

Bk1：55～82 cm，浊黄橙色（10YR 6/3，干），棕色（10YR 4/4，润）；砂质壤土；发育弱的1 mm的屑粒状结构；干时松散；0.5～2 mm的灌草根系，丰度为5条/dm²；土体内含有5～40 mm的花岗岩碎屑，丰度为60%；岩屑面上有霜状的假菌丝体淀积，丰度为3%；极强石灰反应；模糊平滑过渡。

东峪口系代表性单个土体剖面

Bk2：82～125 cm，浊黄橙色（10YR 6/3，干），棕色（10YR 4/4，润）；砂质壤土；发育弱的1 mm的屑粒状结构；干时松散；0.5～2 mm的灌草根系，丰度为3条/dm²；土体内含有5～40 mm的花岗岩碎屑，丰度为60%；岩屑面上有霜状的假菌丝体淀积，丰度为5%；极强石灰反应。

东峪口系代表性单个土体物理性质

土层	深度/cm	细土颗粒组成（粒径：mm）/(g/kg)			质地
		砂粒 2～0.05	粉粒 0.05～0.002	黏粒 <0.002	
Ah	0～18	555	316	129	砂质壤土
Bw	18～55	529	327	144	砂质壤土
Bk1	55～82	558	319	123	砂质壤土
Bk2	82～125	696	209	95	砂质壤土

东峪口系代表性单个土体化学性质

深度/cm	pH (H₂O)	有机碳/(g/kg)	全氮(N)/(g/kg)	全磷(P)/(g/kg)	全钾(K)/(g/kg)	CaCO₃/(g/kg)	CEC/[cmol(+)/kg]
0～18	8.1	21.20	2.09	0.11	22.5	32.2	11.4
18～55	8.3	7.60	0.91	0.32	18.5	79.9	10.6
55～82	8.4	6.98	0.80	0.03	20.9	53.6	12.0
82～125	8.3	3.88	0.61	0.60	25.7	94.1	7.3

9.8.24 神郊村系（Shenjiaocun Series）

土　　族：粗骨壤质混合型石灰性温性-普通简育干润雏形土
拟定者：张凤荣，李　超

分布与环境条件　属暖温带大
陆性季风气候。年均气温
7.82 ℃，年均降水量 618.59 mm，
全年无霜期 153 天。地处河谷高
阶地上，人工平整为水平阶，坡
度 15°左右。成土母质为河流
沉积物。土地利用类型为林地，
植物主要有桃树、松树等。

神郊村系典型景观

土系特征与变幅　本土系具有淡薄表层、雏形层、温性土壤温度、半干润土壤水分状况、
石灰性等诊断层和诊断特性。位于河谷高阶地上，人工平整为水平阶。剖面上部大约
40 cm 厚的含砾石较少（15%～25%）的壤土层，之下含大量砾石（50%～60%）的土层，
细土物质为壤土，砾石磨圆度较高。40～140 cm 的土砾混合物层的上半部分（40～
104 cm）砾石含量较少（约 55%），但块大，104 cm 以下砾石含量较多（约 75%），但块
小，粗砂多。上部土体的细土物质已经发育为屑粒状结构。

对比土系　东峪口系，发育在基岩残积物上，砾石的磨圆度不高，而且东峪口系的颗粒
大小级别为粗骨砂质，土族不同。同土族的左家滩系，发育在山地残积物上，砾石的棱
角明显，而且左家滩系下部土体的颜色更红。

利用性能综述　土层较厚，细土物质质地适中，但通体含有较多砾石，且地处半干旱的
低山地带，缺乏灌溉水源。漏水漏肥；且地处山坡，耕作不便，因此，不适宜耕种，宜
保持其自然植被，维护生态环境。

代表性单个土体　剖面位于山西省长治市壶关县树掌镇神郊村，35°52′14.26″N，
113°23′59.672″E，海拔 1244.5 m。地处河谷高阶地上，人工平整为水平阶，坡度 15°左
右。成土母质为河流沉积物。土地利用类型为林地，植物主要有桃树、松树等。野外调
查时间为 2016 年 4 月 10 日，编号为 14-084。

神郊村系代表性单个土体剖面

Ah:　0～20 cm，浊黄棕色（10YR 5/4，干），暗棕色（10YR 3/4，润）；壤土；发育较强的 0.5～2 mm 的屑粒状结构；松散；1～2 mm 的草本根系，丰度为 20 条/dm²；土体内含有<25 mm 大小半风化的半圆状砾石，丰度约 15%；中度石灰反应；渐变平滑过渡。

Bw1：20～39 cm，浊黄棕色（10YR 5/4，干），暗棕色（10YR 3/4，润）；壤土；发育弱的 0.5～1 mm 的屑粒状结构；松散；1～2 mm 的草本根系，丰度为 15 条/dm²；土体内含有<25 mm 大小半风化的半圆状砾石，丰度约 25%；强石灰反应；清晰平滑过渡。

Bw2：39～104 cm，浊黄橙色（10YR 5/4，干），暗棕色（10YR 3/4，润）；砂质壤土；发育弱的 1～2 mm 的屑粒状结构；松散；1 mm 的草本根系，丰度为 2 条/dm²；土体内含有<60 mm 大小半风化的半圆状砾石，丰度约 55%；强石灰反应；清晰平滑过渡。

Bw3：104～140 cm，浊黄橙色（10YR 5/4，干），暗棕色（10YR 3/4，润）；壤土；发育弱的 1～2 mm 的屑粒状结构；松散；1 mm 的草本根系，丰度为 2 条/dm²；土体内含有<30 mm 大小半风化的半圆状砾石，大量粗砂，丰度约 75%；强石灰反应；突变平滑过渡。

神郊村系代表性单个土体物理性质

土层	深度/cm	细土颗粒组成（粒径：mm）/(g/kg)			质地
		砂粒 2～0.05	粉粒 0.05～0.002	黏粒 <0.002	
Ah	0～20	364	491	145	壤土
Bw1	20～39	447	419	134	壤土
Bw2	39～104	531	334	135	砂质壤土
Bw3	104～140	490	370	140	壤土

神郊村系代表性单个土体化学性质

深度/cm	pH (H₂O)	有机碳/(g/kg)	全氮(N)/(g/kg)	全磷(P)/(g/kg)	全钾(K)/(g/kg)	CaCO₃/(g/kg)	CEC/[cmol(+)/kg]
0～20	8.1	18.38	1.65	0.93	24.9	26.6	12.6
20～39	8.4	11.58	1.09	0.58	25.3	32.9	9.9
39～104	8.4	8.64	0.83	0.76	22.5	33.3	7.1
104～140	8.5	8.00	0.73	0.80	23.3	34.4	8.1

9.8.25 左家滩系（Zuojiatan Series）

土　族：粗骨壤质混合型石灰性温性-普通简育干润雏形土
拟定者：张凤荣，李　超，靳东升

分布与环境条件　属温带季风
气候，四季分明，春季干旱多风，
夏季湿热多雨，秋季晴朗，日照
充足，冬季寒冷少雪。年平均气
温 为 10.21 ℃， 年 降 水 量
490.1 mm，全年无霜期 171 天。
地处低山地带的中坡部位，坡度
约 20°。成土母质主要为坡积
物。土地利用类型为灌木林地，
自然植物种类以酸枣树、铁杆蒿
为主。

左家滩系典型景观

土系特征与变幅　本土系具有淡薄表层、雏形层、温性土壤温度、半干润土壤水分状况、
石灰性等诊断层和诊断特性。土体构型为壤土至砂质壤土。60 cm 的坡积黄土层中，含有
较多体积大的砾石。下面准石质接触面（中度风化的紫色砂岩）。通体具有极强石灰反应。

对比土系　与东峪口系相似，都发育在基岩残积物上，砾石棱角分明，但东峪口系的颗
粒大小级别为粗骨砂质，土族不同。同土族的神郊村系，发育在河谷阶地或坡积物上，
砾石的磨圆度较高，而且下部土体的颜色也不如左家滩系的红。与迎泽区的柳沟系相似，
但柳沟系土体构型为夹杂基岩岩屑的黄土物质，直接覆盖在连续的基岩上，之间没有砂
页岩风化层。与沙岭村系相似，但沙岭村系为冷性土壤温度；本土系为温性土壤温度。

利用性能综述　由于地势陡峭，土体内岩屑含量高，细土物质少。因此不适宜种植作物，
宜维持灌草植被，防止水土流失。

代表性单个土体　剖面位于山西省晋中市祁县峪口乡左家滩村，37°16′47.66″N，
112°28′44.02″E，海拔 852 m。地处低山地带的中坡部位，坡度约 20°，成土母质主要为
坡积物。土地利用类型为灌木林地，自然植物种类以酸枣树、铁杆蒿为主。野外调查时
间为 2015 年 8 月 30 日，编号为 14-047。

Ah: 0～18 cm，浊黄棕色（10YR 5/3，干），浊黄棕色（10YR 4/3，润）；壤土；发育弱的 1 mm 的屑粒状结构；干、湿时均松散；0.5～2 mm 的草本根系，丰度为 15 条/dm²；直径 2～30 mm 的砾石矿物碎屑，丰度为 10%；极强石灰反应；渐变平滑过渡。

Bw: 18～42 cm，浊棕色（7.5YR 5/4，干），棕色（7.5YR 4/4，润）；砂质壤土；中等发育的 2～3 mm 的屑粒状结构；干、湿时均松散；0.5～1 mm 的草本根系，丰度为 5 条/dm²；直径 3～100 mm 的砾石矿物碎屑，丰度为 35%；极强石灰反应。

2C: 42～80 cm，风化的紫色砂岩碎屑。

左家滩系代表性单个土体剖面

左家滩系代表性单个土体物理性质

土层	深度 /cm	细土颗粒组成 (粒径：mm) /(g/kg)			质地
		砂粒 2～0.05	粉粒 0.05～0.002	黏粒 <0.002	
Ah	0～18	461	425	114	壤土
Bw	18～42	539	365	96	砂质壤土

左家滩系代表性单个土体化学性质

深度 /cm	pH (H₂O)	有机碳 /(g/kg)	全氮(N) /(g/kg)	全磷(P) /(g/kg)	全钾(K) /(g/kg)	CaCO₃ /(g/kg)	CEC /[cmol(+)/kg]
0～18	8.4	11.68	1.09	0.46	18.5	91.0	7.2
18～42	8.7	5.19	0.54	0.49	21.7	103.0	5.0

9.8.26 回马系（Huima Series）

土　族：壤质盖砂质混合型石灰性温性-普通简育干润雏形土
拟定者：张凤荣，李　超，靳东升

分布与环境条件　属温带半干旱大陆性季风气候，四季分明，由于受季风和西伯利亚、蒙古高原高压控制，冬季少雪寒冷，春季干旱多风，夏季较热多雨，秋季温凉气爽。年均气温 9.99 ℃，年均降水量 469.43 mm，全年无霜期 160～190 天。地处盆地的故河道上，成土母质为冲积物。土地利用类型为灌木林地，现多已开垦为耕地，或作鱼塘用。

回马系典型景观

土系特征与变幅　本土系具有淡色表层、雏形层、温性土壤温度、半干润土壤水分状况、石灰性等诊断层和诊断特性。剖面为典型的河漫滩二元结构，从地表向下先是 28 cm 的壤土层，再下为厚 62 cm 的砂土层；90 cm 以下为深厚的卵石层，夹杂着河砂。

对比土系　与灵丘县的新河峪系均为典型的河漫滩二元结构，但新河峪系为冷性土壤温度，且土层厚度<50 cm，本土系为温性土壤温度，土层厚度>90 cm，土族已不同。与黄岭系和茶棚滩系相似，均为典型的河漫滩二元结构，但那两个土系的颗粒大小级别不同，在土族上就区别开了，而且茶棚滩系的漫滩相物质层较薄，黄岭系的土层深厚。与天镇县的上湾系一样具有河漫滩二元结构，但上湾系受地下水影响，具潮湿水分状况和氧化还原反应特征，亚纲不同；且上湾系属于冷性土壤温度，温度状况也不同。与广灵县的邵家庄系相似，也是河漫滩二元结构，但邵家庄系属于冷性土壤温度，土族已不同。与邻近的申奉系不同，申奉系无雏形层，属新成土，土纲已不同。

利用性能综述　细土物质质地适中，但地处故河道上，仍可能遭受泛滥威胁。但在有防洪堤的情况下，可以耕种。从多样性和生态保护角度，宜保持其自然状态。

代表性单个土体　剖面位于山西省晋中市太谷县阳邑乡回马村，37°25′35.69″N，112°42′51.02″E，海拔 819 m。处于乌马河故河道上，成土母质为冲积物，土地利用类型为灌木林地，植物主要为柏树、铁杆蒿、芦苇、狗尾草等。野外调查时间为 2015 年 8 月 31 日，编号为 14-050。

回马系代表性单个土体剖面

Ah：0～9 cm，浊黄棕色（10YR 5/4，干），棕色（10YR 4/4，润）；砂质黏壤土；发育弱的 2～3 mm 的次棱块状结构；稍坚硬；0.5～5 mm 的草本根系，丰度为 15 条/dm²；极强石灰反应；模糊平滑过渡。

Bw：9～28 cm，浊黄棕色（10YR 5/4，干），棕色（10YR 4/4，润）；黏壤土；中等发育的 2～5 mm 的次棱块状结构；稍坚硬；0.5～3 mm 的草本根系，丰度为 10 条/dm²；极强石灰反应；突变平滑过渡。

2C1：28～52 cm，浊黄橙色（10YR 6/3，干），浊黄棕色（10YR 4/3，润）；砂土；单粒状；松散；0.5～3 mm 的草本根系，丰度为 6 条/dm²；弱石灰反应；清晰平滑过渡。

2C2：52～90 cm，浊黄橙色（10YR 6/3，干），浊黄棕色（10YR 5/4，润）；砂土；单粒状；松散；0.5～3 mm 的草本根系，丰度为 3 条/dm²；无石灰反应；渐变平滑过渡。

3C：90～150 cm，砂土；单粒状；松散；含有直径 10～200 mm 的浑圆状砾石，丰度约 90%；无石灰反应。

回马系代表性单个土体物理性质

土层	深度 /cm	细土颗粒组成 (粒径：mm) /(g/kg)			质地
		砂粒 2～0.05	粉粒 0.05～0.002	黏粒 <0.002	
Ah	0～9	497	229	274	砂质黏壤土
Bw	9～28	432	279	289	黏壤土
2C1	28～52	890	85	25	砂土
2C2	52～90	969	17	14	砂土

回马系代表性单个土体化学性质

深度 /cm	pH (H₂O)	有机碳 /(g/kg)	全氮(N) /(g/kg)	全磷(P) /(g/kg)	全钾(K) /(g/kg)	CaCO₃ /(g/kg)	CEC /[cmol(+)/kg]
0～9	8.3	10.80	1.10	0.78	20.1	35.2	12.8
9～28	8.5	4.80	0.61	0.63	20.9	66.4	15.4
28～52	9.2	1.14	0.19	0.68	19.3	55.1	4.2
52～90	9.1	0.80	0.05	1.22	17.7	32.8	3.1

9.8.27　黄岭系（Huangling Series）

土　　族：壤质盖粗骨质混合型石灰性温性-普通简育干润雏形土
拟定者：张凤荣，李　超，靳东升

分布与环境条件　属温带大陆
性季风气候，其特点是：春秋季
短暂不明显，夏季凉爽无炎热，
冬季长而寒冷。年均气温
7.2 ℃，年均降水量 614.65 mm，
全年无霜期 140 天左右。位于山
前洪积扇上，母质为黄土。土地
利用类型为耕地，种植作物主要
为玉米。

黄岭系典型景观

土系特征与变幅　本土系具有淡薄表层、雏形层、温性土壤温度、半干润土壤水分状况
等诊断层和诊断特性。土层厚度>2 m。剖面质地构型为粉砂壤土夹砾石层。42～91 cm
处夹的大量磨圆的卵石层，可能为洪冲积物，细土物质为粉砂壤土。92 cm 以下土层均
含有少量假菌丝体，随着土层厚度加深而减少。通体极强石灰反应。

对比土系　与灵丘县的新河峪系均为典型的河漫滩二元结构，但新河峪系为冷性土壤温
度，且土层厚度<50 cm，本土系为温性土壤温度，土层厚度>90 cm，土族已不同。与回
马系和茶棚滩系相似，均为典型的河漫滩二元结构，但那两个土系的颗粒大小级别不同，
在土族上就区别开了，而且茶棚滩系的漫滩相物质层较薄。与天镇县的上湾系一样具有
河漫滩二元结构，但上湾系受地下水影响，具潮湿水分状况和氧化还原反应特征，亚纲
不同；且上湾系属于冷性土壤温度，温度状况也不同。与广灵县的邵家庄系相似，也是
河漫滩二元结构，但邵家庄系属于冷性土壤温度，土族已不同。与邻近的申奉系不同，
申奉系无雏形层，属新成土，土纲已不同。

利用性能综述　有效土层厚度能够满足大多数作物生长需求，细土物质质地适中。但由
于 42 cm 即开始出现砾石层，可能对作物生长有一定影响。

代表性单个土体　剖面位于山西省晋中市寿阳县平舒乡黄岭村，38°01′18.31″N，
113°03′17.71″E，海拔 1191 m。位于山前洪积扇上。母质为黄土状物质。土地利用类型
为耕地，种植作物主要为玉米。野外调查时间为 2015 年 9 月 1 日，编号为 14-053。

Ah: 0～14 cm，浊黄棕色（10YR 5/3，干），暗黄棕色（10YR 3/6，润）；壤土；中等发育的1～2 mm的屑粒状结构；疏松；1～4 mm的草本根系，丰度为15条/dm²；极强石灰反应；渐变平滑过渡。

Bw1：14～42 cm，浊黄橙色（10YR 6/3，干），黄棕色（10YR 5/6，润）；粉砂壤土；中等发育的1～2 mm的屑粒状结构；疏松；0.5～4 mm的草本根系，丰度为8条/dm²；极强石灰反应；突变平滑过渡。

2BC：42～91 cm，无土；发育弱的1～2 mm的屑粒状结构；疏松；土体含直径10～60 mm的磨圆卵石，丰度80%；极强石灰反应；突变平滑过渡。

3Bk1：91～113 cm，浊黄橙色（10YR 6/3，干），黄棕色（10YR 5/6，润）；壤土；发育弱的2～3 mm的次棱块状结构；疏松；0.5～2 mm的草本根系，丰度为5条/dm²；土体含白色碳酸钙质假菌丝体，丰度约5%；极强石灰反应；模糊平滑过渡。

黄岭系代表性单个土体剖面

3Bk2：113～170 cm，浊黄橙色（10YR 6/3，干），黄棕色（10YR 5/6，润）；粉砂壤土；发育弱的2～3 mm的次棱块状结构；疏松；土体含白色碳酸钙质假菌丝体，丰度约3%；极强石灰反应。

黄岭系代表性单个土体物理性质

土层	深度 /cm	细土颗粒组成（粒径：mm）/(g/kg)			质地
		砂粒 2～0.05	粉粒 0.05～0.002	黏粒 <0.002	
Ah	0～14	377	456	167	壤土
Bw1	14～42	365	502	133	粉砂壤土
2BC	42～91	未采土	未采土	未采土	未采土
3Bk1	91～113	386	473	141	壤土
3Bk2	113～170	401	508	91	粉砂壤土

黄岭系代表性单个土体化学性质

深度 /cm	pH (H₂O)	有机碳 /(g/kg)	全氮(N) /(g/kg)	全磷(P) /(g/kg)	全钾(K) /(g/kg)	CaCO₃ /(g/kg)	CEC /[cmol(+)/kg]
0～14	8.7	8.77	0.86	0.57	18.5	149.0	7.9
14～42	8.9	4.80	0.58	0.41	18.5	86.3	7.5
42～91	无土	无土	无土	无土	无土	无土	无土
91～113	8.5	2.58	0.37	0.76	21.7	125.2	7.5
113～170	8.7	1.99	0.33	0.28	18.5	175.2	6.9

9.8.28 茶棚滩系（Chapengtan Series）

土　族：壤质混合型温性–普通简育干润雏形土
拟定者：张凤荣，李　超，靳东升

分布与环境条件　属暖温带大陆性季风气候，四季分明。年均气温 9.86 ℃，年均降水量 560.73 mm，全年无霜期 180 天，年均日照总时数 2548.5 h。位于山间河谷地的河漫滩上，河流为季节性的，但雨季也偶有泛滥情况发生。成土母质为冲积物。土地利用类型为耕地，植物为玉米、铁杆蒿、狗尾草。

茶棚滩系典型景观

土系特征与变幅　本土系具有雏形层、温性土壤温度、半干润土壤水分状况等诊断层和诊断特性。剖面为典型的河漫滩二元结构，上部 30～40 cm 的壤土物质，含小于 5%的<2 cm 大小的砾石，含零星的炭屑、砖屑；下部为河卵石层，卵石大达 30～40 cm，卵石间隙含有砂砾和少量细土物质。剖面通体无石灰反应。

对比土系　与同亚类的大多数土系不同之处是本土系没有石灰反应。同亚类的西喂马系和磨盘沟系也是没有石灰反应，但那两个土系的温度状况为冷性，本土系为温性。与广灵县的新河峪系剖面构型最相似，但新河峪系为冷性土壤温度，土族已不同。与黄岭系也相似，均为典型的河漫滩二元结构，但黄岭系的漫滩相物质层较厚，土层深厚。与潞城市潞河系相似，但潞河系砾石层之上的壤土层厚度大，超过 50 cm，且通体强石灰反应。

利用性能综述　细土物质质地适中，但由于土层较薄，且地处河漫滩上，目前仍有遭受泛滥的可能，因此不适宜耕种。宜保持其自然状态，维护生态环境。

代表性单个土体　剖面位于山西省长治市黎城县西井镇茶棚滩村，36°40′53.406″N，113°23′19.892″E，海拔 811 m。位于山间沟谷地的河漫滩上。成土母质为冲积物。土地利用类型为耕地，植物为玉米、铁杆蒿、狗尾草。野外调查时间为 2015 年 9 月 19 日，编号为 14-061。

Ap: 0~15 cm，浊黄棕色（10YR 5/4，干），棕色（10YR 4/6，润）；壤土；中度发育的1~2 mm的屑粒状结构；松散；0.5~2 mm的草本根系，丰度为15条/dm²；含有2~10 mm的半圆状砾石，丰度为<5%；无石灰反应；模糊平滑过渡。

Bw: 15~34 cm，浊黄棕色（10YR 5/4，干），棕色（10YR 4/6，润）；壤土；弱发育的1~2 mm大的屑粒状结构；松散；0.5~2 mm的草本根系，丰度为10条/dm²;含有2~10 mm的半圆状砾石，丰度为<5%；无石灰反应；突变平滑过渡。

2C: 34~80 cm，浊黄棕色（10YR 5/4，干），棕色（10YR 4/6，润）；河卵石层，只是在卵石间隙含有砂砾和少量细土物质。

茶棚滩系代表性单个土体剖面

茶棚滩系代表性单个土体物理性质

土层	深度/cm	细土颗粒组成（粒径：mm）/(g/kg)			质地
		砂粒 2~0.05	粉粒 0.05~0.002	黏粒 <0.002	
Ap	0~15	440	451	109	壤土
Bw	15~34	521	387	92	壤土

茶棚滩系代表性单个土体化学性质

深度/cm	pH (H₂O)	有机碳/(g/kg)	全氮(N)/(g/kg)	全磷(P)/(g/kg)	全钾(K)/(g/kg)	CaCO₃/(g/kg)	CEC/[cmol(+)/kg]
0~15	7.6	9.40	1.06	0.74	18.5	1.3	11.6
15~34	7.4	9.59	1.17	0.77	24.9	2.6	11.3

9.8.29　连伯村系（Lianbocun Series）

土　族：黏壤质混合型石灰性热性-普通简育干润雏形土
拟定者：张凤荣，李　超

分布与环境条件　属暖温带半干旱大陆性季风气候，四季分明，年均气温 14.39 ℃，年均降水量 515.92 mm，全年无霜期 200 天。年蒸发量远大于年降水量，除了雨季，绝大部分时间蒸发量大于降水量。位于河谷平原，成土母质为河流冲积物。土地利用类型为耕地，种植作物主要为小麦。

连伯村系典型景观

土系特征与变幅　本土系具有雏形层、热性土壤温度、半干润土壤水分状况、石灰性等诊断层和诊断特性。剖面位于汾河与黄河交汇冲积平原，旋耕种植小麦。剖面沉积层理明显，表层为约 10 cm 厚的作物茎根分解物多的耕层；之下为厚约 30 cm 的粉砂质黏土层，再下约 50 cm 深的粉砂壤土层后是粉砂壤土层，该层上部沉积层理较粗，下层沉积层理极细。表土层、表下层已形成屑粒状土壤结构，而 1 m 深之下的黏土层只有沉积岩性结构，但黏土层见星点细小软黑色锰斑。通体强石灰反应。

对比土系　与同亚类的其他土系在土壤温度状况上就不同（大沟系除外，但大沟系与此土系的颗粒大小级别不同），土族上就分别开了。与邻近的河津市南方平系相比，虽土体内均可见河流沉积层理，但南方平系具有灌淤表层，属灌淤旱耕人为土，土纲已不同。与瓦窑头系相比，虽成土母质都是河流冲积物，但瓦窑头系所处土壤水分状况为湿润，且可见氧化还原特征（锈斑纹），本系为半干润，亚纲已不同。

利用性能综述　表土质地较黏重，耕种时最好深翻，增加土体通透性；土体下部为保水保肥能力好的黏土层，因此经过土地整治可建成高产田。

代表性单个土体　剖面位于山西省运城市河津市阳村乡连伯村，35°33′41.383″N，110°40′38.583″E，海拔 339 m。位于在黄河与汾河交汇的冲积平原上，成土母质为河流冲积物。土地利用类型为耕地，种植作物主要为小麦。野外调查时间为 2016 年 4 月 11 日，编号为 14-090。

连伯村系代表性单个土体剖面

Ap:　0～12 cm，浊黄棕色（10YR 5/3，干），浊黄棕色（10YR 4/3，润）；粉砂质黏壤土；发育强的1～2 mm 屑粒状结构；松散；0.5 mm 左右的作物根系，丰度为 8 条/dm²；强石灰反应；突然平滑过渡。

Bw1:　12～43 cm，浊橙色（7.5YR 6/4，干），棕色（7.5YR 4/6，润）；粉砂质黏土；发育较强的1～2 mm 屑粒状结构；较坚实；可塑性较强；0.5 mm 左右的作物根系，丰度为 3 条/dm²；强石灰反应；突然平滑过渡。

2Bw2:　43～94 cm，浊黄橙色（10YR 7/4，干），浊黄棕色（10YR 5/4，润）；粉砂壤土；发育弱的0.5～1 mm 屑粒状结构；松散；0.5～1 mm 的作物根系，丰度为 3 条/dm²；强石灰反应；突然平滑过渡。

Cr1:　94～127 cm，浊黄橙色（10YR 7/3，干），黄棕色（10YR 5/6，润）；粉砂质黏壤土；发育强的1～3 mm 层理结构；松散；结构体面可见 1～1.5 mm 的锰斑，丰度<5%；强石灰反应；突变平滑过渡。

Cr2:　127～150 cm，浊棕色（7.5YR 6/3，干），棕色（7.5YR 4/6，润）；细黏土；发育较强的0.5～1 mm 层理结构；松散；结构体面可见 1～1.5 mm 的锰斑，丰度<3%；强石灰反应。

连伯村系代表性单个土体物理性质

土层	深度/cm	细土颗粒组成（粒径：mm）/(g/kg)			质地
		砂粒 2～0.05	粉粒 0.05～0.002	黏粒 <0.002	
Ap	0～12	170	461	369	粉砂质黏壤土
Bw1	12～43	99	466	435	粉砂质黏土
2Bw2	43～94	65	790	145	粉砂壤土
Cr1	94～127	61	605	334	粉砂质黏壤土
Cr2	127～150	75	293	632	黏土

连伯村系代表性单个土体化学性质

深度/cm	pH (H₂O)	有机碳/(g/kg)	全氮(N)/(g/kg)	全磷(P)/(g/kg)	全钾(K)/(g/kg)	CaCO₃/(g/kg)	CEC/[cmol(+)/kg]
0～12	8.1	20.75	1.21	0.81	24.9	94.5	16.6
12～43	8.4	5.09	0.85	0.61	25.3	126.6	17.1
43～94	8.9	1.92	0.47	0.66	27.8	82.8	6.5
94～127	9.0	2.09	0.53	0.75	31.4	107.8	13.8
127～150	9.1	4.13	0.86	0.71	33.8	133.7	22.0

9.8.30　上营系（Shangying Series）

土　族：壤质混合型石灰性冷性-钙积简育干润雏形土
拟定者：董云中，李　超，王秀丽，靳东升，张凤荣

分布与环境条件　属暖温带半干旱大陆性季风气候，四季分明，年均气温 6.88 ℃，年均降水量 547.69 mm，全年无霜期 90～128 天。年蒸发量远大于年降水量，除了雨季，绝大部分时间蒸发量大于降水量。成土母质是以黄土物质为主的坡积物。处于大同盆地的中山地区。土地利用类型为荒草地，主要植物为针茅、铁杆蒿等。周边绝大部分土地已经开垦成梯田，种植作物主要为玉米。

上营系典型景观

土系特征与变幅　本土系具有雏形层、冷性土壤温度、半干润土壤水分状况、钙积现象、石灰性等诊断层和诊断特性。剖面质地构型为通体壤土。45 cm 以下出现假菌丝体，丰度<5%。通体含有半风化的 5～40 mm 花岗岩碎屑，丰度为 15%左右。通体具有石灰反应。

对比土系　与同土族的邵家庄系和于八里系相比，剖面构型明显不同，那两个剖面土层分异明显，而本土系土层均一性强。与同土族的赵二坡系相比，本土系的成土母质为黄土物质为主的坡积物，含岩石碎屑多；而赵二坡系为马兰黄土且土体中不含岩石碎屑。与邻近的柳子堡系在亚纲上已经不同，柳子堡系属于湿润雏形土，且其土体是"黄土搬家"堆垫的。

利用性能综述　土层较深厚，粉砂壤土，通透性好，保水性好，但地处半干旱区和陡峭山坡上，易干旱。适宜利用方向是林地。细土物质含有碳酸盐，结持性好。因为在坡地上，还是要注意坡面植被保护，防止水土流失。

代表性单个土体　剖面位于山西省大同市天镇县张西河乡上营村，40°23′54.19″N，114°13′32.91″E，海拔 1340 m。剖面位于黄土台地，成土母质为黄土坡积物，含有棱角分明的砾石，含量大约 10%～20%（体积分数），细土物质为次生黄土，石灰反应强烈，可见星点状假菌丝体，土层分异除了砾石含量外并不明显。土地利用类型是荒草地，主要植被为针茅、铁杆蒿等。野外调查时间为 2015 年 5 月 28 日，编号为 14-007。

上营系代表性单个土体剖面

Ah：　0～18 cm，浅棕色（10YR 6/3，干），棕色（10YR 4/3，润）；砂质壤土；发育弱的<1 mm 的屑粒状结构；松脆；半风化的直径 5～30 mm 的花岗岩矿物碎屑，丰度 5%～10%；1～3 mm 的草本根系，丰度为 15 条/dm²；中度石灰反应；渐变平滑过渡；地表 5～10cm 的粗碎石块，丰度 5%～10%。

Bw：　18～45 cm，浅棕色（10YR 6/3，干），深黄棕色（10YR 4/4，润）；砂质壤土；发育弱的<1 mm 的屑粒状结构；松脆；半风化的直径 5～30 mm 的花岗岩矿物碎屑，丰度<10%；1～2 mm 的草本根系，丰度为 20 条/dm²；强石灰反应；清晰平滑过渡。

Bk1：45～83 cm，黄棕色（10YR 5/4，干），棕色（10YR 4/3，润）；壤土；发育弱的<1 mm 的屑粒状结构；松脆；半风化的直径 8～40 mm 的花岗岩矿物碎屑，丰度 15%～20%；1 mm 左右的草本根系，丰度为 15 条/dm²；碳酸钙物质的白色假菌丝体，丰度 5%；极强石灰反应；渐变平滑过渡。

Bk2：83～118 cm，黄棕色（10YR 5/6，干），深黄棕色（10YR 4/4，润）；壤土；发育弱的<1 mm 的屑粒状结构；松脆；半风化的直径 5～15 mm 的花岗岩矿物碎屑，丰度<5%；1 mm 左右的草本根系，丰度为 15 条/dm²；碳酸钙物质的白色假菌丝体，丰度 3%；极强石灰反应；渐变平滑过渡。

上营系代表性单个土体物理性质

土层	深度 /cm	细土颗粒组成（粒径：mm）/(g/kg)			质地
		砂粒 2～0.05	粉粒 0.05～0.002	黏粒 <0.002	
Ah	0～18	612	268	120	砂质壤土
Bw	18～45	561	304	135	砂质壤土
Bk1	45～83	399	383	218	壤土
Bk2	83～118	383	419	198	壤土

上营系代表性单个土体化学性质

深度 /cm	pH (H₂O)	有机碳 /(g/kg)	全氮(N) /(g/kg)	全磷(P) /(g/kg)	全钾(K) /(g/kg)	CaCO₃ /(g/kg)	CEC /[cmol(+)/kg]
0～18	8.3	8.92	1.37	3.68	12.0	60.2	8.1
18～45	8.4	8.05	1.29	2.99	12.9	75.5	12.3
45～83	8.5	9.41	1.34	3.11	10.4	129.10	10.4
83～118	8.6	4.52	0.74	5.52	8.0	178.9	8.0

9.9　暗沃冷凉湿润雏形土

9.9.1　东台沟系（Dongtaigou Series）

土　族：壤质混合型-暗沃冷凉湿润雏形土
拟定者：李　超，靳东升，张凤荣，董云中

分布与环境条件　属温带大陆
性季风气候，气候高寒而湿润，
年均气温 0 ℃，极端最低气温
–39.1 ℃，极端最高气温 24.9 ℃。
年均降水量 740.6 mm，全年无
霜期 90～110 天。地处中山地带
的中坡部位，坡度约 25°，成
土母质为黄土。土地利用类型为
林地，自然植物种类为华北落叶
松，林下植物为顺坡溜草等。

东台沟系典型景观

土系特征与变幅　本土系具有暗沃表层、雏形层、冷性土壤温度、湿润土壤水分状况等
诊断层和诊断特性。土层厚度约 50 cm，之下即为花岗岩基岩。剖面质地构型为通体壤
质。表层有 3～4 cm 的松针落叶层。

对比土系　与邻近的北台顶系、岭底系、五里洼系不同，那 3 个土系具有草毡层，而且
土壤温度状况也不同，亚类就不同。与荷叶坪系、洞儿上系也不同，那两个土系的土壤
温度状况为寒冻，土类就分开了。与狮子窝系虽然水分状况、土壤温度状况相同，但狮
子窝系没有松针落叶层，土层厚度也大，因而土系不同。与小马蹄系的亚类相同，但小
马蹄系的植被不同，没有枯枝落叶层。

利用性能综述　地处坡面上，坡度陡，土层薄，且土壤温度低，不适宜耕种，适宜利用
方向为林地，应保护森林，防止水土流失。

代表性单个土体　剖面位于山西省忻州市五台县台怀镇东台沟村，39°02′35.25″N，
113°36′53.21″E，海拔 2168 m。位于中山地带的中坡部位。成土母质为黄土。土地利用
类型为林地，植物为华北落叶松、顺坡溜草等。野外调查时间为 2015 年 8 月 4 日，编号
为 14-026。

东台沟系代表性单个土体剖面

Ai: 松针落叶层，厚度 3～4cm。

Ah: 0～7 cm，暗棕色（10YR 3/3，干），暗棕色（10YR 3/4，润）；粉砂壤土；发育强的 2～4 mm 的屑粒状结构；湿时疏松，稍黏着；1～3 mm 的草本根系，丰度为 20 条/dm²；无石灰反应；模糊平滑过渡。

BA: 7～30 cm，暗棕色（10YR 3/3，干），暗棕色（10YR 3/4，润）；粉砂壤土；中等发育的 2～3 mm 的屑粒状结构；湿时疏松，稍黏着；1～3 mm 的草本根系，丰度为 10 条/dm²；无石灰反应；清晰平滑过渡。

Bw: 30～46 cm，浊黄橙色（10YR 6/3，干），暗黄棕色（10YR 3/6，润）；粉砂壤土；发育弱的 2～3 mm 的屑粒状结构；湿时疏松，稍黏着；直径 5～200 mm 的花岗岩矿物碎屑，丰度 5%；无石灰反应。

R: 46 cm 以下，花岗岩。

东台沟系代表性单个土体物理性质

土层	深度/cm	细土颗粒组成（粒径：mm）/(g/kg)			质地
		砂粒 2～0.05	粉粒 0.05～0.002	黏粒 <0.002	
Ah	0～7	332	504	164	粉砂壤土
BA	7～30	316	553	131	粉砂壤土
Bw	30～46	287	575	138	粉砂壤土

东台沟系代表性单个土体化学性质

深度/cm	pH (H₂O)	有机碳/(g/kg)	全氮(N)/(g/kg)	全磷(P)/(g/kg)	全钾(K)/(g/kg)	CaCO₃/(g/kg)	CEC/[cmol(+)/kg]
0～7	6.2	43.14	3.43	0.41	19.3	0.6	27.3
7～30	6.8	29.17	2.83	0.33	19.7	0.1	24.0
30～46	7.5	7.80	0.98	0.04	19.3	0.1	14.3

深度/cm	腐殖酸总碳/(g/kg)	胡敏酸碳/(g/kg)	富里酸碳/(g/kg)	胡敏素碳/(g/kg)
0～7	8.78	2.12	6.66	34.36
7～30	9.11	8.10	1.01	20.07
30～46	3.73	1.38	2.34	4.08

9.9.2 狮子窝系（Shiziwo Series）

土　族：壤质盖粗骨壤质混合型-暗沃冷凉湿润雏形土
拟定者：靳东升，李　超，王秀丽，董云中，张凤荣

分布与环境条件　属温带大陆性季风气候，气候高寒而湿润，年均气温–1.2 ℃，极端最低气温 –40.3 ℃，极端最高气温 23.7 ℃，年均降水量 873.9 mm，全年无霜期 90～110 天。地处中山地带的下坡部位，坡度约 5°，成土母质为黄土。土地利用类型为天然草地，植被类型为草原性草甸植被。

狮子窝系典型景观

土系特征与变幅　本土系具有雏形层、暗沃表层、冷性土壤温度、湿润土壤水分状况等诊断层和诊断特性。剖面质地构型为通体壤土。土层厚度约 110 cm，之下即为花岗岩基岩。上部 33 cm 腐殖质含量较高，颜色深；下部 77 cm 的壤土层腐殖质含量低，土壤发育成片状结构，扰动后即成小棱块状结构；48～110 cm 的土体内含有 40%左右的花岗岩粗碎屑。

对比土系　与邻近的北台顶系、岭底系、五里洼系不同，那 3 个土系具有草毡层，而且土壤温度状况也不同，亚类就不同。与荷叶坪系、洞儿上系也不同，那两个土系的土壤温度状况为寒冻，土类就分开了。与东台沟系在土族的颗粒大小级别上不同，东台沟系的土层薄，东台沟系有松针落叶层，本土系没有。与小马蹄系的亚类相同，但小马蹄系腐殖质层更薄，土层也薄，土族即不同。

利用性能综述　土层深厚，质地适中，但由于海拔高，土壤温度低，不适宜作物生长，草甸植被生长较好，可作为夏季牧场利用。同时注意草场植被保护。

代表性单个土体　剖面位于山西省忻州市繁峙县五台山狮子窝（大草坪村附近），39°00′06.09″N，113°29′59.21″E，海拔 2315 m。位于中山地带的下坡部位，成土母质为黄土，土地利用类型为天然草地，植被类型为草原性草甸植物。野外调查时间为 2015 年 8 月 5 日，编号为 14-027。

狮子窝系代表性单个土体剖面

Ah: 　0～6 cm，灰黄棕色（10YR 4/2，干），黑棕色（10YR 2/2，润）；壤土；发育强的2～3 mm的团粒状结构；湿时疏松，黏着；1～2 mm的草本根系，丰度为20 条/dm²；含约3%的5～10 mm大小的岩屑；无石灰反应；渐变平滑过渡。

BA: 　6～33 cm，灰黄棕色（10YR 4/2，干），黑棕色（10YR 2/2，润）；壤土；发育弱的2～3 mm的屑粒/团粒状结构；湿时疏松，黏着；1～2 mm的草本根系，丰度为5 条/dm²；含约2%的5～10 mm大小的岩屑；无石灰反应；渐变平滑过渡。

Bw1: 33～48 cm，灰黄棕色（10YR 4/2，干），暗棕色（10YR 3/3，润）；粉砂壤土；中等发育的2～3 mm的片状结构；湿时疏松，黏着；1～2 mm的草本根系，丰度为3 条/dm²；含约5%的5～10 mm大小的岩屑；无石灰反应；清晰平滑过渡。

Bw2: 48～110 cm，浊黄棕色（10YR 5/3，干），暗棕色（10YR 3/4，润）；壤土；发育弱的3～5 mm的片状结构；湿时疏松，黏着；直径5～40 mm的花岗岩矿物碎屑，丰度40%；无石灰反应。

R: 　110 cm 以下，花岗岩。

狮子窝系代表性单个土体物理性质

土层	深度 /cm	细土颗粒组成（粒径：mm）/(g/kg)			质地
		砂粒 2～0.05	粉粒 0.05～0.002	黏粒 <0.002	
Ah	0～6	322	476	202	壤土
BA	6～33	326	496	178	壤土
Bw1	33～48	261	528	211	粉砂壤土
Bw2	48～110	365	489	146	壤土

狮子窝系代表性单个土体化学性质

深度 /cm	pH (H₂O)	有机碳 /(g/kg)	全氮(N) /(g/kg)	全磷(P) /(g/kg)	全钾(K) /(g/kg)	CaCO₃ /(g/kg)	CEC /[cmol(+)/kg]
0～6	6.1	54.23	5.20	0.99	18.5	0.1	32.1
6～33	6.6	45.39	3.98	0.95	19.7	0.4	29.9
33～48	6.6	33.46	2.90	0.89	20.9	0.2	26.7
48～110	6.8	10.99	1.36	0.33	21.3	0.1	13.3

深度 /cm	腐殖酸总碳 /(g/kg)	胡敏酸碳 /(g/kg)	富里酸碳 /(g/kg)	胡敏素碳 /(g/kg)
0～6	8.41	3.70	4.71	45.82
6～33	7.23	3.10	4.13	38.16
33～48	5.47	0.26	5.21	27.99
48～110	3.72	0.78	2.93	7.28

9.9.3 小马蹄系（Xiaomati Series）

土　　族：粗骨壤质混合型-暗沃冷凉湿润雏形土
拟定者：王秀丽，李　超，靳东升，董云中，张凤荣

分布与环境条件　属温带大陆性季风气候，气候高寒而湿润，年均气温 3.8 ℃，极端最低气温 –37 ℃，极端最高气温 27 ℃，年均降水量 558.65 mm，全年无霜期 90～110 天。地处于中山地带的中下部，坡度约 40°。成土母质为黄土。土地利用类型为天然草地，自然植被为草本植物。

小马蹄系典型景观

土系特征与变幅　本土系具有雏形层、暗沃表层、冷性土壤温度、湿润土壤水分状况等诊断层和诊断特性。土层厚度约 55 cm，剖面质地构型主要为壤土。25 cm 左右的腐殖质层，下为大量粗碎屑夹杂着少量细土物质，粗碎屑含量达 85%，但细土物质已经形成屑粒状结构。

对比土系　与邻近的北台顶系、岭底系、五里洼系不同，那 3 个土系具有草毡层，而且土壤温度状况也不同，亚类就不同。与荷叶坪系、洞儿上系也不同，那两个土系的土壤温度状况为寒冻，土类就分开了。与狮子窝系虽然水分状况、土壤温度状况相同，但狮子窝系的土层厚度大，狮子窝系的颗粒大小级别为壤质盖粗骨壤质，土族不同，狮子窝系的土体厚度大，且含岩屑少。与东台沟系不同，东台沟系有松针落叶层，本土系没有。

利用性能综述　地处坡面上，坡度陡，土层较薄，土地内粗碎屑含量高，不适宜耕种，宜作为林地或天然草地利用。同时注意坡面植被保护，防止水土流失。

代表性单个土体　剖面位于山西省忻州市五台县金岗库乡小马蹄村，38°54′19.04″N，113°37′32.44″E，海拔 1462 m。位于中山地形的中坡部位。成土母质为黄土。土地利用类型为天然草地，自然植被为草本植物。野外调查时间为 2015 年 8 月 5 日，编号为 14-028。

Ah： 0～4 cm，灰黄棕色（10YR 4/2，干），暗棕色（10YR 3/3，润）；砂质壤土；发育强的 2～3 mm 的屑粒状结构；湿时疏松，稍黏着；1～2 mm 的草本根系，丰度为 15 条/dm²；无石灰反应；渐变平滑过渡。

AB： 4～25 cm，浊黄棕色（10YR 5/3，干），暗棕色（10YR 3/4，润）；砂质壤土；中等发育的 1～2 mm 的屑粒状结构；湿时疏松，稍黏着；1～2 mm 的草本根系，丰度为 10 条/dm²；2～20 mm 的花岗岩粗碎屑，丰度为 35%；无石灰反应；清晰平滑过渡。

Bw： 25～55 cm，浊黄棕色（10YR 5/3，干），暗黄棕色（10YR 3/6，润）；壤质砂土；中等发育的 1～2 mm 的屑粒结构；湿时疏松，稍黏着；1～2 mm 的草本根系，丰度为 8 条/dm²；5～200 mm 的花岗岩粗碎屑，丰度为 85%；无石灰反应。

小马蹄系代表性单个土体剖

R：55 cm 以下，花岗岩。

小马蹄系代表性单个土体物理性质

土层	深度/cm	细土颗粒组成（粒径：mm）/(g/kg)			质地
		砂粒 2～0.05	粉粒 0.05～0.002	黏粒 <0.002	
Ah	0～4	690	261	49	砂质壤土
AB	4～25	614	298	88	砂质壤土
Bw	25～55	798	142	60	壤质砂土

小马蹄系代表性单个土体化学性质

深度/cm	pH(H₂O)	有机碳/(g/kg)	全氮(N)/(g/kg)	全磷(P)/(g/kg)	全钾(K)/(g/kg)	CaCO₃/(g/kg)	CEC/[cmol(+)/kg]
0～4	6.5	35.63	3.61	0.68	23.3	0.4	14.8
4～25	6.9	13.73	1.99	0.64	21.7	0.2	9.1
25～55	7.1	7.90	1.23	0.62	24.9	0.1	5.0

深度/cm	腐殖酸总碳/(g/kg)	胡敏酸碳/(g/kg)	富里酸碳/(g/kg)	胡敏素碳/(g/kg)
0～4	9.47	2.40	7.08	26.16
4～25	3.69	1.00	2.69	10.03
25～55	2.72	0.81	1.91	5.18

9.10 普通冷凉湿润雏形土

9.10.1 鲍家屯系（Baojiatun Series）

土　族：壤质混合型石灰性-普通冷凉湿润雏形土
拟定者：李　超，王秀丽，靳东升，张凤荣，董云中

分布与环境条件　属暖温带半干旱大陆性季风气候，四季分明，年均气温 6.87 ℃，年均降水量 413.36 mm，全年无霜期 90～128 天。年蒸发量远大于年降水量，除了雨季，绝大部分时间蒸发量大于降水量。成土母质为冲积物。处于大同天镇河谷盆地南洋河阶地，海拔 990 m，地势低平洼下，地下水位高且矿化度高。土地利用类型为荒草地，主要植物是耐盐类型的披碱草、白蒿（艾蒿）等。周边土地已经开垦，有灌溉条件（井灌），种植作物主要为玉米。

鲍家屯系典型景观

土系特征与变幅　本土系具有雏形层、冷性土壤温度、湿润土壤水分状况、石灰性等诊断层和诊断特性。地表到 1 m 多深为质地均一的壤土，弱到中等团聚的细（1 mm）屑粒状结构，松脆；只是在 50 cm 左右出现一质地比上下层稍细的厚度约 20 cm 的夹层，中到较强团聚的中（2 mm）次棱块（老百姓俗称为"五花土"）结构；中下部发现有冲积来星点木炭屑，全剖面均存在<5 mm 大小的磨圆好的岩屑，有的为火山渣，有的为石英粒，有的为其他岩屑，各层含量不一，但均<5%，反映了冲积物特性。

对比土系　本土系因为没有暗沃表层，不同于分布在中山地带林草植被下的暗沃冷凉湿润雏形土的 3 个土系（东台沟系、狮子窝系和小马蹄系）。与同土族的柳子堡系，因为在土层厚度上而不同，柳子堡系在 1～1.2 m 深就出现卵石层，是"黄土搬家"造地形成的；而本土系是原状土，厚度也大。鲍家屯系和柳子堡系与普通简育湿润雏形土的两个土系贾家庄系和北孔滩系及斑纹简育湿润雏形土的瓦窑头系，在土壤温度状况上就不同。

利用性能综述　质地适中，耕性好，通透性好，保水保肥能力好。位于河流低阶地上，过去是盐渍土，现在地下水位下降，盐分被淋洗，都可种植了；而且有地下水补给，土壤水分较好，但还是要注意排水体系建设。

代表性单个土体　　剖面位于山西省大同市天镇县玉泉镇鲍家屯村，40°25′17.1″N，114°06′29.3″E，海拔 990 m。大同盆地的低洼地区。成土母质为冲积物。土地利用类型是荒草地，主要植物种类为耐盐类型的披碱草、白蒿（艾蒿）等，周边地块种植玉米。野外调查时间为 2015 年 5 月 27 日，编号为 14-004。

鲍家屯系代表性单个土体剖面

Az：0~18 cm，浅棕色（10YR 7/3，干），棕色 （10YR 5/3，润）；壤土；中等发育强度的直径<1 mm 屑粒结构；松脆；夹杂有 2 mm 左右的石英颗粒和火山渣，丰度<5%；孔隙较多；有强石灰反应；1~3 mm 的草本根系，丰度为 10 条/dm²；强石灰反应；渐变平滑过渡。

Bw1：18~46 cm，浅棕色（10YR 6/3，干），棕黄色（10YR 6/6，润）；壤土；中等发育强度的直径<1 mm 屑粒结构；松脆；孔隙较多；有强石灰反应；含有 1 mm 左右的草本根系，丰度为 8 条/dm²；强石灰反应；突变平滑过渡。

Bw2：46~64 cm，棕色 （10YR 5/3，干），深黄棕色 （10YR 4/4，润）；壤土；发育极强的直径 2 mm 次棱块状结构；松脆；夹杂有 8 mm 左右的石英颗粒和火山渣铁结核，丰度<5%；有星点冲积来的木炭屑；1 mm 左右的草本根系，丰度为 6 条/dm²；强石灰反应；渐变平滑过渡。

Bw3：64~113 cm，棕色 （10YR 5/3，干），深黄棕色 （10YR 4/4，润）；壤土；发育较强的直径 1 mm 屑粒结构；松脆；有星点冲积来的木炭屑；强石灰反应；渐变平滑过渡。

2Bw4：113~150 cm，浅棕色（10YR 6/3，干），深黄棕色（10YR 4/4，润）；壤土；发育较弱的直径 1 mm 屑粒结构；夹杂有 2 mm 左右的火山渣，丰度<1%；松脆；较强石灰反应。

鲍家屯系代表性单个土体物理性质

土层	深度/cm	细土颗粒组成（粒径：mm）/(g/kg)			质地
		砂粒 2~0.05	粉粒 0.05~0.002	黏粒 <0.002	
Az	0~18	404	459	137	壤土
Bw1	18~46	495	383	122	壤土
Bw2	46~64	342	472	186	壤土
Bw3	64~113	408	431	161	壤土
2Bw4	113~150	515	369	116	壤土

鲍家屯系代表性单个土体化学性质

深度 /cm	pH (H$_2$O)	有机碳 /(g/kg)	全氮(N) /(g/kg)	全磷(P) /(g/kg)	全钾(K) /(g/kg)	CaCO$_3$ /(g/kg)	CEC /[cmol(+)/kg]
0～18	9.3	4.44	0.49	0.61	12.0	68.4	7.1
18～46	10.0	2.58	0.30	0.61	12.9	72.3	6.9
46～64	9.2	2.77	0.28	0.61	13.7	77.9	9.2
64～113	9.2	2.44	0.27	0.60	12.4	70.7	7.5
113～150	9.0	1.36	0.14	0.54	8.8	58.6	5.0

9.10.2 柳子堡系（Liuzibu Series）

土　族：壤质混合型石灰性–普通冷凉湿润雏形土
拟定者：王秀丽，靳东升，李　超，张凤荣

柳子堡系典型景观

分布与环境条件　属暖温带半干旱大陆性季风气候，四季分明，年均气温 6.93 ℃，年均降水量 538.15 mm，全年无霜期 90～128 天。年蒸发量远大于年降水量，除了雨季，绝大部分时间蒸发量大于降水量。处于中山地区的黄土沟谷地带，为在谷底两侧人工堆垫黄土形成的梯田（阶地）。成土母质为黄土。地下水埋深 4～5m，水分条件较好。土地利用类型为耕地，种植谷子。周围阶地上都已开垦种植。

土系特征与变幅　本土系具有雏形层、冷性土壤温度、湿润土壤水分状况、石灰性等诊断层和诊断特性。剖面质地构型为壤土底砂，砂土层出现在 93～105 cm 处。剖面通体质地适中，通体具有石灰反应。

对比土系　本土系因为没有暗沃表层，不同于分布在中山地带林草植被下的暗沃冷凉湿润雏形土的 3 个土系（东台沟系、狮子窝系和小马蹄系）。与同土族的鲍家屯系，因为在土层厚度上而区别，柳子堡系在 1～1.2 m 深就出现卵石层，而鲍家屯系是原状土，厚度大。与上湾系不同；上湾系位于河流滩地，质地较砂，地下水位浅，潮湿水分状况，在亚纲上已经不同。

利用性能综述　质地较轻，耕性好，通透性好，保水保肥能力也好。位于沟谷，水分较好，而且也基本没有泛滥威胁，属于好耕地。但必须注意沟道防洪和坡上防止水土流失。

代表性单个土体　剖面位于大同市天镇县赵家沟乡柳子堡村，40°13′48.07″N，114°03′24.71″E，海拔 1275 m。20 世纪 60～70 年代中山沟谷堆垫梯田，成土母质为黄土。土地利用类型为耕地，种植谷子。野外调查时间为 2015 年 5 月 28 日，编号为 14-005。

Ap: 0～18 cm，黄棕色（10YR 5/4，润），黄棕色 （10YR 5/8，润）；壤土；发育较弱的<1 mm 粒状结构；松脆；1～2 mm 的草本根系，丰度为 5 条/dm²；多量细小孔隙；强石灰反应；突然平滑过渡。

Bw1：18～58 cm，黄棕色（10YR 5/4，润），深黄棕色（10YR 4/6，润）；粉砂壤土；发育中等的<1 mm 的粒状结构；松脆；1～3 mm 的草本根系，丰度为 10 条/dm²；多量细小孔隙；孔道内可见蚯蚓粪，丰度<5%；强石灰反应；逐渐平滑过渡。

Bw2：58～93 cm，黄棕色（10YR 5/4，润），深黄棕色（10YR 4/4，润）；壤土；发育弱的<1 mm 粒状结构；松散；2～10 mm 的草本根系，丰度为 5 条/dm²；多量细小孔隙；土体内含有 70 mm 大的磨圆花岗岩，丰度为 10%左右；强石灰反应；突然平滑过渡。

柳子堡系代表性单个土体剖面

2Cb： 93～105 cm，浅棕色（10YR 6/3，干），深黄棕色（10YR 4/4，润）；砂土；无结构；松散；少量细小孔隙；轻度石灰反应；突然平滑过渡。

3Cb：105～115 cm，浅棕色（10YR 6/3，干），深黄棕色（10YR 4/4，润）；壤土；发育微弱的<1 mm 的粒状结构；松脆；多量细小孔隙；强石灰反应。

柳子堡系代表性单个土体物理性质

土层	深度 /cm	细土颗粒组成 (粒径：mm) /(g/kg)			质地
		砂粒 2～0.05	粉粒 0.05～0.002	黏粒 <0.002	
Ap	0～18	336	495	169	壤土
Bw1	18～58	183	555	262	粉砂壤土
Bw2	58～93	453	412	135	壤土
2Cb	93～105	898	76	26	砂土
3Cb	105～115	486	368	146	壤土

柳子堡系代表性单个土体化学性质

深度 /cm	pH (H₂O)	有机碳 /(g/kg)	全氮(N) /(g/kg)	全磷(P) /(g/kg)	全钾(K) /(g/kg)	CaCO₃ /(g/kg)	CEC /[cmol(+)/kg]
0～18	7.9	6.14	0.82	0.62	13.7	74.9	10.7
18～58	8.5	2.81	0.31	0.51	8.8	80.1	13.5
58～93	8.8	3.02	0.33	0.51	7.2	82.0	9.1
93～105	9.5	2.06	0.21	0.68	12.0	84.0	4.8
105～115	9.4	2.13	0.05	0.47	11.6	83.6	7.4

9.11　斑纹简育湿润雏形土

9.11.1　瓦窑头系（Wayaotou Series）

土　　族：黏壤质混合型石灰性温性-斑纹简育湿润雏形土
拟定者：张凤荣，李　超，靳东升

分布与环境条件　属暖温带半干旱半湿润大陆性季风气候，四季分明，冬天干燥且寒冷，夏季潮湿炎热。年均气温 12.13 ℃，年均降水量 466.95 mm，全年无霜期 195 天。处于山间河谷地带的一级阶地上，地势较平。成土母质为冲积物。土地利用类型为耕地，种植作物主要为玉米。

瓦窑头系典型景观

土系特征与变幅　本土系具有雏形层、温性土壤温度、湿润土壤水分状况、氧化还原特征、石灰性等诊断层和诊断特性。土体质地构型为壤-粉砂黏壤；表层至 64 cm 为壤土层，屑粒状结构；64～140 cm 为粉砂黏壤土层，沉积相明显，无土壤结构，但因为干时有裂缝，呈大块状，在细孔内存在铁锈色，但大块体面上并无铁锈，即氧化还原特征不明显。0～23 cm 的耕层因长期秸秆还田，土色暗，且已有一些团粒结构形成。通体强石灰反应。

对比土系　与同土类的贾家庄系和北孔滩系不同之处在于本土系的土体内发现氧化还原特征。与普通冷凉湿润雏形土的鲍家屯系和柳子堡系两个土系在土壤温度状况上不同，因而在土类上就不同了。与本土系最相似的是于八里系、大白登系，都具有沉积层理，但于八里系、大白登系为半干润水分条件，而本土系为湿润水分状况；而且土体质地构型不同，本土系属于壤土-黏壤土（黏土）。

利用性能综述　土壤质地适中，耕性好，通透性好，下部有保水保肥能力好的粉砂黏壤土层，适宜作物生长，是良好的农田。

代表性单个土体　剖面位于山西省临汾市洪洞县赵城镇瓦窑头村，36°21′56.871″N，111°39′56.975″E，海拔 464 m。处于山间河谷地带的一级阶地上，地势较平，成土母质为冲积物，土地利用类型为耕地，种植作物主要为玉米。野外调查时间为 2015 年 9 月 23 日，编号为 14-073。

Ap: 0～23 cm，灰黄棕色（10YR 6/2，干），暗棕色（10YR 3/3，润）；粉砂壤土；发育较好的 1～2 mm 屑粒状/团粒结构；松；无黏着性；0.5～1 mm 的草本根系，丰度为 10 条/dm²；多孔隙；强石灰反应；突然平滑过渡。

Bw: 23～64 cm，浊黄橙色（10YR 6/3，干），棕色（10YR 4/6，润）；粉砂壤土；发育较好的 1～2 mm 屑粒状结构；较松；黏着性弱；0.5～1 mm 的草本根系，丰度为 7 条/dm²；较多孔隙；强石灰反应；突然平滑过渡。

2BC1: 64～108 cm，浊橙色（7.5YR 6/4，干），浊棕色（7.5YR 5/4，润）；粉砂质黏壤土；直径 20～40 mm 的大块状结构；非常坚实；黏着性强；0.2～5 mm 的草本根系，丰度为 1 条/dm²；少孔隙；孔隙内可见 0.5 mm 铁质锈斑，丰度 3%；强石灰反应；明显平滑过渡。

2BC2: 108～140 cm，浊棕色（7.5YR 5/4，干），棕色（7.5YR 4/4，润）；粉砂壤土；直径 30～50 mm 的大块状结构；非常坚实；黏着性较强；少孔隙；孔隙内见 0.5 mm 铁质锈斑，丰度 3%；强石灰反应。

瓦窑头系代表性单个土体剖面

瓦窑头系代表性单个土体物理性质

土层	深度/cm	细土颗粒组成（粒径：mm）/(g/kg)			质地
		砂粒 2～0.05	粉粒 0.05～0.002	黏粒 <0.002	
Ap	0～23	183	625	192	粉砂壤土
Bw	23～64	129	653	218	粉砂壤土
2BC1	64～108	101	582	317	粉砂质黏壤土
2BC2	108～140	126	646	228	粉砂壤土

瓦窑头系代表性单个土体化学性质

深度/cm	pH (H₂O)	有机碳/(g/kg)	全氮(N)/(g/kg)	全磷(P)/(g/kg)	全钾(K)/(g/kg)	CaCO₃/(g/kg)	CEC/[cmol(+)/kg]
0～23	8.4	9.87	1.29	0.72	24.9	43.4	10.2
23～64	8.5	4.12	1.21	0.46	24.1	51.2	12.1
64～108	8.5	5.13	0.14	0.49	22.9	65.0	14.3
108～140	8.6	5.8	0.63	0.40	21.7	45.4	11.5

9.12　普通简育湿润雏形土

9.12.1　贾家庄系（Jiajiazhuang Series）

土　　族：黏壤质混合型石灰性温性–普通简育湿润雏形土
拟定者：张凤荣，李　超

分布与环境条件　属暖温带半干旱大陆性季风气候，四季分明，年均气温 10.41 ℃，年均降水量 483.81 mm，全年无霜期 179 天。位于盆地的低洼地区。成土母质为沉积物。土地利用类型为耕地，种植作物为玉米。

贾家庄系典型景观

土系特征与变幅　本土系具有雏形层、温性土壤温度、湿润土壤水分状况、石灰性等诊断层和诊断特性。剖面大致因质地差异分为两层，上层质地较轻，下层较黏，上部 73 cm 为黏壤土，73～150 cm 为黏土。0～73 cm 因耕作分为 2 层，0～28 cm 耕层，团粒状结构，28～73 cm 为次棱块状结构，未扰动前为片状结构（可能因为冻融形成），73 cm 之下也为次棱块状结构，但结构体更细。

对比土系　与瓦窑头系最为相似，但瓦窑头系土体内出现氧化还原特征，属斑纹简育湿润雏形土亚类；而本系无氧化还原特征，属普通简育湿润雏形土亚类，即亚类已不同。与同土族的北孔滩系不同之处在于，本土系的土壤质地比北孔滩系细，为粉砂黏壤土，而北孔滩系为粉砂壤土。与普通冷凉湿润雏形土的鲍家屯系和柳子堡系两个土系在土壤温度状况上不同，因而在土类上就不同了。

利用性能综述　质地适中，耕性好，通透性好，保水保肥能力好。位于河流高阶地上，是保水保肥的蒙金土，适宜作物生长，是良好的农田。

代表性单个土体　剖面位于山西省吕梁市汾阳市贾家庄镇贾家庄村，37°17′52.72″N，111°49′45.552″E，海拔 720 m。位于汾河盆地低洼地区。成土母质为冲积物。土地利用类型是耕地，种植作物为玉米。野外调查时间为 2016 年 4 月 19 日，编号为 14-109。

Ap: 0～28 cm，浊黄棕色（10YR 5/3，干），暗棕色（10YR 3/3，润）；粉砂质黏壤土；发育较强的 1～1.5 mm 的屑粒状结构；稍黏；弱塑；土体内有 2 块塑料薄膜侵入体和少量砖屑；0.5～2 mm 的草本根系，丰度为 15 条/dm^2；强石灰反应；明显平滑过渡。

Bw1: 28～73 cm，浊黄橙色（10YR 7/4，干），黄棕色（10YR 5/6，润）；粉砂质黏壤土；发育强的 2 mm 的次棱块状结构；稍黏；弱塑；0.5～1 mm 的草本根系，丰度为 5 条/dm^2；强石灰反应；突然平滑过渡。

2Bw2：73～110 cm，橙色（5YR 6/6，干），亮红棕色（5YR 5/6，润）；粉砂质黏壤土；发育强的 1～2 mm 的次棱块状结构；黏；强塑；强石灰反应；模糊平滑过渡。

2Bw3：110～159 cm，橙色（5YR 6/6，干），亮红棕色（5YR 5/6，润）；粉砂质黏壤土；发育强的 1～2 mm 的次棱块状结构；黏；强塑；强石灰反应。

贾家庄系代表性单个土体剖面

贾家庄系代表性单个土体物理性质

土层	深度/cm	细土颗粒组成 (粒径: mm) /(g/kg)			质地
		砂粒 2～0.05	粉粒 0.05～0.002	黏粒 <0.002	
Ap	0～28	126	579	295	粉砂质黏壤土
Bw1	28～73	114	598	288	粉砂质黏壤土
2Bw2	73～110	89	602	309	粉砂质黏壤土
3Bw3	110～159	98	546	356	粉砂质黏壤土

贾家庄系代表性单个土体化学性质

深度/cm	pH (H$_2$O)	有机碳/(g/kg)	全氮(N)/(g/kg)	全磷(P)/(g/kg)	全钾(K)/(g/kg)	CaCO$_3$/(g/kg)	CEC/[cmol(+)/kg]
0～28	8.2	28.58	4.10	0.70	15.3	126.8	17.6
28～73	8.8	1.84	0.78	0.46	16.1	138.4	11.2
73～110	8.8	1.00	0.56	0.90	15.3	156.5	12.9
110～159	8.8	1.50	0.45	0.37	16.9	139.8	12.0

9.12.2　北孔滩系（Beikongtan Series）

土　族：壤质混合型石灰性温性-普通简育湿润雏形土
拟定者：张凤荣，李　超，董云中

分布与环境条件　属暖温带大陆性季风气候，四季分明。年均气温 9.82 ℃，年均降水量为 575.36 mm，全年无霜期 172 天，年均日照总时数 2246.1 h；位于山间河谷低阶地上。成土母质为堆垫黄土。土地利用类型为耕地，种植作物为玉米。

北孔滩系典型景观

土系特征与变幅　本土系具有雏形层、温性土壤温度、湿润土壤水分状况、石灰性等诊断层和诊断特性。土体为早年搬运黄土堆垫河滩而成，因为土体疏松，不似黄土沉积，且在 50 cm 深处还有一生土块。上部约 110 cm 的壤土（非冲积物），表层含极少量砾石，之下 70～80 cm 深有零星的炭屑及少量碳酸钙结核；下部（110 cm 以下）为砾石层。通体强石灰反应。

对比土系　与瓦窑头系最为相似，但瓦窑头系土体内出现氧化还原特征，属斑纹简育湿润雏形土亚类；而本系无氧化还原特征，属普通简育湿润雏形土亚类，即亚类已不同。与同土族的贾家庄系不同之处在于，本土系的土壤质地贾家庄滩系粗，为粉砂壤土，而贾家庄系为粉砂黏壤土。与普通冷凉湿润雏形土的鲍家屯系和柳子堡系两个土系在土壤温度状况上不同，因而在土类上就不同了。

利用性能综述　土层较厚，细土物质质地适中，通透性好，排水性及保水性较好，适宜耕种。但地处河谷低阶地上，受泛滥威胁，利用时应注意须修筑防洪堤坝和排涝，建设农田水利设施。

代表性单个土体　剖面位于山西省临汾市安泽县冀氏镇北孔滩村，36°00′11.535″N，112°20′02.538″E，海拔 780 m。位于沁河河道侧 30 m 的低阶地上，成土母质为 20 世纪"农业学大寨"时堆垫黄土，土地利用类型为耕地，种植作物为玉米。野外调查时间为 2015 年 9 月 23 日，编号为 14-071。

Ap: 0～20 cm，浊橙色（7.5YR 7/4，干），浊棕色（7.5YR 5/4，润）；粉砂壤土；发育较好的 1～2 mm 的屑粒状结构；松；土体含有直径 10～30 mm 的半风化半棱角状砾石，丰度为 1%；0.5～1.5 mm 的草本根系，丰度为 10 条/dm^2；强石灰反应；突然平滑过渡。

Bw1：20～59 cm，亮棕色（7.5YR 5/6，干），棕色（7.5YR 4/6，润）；粉砂壤土；发育较好的 1～2 mm 的屑粒状结构；松；0.5～1 mm 的草本根系，丰度为 7 条/dm^2；1%左右炭屑侵入体；含有直径 10～30 mm 的碳酸钙质结核，丰度 2%～3%；强石灰反应；逐渐波状过渡。

Bw2：59～78 cm，浊棕色（7.5YR 5/4，干），棕色（7.5YR 4/4，润）；粉砂壤土；发育较好的 1～2 mm 的屑粒状结构；松；0.5～1 mm 的草本根系，丰度为 3 条/dm^2；<1%的炭屑侵入体；含有直径 10～30 mm 的碳酸钙质结核，丰度 2%～3%；强石灰反应；逐渐波状过渡。

北孔滩系代表性单个土体剖面

Bw3：78～110 cm，亮棕色（7.5YR 5/6，干），棕色（7.5YR 4/6，润）；粉砂壤土；发育弱的 1 mm 的屑粒状结构；稍紧；强石灰反应；突然凹凸过渡。

C: 110 cm 以下，砾石层。

北孔滩系代表性单个土体物理性质

土层	深度/cm	细土颗粒组成 (粒径：mm) /(g/kg)			质地
		砂粒 2～0.05	粉粒 0.05～0.002	黏粒 <0.002	
Ap	0～20	196	594	210	粉砂壤土
Bw1	20～59	162	597	241	粉砂壤土
Bw2	59～78	212	584	204	粉砂壤土
Bw3	78～110	178	577	245	粉砂壤土

北孔滩系代表性单个土体化学性质

深度/cm	pH (H$_2$O)	有机碳/(g/kg)	全氮(N)/(g/kg)	全磷(P)/(g/kg)	全钾(K)/(g/kg)	CaCO$_3$/(g/kg)	CEC/[cmol(+)/kg]
0～20	8.4	4.94	0.62	0.33	15.3	69.4	5.0
20～59	8.6	3.23	0.52	0.36	12.1	55.4	7.4
59～78	8.5	2.65	0.78	0.45	23.3	38.0	11.6
78～110	8.5	2.14	0.75	0.39	23.3	40.7	11.8

第10章 新 成 土

10.1 石灰扰动人为新成土

10.1.1 南梁上系（**Nanliangshang Series**）

土　族：壤质混合型温性-石灰扰动人为新成土
拟定者：董云中，李　超，靳东升

南梁上系典型景观

分布与环境条件　属暖温带大陆性气候，日照充足，昼夜温差大。年均气温 8.84 ℃，极端最高气温 40 ℃，极端最低气温为 –20 ℃，年均降水量 460 mm，年均蒸发量 1025 mm，蒸发量大于降水量，雨量集中在每年的 7～9 月，全年无霜期 202 天，年均日照总时数 2808 h。地处低山区域煤矸石堆积形成的台地上，为补充耕地进行矿山治理，堆垫黄土造田，复垦时间为 1～2 年。土地利用类型为耕地，植物主要为玉米、毛苕。

土系特征与变幅　本土系具有堆垫表层、温性土壤温度、半干润土壤水分状况、石灰性等诊断层和诊断特性。堆垫黄土层为 85 cm，通体含有少量细碎的煤矸石，其中 40～85 cm 处夹杂些岩屑，粗碎屑含量稍多。85 cm 以下为大块的煤矸石层。通体具有极强石灰反应。

对比土系　与安泽县北孔滩系、平顺县西沟系相比，虽都属于"黄土搬家"的黄土堆垫，但北孔滩系、西沟系没有煤矸石碎屑，那两个土系堆垫时间较长，有雏形层发育，属于雏形土纲，而本系堆垫时间较短，未形成雏形层，属新成土纲，即土纲已不同。与同土族的木坂村系相比，虽也是人为覆盖黄土而成，但木坂系是黄土覆盖在河漫滩砾石上。与同土族的上冶峪系相比，虽都是人为覆盖黄土而成，但上冶峪系覆盖的下伏基底是粉煤灰。

利用性能综述　虽然是煤矸石复垦土地，但堆垫的土壤质地适中，厚度达 80 cm 之多，已经具有较好保水能力，具备了种植条件。应在耕种过程中不断熟化，培肥。

代表性单个土体　剖面位于山西省太原古交市马兰镇南梁上村，山西省农科院矿区复垦试验基地试验田内，37°53′15.15″N，112°06′49.19″E，海拔 1142 m。地处低山地带的台地部位。土壤物质为人工堆垫黄土。土地利用类型为耕地，植物主要为玉米、毛苕。野外调查时间为 2015 年 8 月 28 日，编号为 14-041。

Ap1：0～40 cm，浊黄橙色（10YR 6/4，干），浊黄棕色（10YR 5/4，润）；粉砂壤土；发育弱的<1 mm 的屑粒状结构；0.5～1 mm 的草本根系，丰度为 3 条/dm²；含有煤矸石碎屑，丰度为 1%；极强石灰反应；模糊平滑过渡。

BC：40～85 cm，浊黄橙色（10YR 6/4，干），浊黄棕色（10YR 5/4，润）；壤土；土体含有岩屑与煤矸石碎屑，丰度为 10%；极强石灰反应。以下为煤矸石。

南梁上系代表性单个土体剖面

南梁上系代表性单个土体物理性质

土层	深度/cm	细土颗粒组成 (粒径：mm) /(g/kg)			质地
		砂粒 2～0.05	粉粒 0.05～0.002	黏粒 <0.002	
Ap1	0～40	319	565	116	粉砂壤土
BC	40～85	348	490	162	壤土

南梁上系代表性单个土体化学性质

深度/cm	pH (H₂O)	有机碳/(g/kg)	全氮(N)/(g/kg)	全磷(P)/(g/kg)	全钾(K)/(g/kg)	CaCO₃/(g/kg)	CEC/[cmol(+)/kg]
0～40	8.8	1.92	0.29	0.05	13.7	107.8	5.1
40～85	8.9	2.40	0.33	0.15	16.9	107.8	9.4

10.1.2　木坂村系（**Mubancun Series**）

土　族：壤质混合型温性-石灰扰动人为新成土
拟定者：张凤荣，李　超

木坂村系典型景观

分布与环境条件　属暖温带大陆性气候，四季分明，年均气温 12.73 ℃，年均降水量 559.89 mm，全年无霜期 190 天。年蒸发量远大于年降水量，除了雨季，绝大部分时间蒸发量大于降水量。处于低山地区的河谷滩地上，为人工堆垫黄土形成的梯田。成土母质为人工堆垫黄土。地下水埋深 4～5m，水分条件较好。土地利用类型为耕地，种植玉米。周围阶地上都已开垦种植。

土系特征与变幅　本土系具有人为扰动层次、温性土壤温度、半干润土壤水分状况、石灰性等诊断层和诊断特性。剖面为典型的河漫滩二元结构，质地构型为通体粉砂壤土，厚约 23 cm 的耕层之下，有厚约 5 cm 的犁底层，再下有约 30 cm 的土层与 57 cm 之下的土层明显不同。29～57 cm 的黄土土层夹杂些许红棕色土块，并含有少些 3 cm 大小的砂姜；57 cm 之下的堆垫物质则为红棕色黄土，即与 29～57 cm 之间杂入的红棕色土块一样来源。在约 90 cm 深处出现河卵石。看似人工造田时有意识地造就了"蒙金土"。剖面通体质地适中，通体具有石灰反应。

对比土系　与柳子堡系、潞河系、北孔滩系、西沟系相比，虽都为人工堆垫黄土造田，但柳子堡系、潞河系、北孔滩系、西沟系因堆垫时间较长，有雏形层发育，属雏形土纲，即土纲已不同。与南梁上系和上冶峪系相比，虽属同一土族，但那两个土系是在堆垫的煤矸石或粉煤灰上铺垫黄土造田而成。

利用性能综述　位于河漫滩，水分条件较好，而且也基本没有泛滥威胁，加之堆垫黄土的质地较好，耕性好，通透性好，土层较厚，保水保肥能力也好。属于良田。但必须注意河道防洪。

代表性单个土体　剖面位于山西省临汾市翼城县中卫乡木坂村，35°44′18.045″N，111°46′05.034″E，海拔 576.6 m。处于低山地区的河谷滩地上，为人工堆垫黄土形成的梯田（阶地）。成土母质为人工堆垫黄土。地下水埋深 4～5m，水分条件较好。土地利用类型为耕地，种植玉米。周围阶地上都已开垦种植。野外调查时间为 2016 年 4 月 10 日，编号为 14-088。

Ap1：0～23 cm，浊黄橙色（10YR 7/4，润），棕色 （10YR 4/4，润）；粉砂壤土；发育较弱的 0.5～1 mm 屑粒状结构；松散；1～2 mm 的草本根系，丰度为 5 条/dm²；土体内含有 30 mm 大小的磨圆状砾石，丰度为 3%左右；强石灰反应；突然平滑过渡。

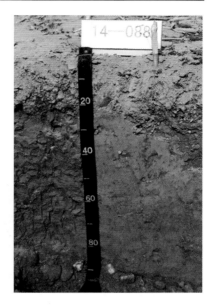

Ap2：23～29 cm，亮黄棕色（10YR 7/6，润），黄棕色（10YR 5/6，润）；粉砂壤土；1～3 mm 片状结构；松散；1～3 mm 的草本根系，丰度为 10 条/dm²；强石灰反应；明显平滑过渡。

C1： 29～57 cm，亮黄棕色（10YR 7/6，润），黄棕色（10YR 5/6，润）；粉砂壤土；为堆垫层；发育极弱的<1 mm 屑粒结构；松散；2～10 mm 的草本根系，丰度为 5 条/dm²；土体内含有 30 mm 大小的磨圆状花岗岩，丰度为 1%左右；土体内含有 3 cm 大小的碳酸钙质结核，丰度<5%；强石灰反应；明显平滑过渡。

木坂村系代表性单个土体剖面

2C2：57～90 cm，橙色（7.5YR 6/6，干），亮棕色（7.5YR 5/6，润）；粉砂壤土；为堆垫层；发育极弱的 0.5～1 mm 屑粒结构；松散；强石灰反应。

木坂村系代表性单个土体物理性质

土层	深度/cm	细土颗粒组成 (粒径：mm) /(g/kg)			质地
		砂粒 2～0.05	粉粒 0.05～0.002	黏粒 <0.002	
Ap1	0～23	155	608	237	粉砂壤土
Ap2	23～29	129	675	196	粉砂壤土
C1	29～57	243	527	230	粉砂壤土
2C2	57～90	208	628	164	粉砂壤土

木坂村系代表性单个土体化学性质

深度/cm	pH (H₂O)	有机碳/(g/kg)	全氮(N)/(g/kg)	全磷(P)/(g/kg)	全钾(K)/(g/kg)	CaCO₃/(g/kg)	CEC/[cmol(+)/kg]
0～23	8.3	7.59	0.85	0.47	20.1	99.6	8.8
23～29	8.5	6.93	0.71	0.64	22.5	93.8	8.1
29～57	8.6	1.20	0.42	0.63	24.1	101.1	11.0
57～90	8.7	1.05	0.43	0.52	23.3	92.1	10.9

10.1.3　上冶峪系（Shangyeyu Series）

土　　族：壤质混合型温性-石灰扰动人为新成土
拟定者：靳东升，张凤荣，李　超

分布与环境条件　属暖温带大陆性气候，日照充足，昼夜温差大。年均气温 9.75 ℃，年均降水量 451.35 mm，雨量集中在每年的 7～9 月份，全年无霜期 170 天。地处山间沟谷粉煤灰堆垫形成的台地上，为矿山复垦铺垫黄土造地形成。土地利用类型为林地，植被类型主要为槐树、冬青等苗圃。

上冶峪系典型景观

土系特征与变幅　本土系具有人为扰动层次、温性土壤温度、半干润土壤水分状况、石灰性等诊断层和诊断特性。本土系为在热电厂粉煤灰填埋场上覆盖黄土复垦而成的土壤。表层为堆垫黄土层，厚度从 0～54 cm，质地为黄棕色的粉砂壤土，无结构，强石灰反应，含少量岩屑。黄土覆盖层之下为粉煤灰。粉煤灰大多为灰白色，也有的为青灰色，弱石灰反应。

对比土系　与南梁上系相比，虽都为矿山复垦造地，土体都是由人为堆垫黄土形成，土族相同，但不同的是南梁上系黄土覆盖在煤矸石上。与木坂村系相比，虽土体都是由人为堆垫黄土形成，土族相同，但不同的是木坂村系黄土覆盖在卵石滩上。与大寨系相比，虽土体都是由人为堆垫黄土形成，但大寨系由于长期耕作熟化及施用大量土肥，已形成堆垫表层，属人为土纲，而本土系耕作时间较短，未形成堆垫表层，属新成土纲，即土纲已不同。与北孔滩系、西沟系相比，虽都属于"黄土搬家"的黄土堆垫，但北孔滩系、西沟系的堆垫时间较长，有雏形层发育，属于雏形土纲，土纲已不同。

利用性能综述　虽然是粉煤灰复垦土地，但铺垫的土壤质地适中，厚度>50 cm，已经具有较好保水能力，具备了种植条件。但为食品安全起见，如果种植作物应分析粉煤灰中的环境成分，如重金属，确认安全才可作为耕地。最好保持现有利用方式，种植苗圃等，用于园林绿化。

代表性单个土体　剖面位于山西省太原市晋源区西山国家森林公园上冶峪村，即国电太原第一热电厂粉煤灰填埋场。37°47′29.545″N，112 °26′33.064″E，海拔 977 m。地处山间沟谷粉煤灰堆垫形成的沟道地上，为矿山复垦堆垫黄土造地而成。土地利用类型为林地,植被类型主要为槐树、冬青等苗圃。野外调查时间为 2016 年 4 月 15 日,编号为 14-100。

AC：0～54 cm,亮黄棕色（10YR 7/6,干）,黄棕色（10YR 5/6,
　　润）；粉砂壤土；发育弱的<0.5 mm 屑粒状结构；0.5～
　　1 mm 的草本根系,丰度为 5 条/dm²；土体内含半风化状
　　态的<10 mm 棱角状岩石碎屑,丰度约 3%；松散；强石
　　灰反应；明显平滑过渡。

C1：54～67 cm,黑灰色；砂质壤土；无结构；土体内含半风
　　化状态的<50 mm 棱角状岩石碎屑,丰度约 80%；松散；
　　无石灰反应；明显平滑过渡。

2C2：67～81 cm,灰白色；壤土；无结构；松散；弱石灰反应；
　　明显平滑过渡。

2C3：81～95 cm,青灰色；粉砂壤土；无结构；松散；无石灰
　　反应；明显平滑过渡。

2C4：95～110 cm,灰白色；粉砂壤土；无结构；松散；弱石
　　灰反应。

上冶峪系代表性单个土体剖面

上冶峪系代表性单个土体物理性质

土层	深度/cm	细土颗粒组成 (粒径：mm) /(g/kg)			质地
		砂粒 2～0.05	粉粒 0.05～0.002	黏粒 <0.002	
AC	0～54	216	587	197	粉砂壤土
C1	54～67	636	206	158	砂质壤土
2C2	67～81	416	447	137	壤土
2C3	81～95	280	652	68	粉砂壤土
2C4	95～110	237	682	81	粉砂壤土

上冶峪系代表性单个土体化学性质

深度/cm	pH (H₂O)	有机碳/(g/kg)	全氮(N)/(g/kg)	全磷(P)/(g/kg)	全钾(K)/(g/kg)	CaCO₃/(g/kg)	CEC/[cmol(+)/kg]
0～54	8.8	1.84	0.50	0.56	19.7	87.20	7.8
54～67	8.2	46.08	1.54	1.22	14.5	9.62	9.9
67～81	8.1	0.72	0.17	0.30	8.8	63.69	0.1
81～95	8.8	1.96	0.34	0.52	10.4	10.59	0.5
95～110	8.7	1.91	0.28	0.24	7.2	50.10	0.0

10.2　石灰淤积人为新成土

10.2.1　岸堤村系（Andicun Series）

土　族：砂质混合型热性-石灰淤积人为新成土

拟定者：张凤荣，李　超，靳东升

分布与环境条件　属暖温带大陆
性季风气候，四季分明。年均气
温 14.19 ℃，年均降水量 600 mm
（大部分集中于 7～9 月），霜冻
期在 10 月下旬至次年 3 月下旬，
全年无霜期 200 天。地处黄河河
漫滩部位，成土母质为河流沉积
物。土地利用类型为耕地，种植
作物为小麦、玉米。

岸堤村系典型景观

土系特征与变幅　本土系具有冲积物岩性特征、热性土壤温度、湿润土壤水分状况、石
灰性等诊断层和诊断特性。位于黄河滩地，由于人工堤而已脱离洪水泛滥，现已辟为农
田；但依然在冬前引入大量黄河水淤灌。剖面表层 0～36 cm 为耕层，耕层内发现大量沉
积片状层理结构体，显然为灌溉水带来泥沙沉淀后形成，但未见炭渣、陶片等人为侵入
体，因此新淤积的层次虽然是人为灌溉造成，但不能定义为灌淤层，而只能定义为人为
淤积物质。耕层以下为细砂质沉积物，越向下质地越粗，在 90 cm 左右有一不连续的黑
色沉淀条带（2～3 cm 宽）。在 1 m 深处发现一片塑料布（约 10 cm×10 cm），说明沉积
物年代并不久远。剖面通体质地较轻，上部 100 cm 土层具有石灰反应。之下的砂土层无
石灰反应。

对比土系　与鹳雀楼系相比，虽都是新成土，但鹳雀楼系表层质地较轻，且不是灌淤形
成的，是自然形成的冲积新成土，亚纲不同。与壶口系相比，虽都是新成土，但壶口系
也不是灌淤形成的，是自然冲积形成的，但壶口系的冲积层理不明显，而被分类为砂质
新成土，亚纲不同。与南方平系相比，土纲不同，南方平系具有灌淤表层。与圪垯村系
相比，本土系质地较轻且表层有人为淤积现象，而圪垯村系土体质地较细且表层无灌淤
现象。

利用性能综述　虽处于黄河滩地，但有人工堤保护，洪水泛滥基本脱离，可用于耕种。
除表层外，通体质地较轻，漏水漏肥，水分管理要精细；地下水位埋深浅，不适宜深根
作物生长。

代表性单个土体 剖面位于山西省运城市芮城县永乐镇岸堤村（黄河滩地）。34°36′49.549″N，110°27′35.074″E，海拔 300 m。地处黄河滩地，成土母质为河流沉积物，土地利用类型为耕地，种植作物为小麦、玉米。野外调查时间为 2016 年 4 月 8 日，编号为 14-081。

Ap: 0~36 cm，浊黄橙色（10YR 6/4，干），浊黄棕色（10YR 5/4，润）；粉砂壤土；发育较好的屑粒状和片状结构；0.5~2 mm 的作物根系，丰度为 10%；松散；稍塑；强石灰反应；突然平滑过渡。

C1: 36~63 cm，浊黄橙色（10YR 6/4，干），黄棕色（10YR 4/6，润）；粉砂壤土；无结构；0.2~1 mm 的作物根系，丰度为 4%；松散；强石灰反应；模糊平滑过渡。

C2: 63~107 cm，浊黄橙色（10YR 6/4，干），浊黄棕色（10YR 5/4，润）；砂质壤土；无结构；0.2~1 mm 的作物根系，丰度为 2%；松散；中石灰反应；明显平滑过渡。

C3: 107~140 cm，浊黄橙色（10YR 7/3，干），浊黄橙色（10YR 6/3，润）；砂土；无结构；松散；无石灰反应。

岸堤村系代表性单个土体剖面

岸堤村系代表性单个土体物理性质

土层	深度/cm	细土颗粒组成 (粒径：mm) /(g/kg)			质地
		砂粒 2~0.05	粉粒 0.05~0.002	黏粒 <0.002	
Ap	0~36	212	634	154	粉砂壤土
C1	36~63	127	784	89	粉砂壤土
C2	63~107	612	324	64	砂质壤土
C3	107~140	880	73	47	砂土

岸堤村系代表性单个土体化学性质

深度/cm	pH (H$_2$O)	有机碳/(g/kg)	全氮(N)/(g/kg)	全磷(P)/(g/kg)	全钾(K)/(g/kg)	CaCO$_3$/(g/kg)	CEC/[cmol(+)/kg]
0~36	8.6	2.08	0.31	0.60	20.1	86.0	4.9
36~63	9.0	1.38	0.29	0.58	24.1	72.8	2.6
63~107	9.0	0.63	0.32	0.59	25.7	61.9	2.0
107~140	9.1	0.82	0.21	0.48	23.3	34.6	1.6

10.3　石灰干润砂质新成土

10.3.1　三府坟系（Sanfufen Series）

土　族：粗骨硅质混合型冷性-石灰干润砂质新成土
拟定者：李　超，王秀丽，靳东升，张凤荣

三府坟系典型景观

分布与环境条件　属温带大陆性季风气候，春季风大干燥，夏季雨集中，秋季温差大，冬季寒冷少雪。年平均气温 7 ℃，年平均降水量 428.79 mm，全年无霜期 125 天，年均日照总时数 2973 h。主要分布于盆地中的高河漫滩上，成土母质为多层沉积的粗砂物质。河流干涸后，土壤脱离地下水与地表水的影响。自然植物种类主要为针茅、铁杆蒿等灌草，目前大多已被耕种利用。

土系特征与变幅　本土系具有砂质沉积物岩性特征、冷性土壤温度、半干润土壤水分状况、石灰性等诊断层和诊断特性。剖面沉积层理明显，表层 13 cm 的腐殖质层为壤质砂土外，下至土体底部均为砂土，并含有大量花岗岩风化物的粗碎屑（30%～40%体积分数）。通体具有石灰反应。

对比土系　与宛家庄系同为干润砂质新成土土类，但宛家庄系母质为风成砂，质地更均匀，没有粗碎屑。与太谷县的申奉系的亚类相同，但申奉系为温性土壤温度，土族不同，且本土系的土体颗粒较申奉系粗，为粗砂，而申奉系为细砂。与太吕系不同，太吕系剖面中也没有那么多粗砂粒和石砾。与小南蛟系不同，小南蛟系没有含那么多粗碎屑。与苑曲村系不同，苑曲村系夹两个稍黏重的土层。

利用性能综述　本土系土层较厚，但通体为砂质土壤，漏水漏肥，且土体内含有较多的砾石。因此，不适宜耕种，最好草灌利用。如果耕种，可适当客土，改良土壤质地；同时，增加土壤有机肥，提高水肥管理水平。

代表性单个土体　剖面位于山西省大同市云州区周士庄镇三府坟村，40°07′43.02″N，113°23′59.93″E，海拔 1085 m，位于河滩地上，成土母质为河流沉积物。土地利用类型为荒草地，植物主要为针茅、铁杆蒿等灌草。野外调查时间为 2015 年 5 月 30 日，编号为 14-012。

Ah： 0～15 cm，浅灰棕色（10YR 7/4，干），深黄棕色 （10YR 4/4，润）；砂土；粒状结构；松散；1～2 mm 的草本根系，丰度为 10 条/dm²；多量细小孔隙；土体内含有 5～20 mm 的半风化圆状的花岗岩碎屑，丰度为 25%左右；中度石灰反应；突然平滑过渡。

C1： 15～40 cm，棕黄色（10YR 6/6，干），深黄棕色 （10YR 4/6，润）；砂土；单粒状；松散；土体内含有 3～20 mm 的半风化圆状的花岗岩碎屑，丰度为 35%左右；轻度石灰反应；突然平滑过渡。

2C2： 40～106 cm，棕黄色（10YR 6/6，干），深黄棕色 （10YR 4/6，润）；砂土；单粒状状结构；松散；土体内含有 10～200 mm 的半风化圆状的花岗岩碎屑，丰度为 40%左右；轻度石灰反应；突然平滑过渡。

3C3： 106～150 cm，棕黄色（10YR 6/6，干），深黄棕色 （10YR 4/6，润）；砂土；单粒状；松散；土体内含有 3～20 mm 的半风化圆状的花岗岩碎屑，丰度为 30%左右；轻度石灰反应。

三府坟系代表性单个土体剖面

三府坟系代表性单个土体物理性质

土层	深度 /cm	细土颗粒组成 (粒径：mm) /(g/kg)			质地
		砂粒 2～0.05	粉粒 0.05～0.002	黏粒 <0.002	
Ah	0～15	920	33	47	砂土
C1	15～40	968	0	32	砂土
2C2	40～106	957	0	43	砂土
3C3	106～150	955	0	45	砂土

三府坟系代表性单个土体化学性质

深度 /cm	pH (H₂O)	有机碳 /(g/kg)	全氮(N) /(g/kg)	全磷(P) /(g/kg)	全钾(K) /(g/kg)	CaCO₃ /(g/kg)	CEC /[cmol(+)/kg]
0～15	8.4	3.58	0.46	1.37	9.6	54.4	4.5
15～40	8.5	1.05	0.26	2.68	6.4	41.8	3.3
40～106	8.8	0.72	0.49	2.03	6.4	49.7	3.6
106～150	8.6	0.81	0.44	2.00	13.7	46.3	3.4

10.3.2　申奉系（Shenfeng Series）

土　　族：硅质混合型温性-石灰干润砂质新成土
拟定者：张凤荣，李　超，董云中

分布与环境条件　属温带大陆性季风气候，春季风大干燥，夏季雨集中，秋季温差大，冬季寒冷少雪。年均气温 10.38 ℃，年均降水量 441.82 mm，全年无霜期 160～190 天。主要分布于盆地中干涸的河床上，成土母质为河流沉积物。土地利用类型为荒草地，自然植物种类为艾蒿、白草、狗尾草等。

申奉系典型景观

土系特征与变幅　本土系包括砂质沉积物岩性特征、半干润土壤水分状况、温性土壤温度、石灰性等诊断层和诊断特性。剖面沉积层理明显，剖面质地构型为壤-砂土。除表层 6 mm 的腐殖质层为壤土外，下至土体底部均为砂土。6～21 cm 处由于冲积时间与来源物质不同，夹杂些黏土，并含有少量的炭渣、碎砖屑等侵入体。土体上部有石灰反应。

对比土系　与宛家庄系同为石灰干润砂质新成土土类，但宛家庄系母质为风成砂，质地细，且没有砾石等粗颗粒，而且宛家庄系的土壤温度状况为冷性的。与位于云州区的三府坟系的亚类相同，但三府坟系为冷性土壤温度，土族不同，且本土系的土体颗粒较三府坟系细，为细砂，而三府坟系为粗砂。与太吕系的土壤温度状况不同，太吕系为热性土壤温度，土族不同。与小南蛟系不同，小南蛟系质地粗。与苑曲村系不同，苑曲村系夹两个稍黏重的土层。

利用性能综述　本土系土层较厚，但通体为砂质土壤，漏水漏肥。因此，不适宜耕种，最好草灌利用。如果耕种，可适当客土，改良土壤质地；同时，增加土壤有机肥，提高水肥管理水平。

代表性单个土体　剖面位于山西省晋中市太谷县侯城乡申奉村，37°26′17.34″N，112°26′23.16″E，海拔 783 m，位于乌马河干涸的河床上，成土母质为河流沉积物。土地利用类型为荒草地，自然植物种类为艾蒿、白草、狗尾草等。野外调查时间为 2015 年 8 月 31 日，编号为 14-049。

Ah: 0～6 cm, 浊黄棕色（10YR 5/3，干），暗棕色 （10YR 3/3，
润）；壤土；中等发育的 1～2 mm 屑粒状结构；疏松；
0.5～1 mm 的草本根系，丰度为 20 条/dm²；强石灰反应；
突然平滑过渡。

2C1: 6～21 cm, 浊黄橙色（10YR 6/3，干），浊黄棕色 （10YR
5/4，润）；砂土；单粒状；松散；土体内含有炭渣、碎
砖屑物质侵入体，丰度为 8%；0.5～1 mm 的草本根系，
丰度为 15 条/dm²；弱石灰反应；清晰平滑过渡。

2C2: 21～160 cm, 浊黄橙色（10YR 6/3，干），浊黄棕色 （10YR
5/4，润）；砂土；单粒状；松散；无石灰反应。

申奉系代表性单个土体剖面

申奉系代表性单个土体物理性质

土层	深度 /cm	细土颗粒组成 (粒径：mm) /(g/kg)			质地
		砂粒 2～0.05	粉粒 0.05～0.002	黏粒 <0.002	
Ah	0～6	440	443	117	壤土
2C1	6～21	923	39	38	砂土
2C2	21～160	917	44	39	砂土

申奉系代表性单个土体化学性质

深度 /cm	pH (H₂O)	有机碳 /(g/kg)	全氮(N) /(g/kg)	全磷(P) /(g/kg)	全钾(K) /(g/kg)	CaCO₃ /(g/kg)	CEC /[cmol(+)/kg]
0～6	8.5	5.75	0.44	1.17	20.9	58.3	6.1
6～21	9.0	2.21	0.14	0.69	19.3	47.8	3.0
21～160	8.9	4.06	0.09	0.82	20.1	41.1	2.9

10.3.3　太吕系（Tailü Series）

土　　族：硅质混合型热性-石灰干润砂质新成土
拟定者：张凤荣，李　超

分布与环境条件　属暖温带半干润大陆性季风气候，四季分明。年均气温 14.1 ℃，年均降水量 653 mm（大部分集中于 7～9 月），全年无霜期 219 天。地处黄河一级阶地上，成土母质为冲积物。土地利用类型为林地，植物为柴穗槐、林地、松草等；植被覆盖度近百分之百。

太吕系典型景观

土系特征与变幅　本土系具有砂质沉积物岩性特征、热性土壤温度、半干润土壤水分状况、石灰性等诊断层和诊断特性。剖面质地均一，主要为砂土，无结构，仅表层约 10 cm 厚质地稍细，形成了非常弱的屑粒（<1 mm）状结构；而且上部 50 cm 有石灰反应，向下逐渐减弱，至 100 cm 下已经没有。这可能是黄土降尘影响所致。

对比土系　与宛家庄系同为石灰干润砂质新成土，但宛家庄系土体没有砾石等粗颗粒。与太谷县的申奉系的亚类相同，但申奉系为温性土壤温度，土族不同。与三府坟系的颗粒大小级别不同，三府坟系的为粗骨砂质，而且三府坟系的土壤温度状况为冷性土壤温度，土族不同。与小南蛟系不同，小南蛟系质地较粗。与苑曲村系不同，苑曲村系夹两个稍黏重的土层。

利用性能综述　本土系土层较厚，但通体为砂质土壤，漏水漏肥。如耕种，增加土壤有机肥，提高水肥管理水平。最好草灌利用。

代表性单个土体　剖面位于山西省运城市永济市蒲州镇太吕村，34°55′25.542″N，110°16′55.047″E，海拔 320 m，地处黄河一级阶地上，成土母质为河流冲积物。土地利用类型为林地，植物为柴穗槐、林地、松草等。野外调查时间为 2016 年 4 月 6 日，编号为 14-078。

Ah: 0～9 cm，浊黄橙色（10YR 6/3，干），浊黄棕色（10YR 5/4，润）；壤土；发育非常弱的 0.5～1 mm 屑粒状结构；疏松；<2 mm 的草本根系，丰度为 2 条/dm²；多量细小孔隙；极强石灰反应；明显平滑过渡。

C1: 9～33 cm，浊黄橙色（10YR 6/3，干），浊黄棕色（10YR 5/4，润）；砂质壤土；单粒状；松散；极强石灰反应；逐渐平滑过渡。

2C2: 33～53 cm，浊黄橙色（10YR 6/3，干），浊黄棕色（10YR 5/4，润）；砂土；无结构；松散；弱石灰反应；逐渐平滑过渡。

3C3: 53～130 cm，浊黄橙色（10YR 6/3，干），浊黄棕色（10YR 5/4，润）；砂土；无结构；松散；无石灰反应。

太吕系代表性单个土体剖面

太吕系代表性单个土体物理性质

土层	深度 /cm	细土颗粒组成 (粒径：mm) /(g/kg)			质地
		砂粒 2～0.05	粉粒 0.05～0.002	黏粒 <0.002	
Ah	0～9	453	443	104	壤土
C1	9～33	619	333	48	砂质壤土
2C2	33～53	950	49	1	砂土
3C3	53～130	879	89	32	砂土

太吕系代表性单个土体化学性质

深度 /cm	pH (H₂O)	有机碳 /(g/kg)	全氮(N) /(g/kg)	全磷(P) /(g/kg)	全钾(K) /(g/kg)	CaCO₃ /(g/kg)	CEC /[cmol(+)/kg]
0～9	8.1	4.64	0.91	0.48	29.0	62.5	3.9
9～33	8.9	1.45	0.39	0.36	28.2	39.9	1.2
33～53	9.1	0.46	0.23	0.37	16.9	55.9	1.8
53～130	9.0	0.14	0.14	0.50	20.9	50.4	1.7

10.3.4　小南峧系（Xiaonanjiao Series）

土　族：砂质盖壤质混合型温性-石灰干润砂质新成土
拟定者：张凤荣，李　超，董云中

小南峧系典型景观

分布与环境条件　属温带大陆性季风气候，四季分明。年均气温8.94 ℃，年均降水量 516.59 mm，年均蒸发量 1613 mm，全年无霜期 150 天，年均日照总时数2570 h，境内风向多为偏西风或西北风。位于河漫滩或低阶地上，成土母质为冲积物。土地利用类型为耕地，植物为玉米、白草、狗尾草、杨树。

土系特征与变幅　本土系具有砂质沉积物岩性特征（虽然还有冲积层理）、温性土壤温度、半干润土壤水分状况、石灰性等诊断层和诊断特性。土体层次明显，上部是厚约50 cm 的砂质沉积物，其下有厚 30～40 cm 的壤质沉积物，再下是砂砾层。中间的壤质土层含有少量炭屑，也许是过去河滩垫黄土造地，后遭泛滥又沉积了砂层，但壤土层腐殖质积累不明显，炭屑含量很少，且紧实，故是自然沉积的概率更大。剖面通体有石灰反应。

对比土系　与三府坟系、申奉系和太吕系相比，本土系的沉积层理明显，每层厚且有壤土质地层。与苑曲村系相比，本土系沉积层少，质地也粗。与宛家庄系相比，宛家庄系是风成砂。

利用性能综述　质地较轻，耕性好，通透性好，但保水保肥能力稍差。最好保留原生植被。如果开垦，则注意采取节水灌溉方式，而且必须修筑防洪堤坝。

代表性单个土体　剖面位于山西省晋中市左权县桐峪镇小南峧村，36°51′13.189″N，113°28′30.037″E，海拔 812 m。位于河漫滩或低阶地上，成土母质为冲积物，土地利用类型为耕地，植物为玉米、白草、狗尾草、杨树。野外调查时间为 2015 年 9 月 19 日，编号为 14-060。

Ap：　0～17 cm，灰黄色（2.5Y 6/2，干），黑棕色（2.5YR 3/2，润）；砂土；单粒状；0.5～1 mm 的草本根系，丰度 15 条/dm²；松散；含有 2～5 mm 圆状砾石，丰度为<5%；中石灰反应；明显平滑过渡。

BC：　17～48 cm，浊黄橙色（10YR 6/3，干），浊黄棕色（10YR 4/3，润）；砂土；单粒状；0.2～0.5 mm 的草本根系，丰度 1 条/dm²；松散；含有 2～5 mm 圆状砾石，丰度为<3%；微弱石灰反应；突然平滑过渡。

2AB：48～84 cm，浊黄棕色（10YR 5/4，干），棕色（10YR 4/4，润）；粉砂壤土；发育弱的 1～2 mm 的屑粒状结构；2～15 mm 的木本、草本根系，丰度 10 条/dm²；松脆；含有 2～30 mm 圆状砾石，丰度为<5%；含有少量炭屑，丰度 1%左右；强石灰反应；突然平滑过渡。

3C：　84～105 cm，浊黄棕色（10YR 5/4，干），棕色（10YR 4/4，润）；砂土；单粒状；松散；含有 2～30 mm 圆状砾石，丰度为 45%；弱石灰反应；模糊平滑过渡。

小南岹系代表性单个土体剖面

小南岹系代表性单个土体物理性质

土层	深度 /cm	细土颗粒组成 （粒径：mm） /(g/kg)			质地
		砂粒 2～0.05	粉粒 0.05～0.002	黏粒 <0.002	
Ap	0～17	869	113	18	砂土
BC	17～48	966	22	12	砂土
2AB	48～84	393	515	92	粉砂壤土
3C	84～105	945	51	4	砂土

小南岹系代表性单个土体化学性质

深度 /cm	pH (H₂O)	有机碳 /(g/kg)	全氮(N) /(g/kg)	全磷(P) /(g/kg)	全钾(K) /(g/kg)	CaCO₃ /(g/kg)	CEC /[cmol(+)/kg]
0～17	8.5	4.26	0.58	0.78	8.0	13.7	3.5
17～48	8.7	2.38	0.26	1.01	8.8	8.9	2.3
48～84	8.6	3.43	0.55	0.33	15.7	24.8	8.6
84～105	8.3	1.52	0.20	0.68	6.4	13.0	3.0

中国土系志·山西卷

10.3.5 苑曲村系（Yuanqucun Series）

土　　族：混合型温性-石灰干润砂质新成土
拟定者：张凤荣，李　超

苑曲村系典型景观

分布与环境条件　属暖温带大陆性季风气候，春季风大干燥，夏季雨集中，秋季温差大，冬季寒冷少雪。年均气温 13.67 ℃，年均降水量 516.49 mm，霜冻期在 10 月中旬至次年 4 月中旬，全年无霜期 220 天。位于汾河河道，成土母质为多层沉积的河流冲积物。河流干涸后，河窄水少，修建了堤防，已经基本没有洪泛影响，土壤也脱离地下水与地表水的影响。自然植物种类主要为针茅、铁杆蒿等灌草。

土系特征与变幅　本土系具有砂质沉积物特征（但冲积层理明显）、温性土壤温度、半干润土壤水分状况、石灰性等诊断层和诊断特性。剖面质地主体为粉砂壤土，中间夹杂两个沉积层次明显、黏粒含量较高的土层（上部夹粉砂壤土层，下部夹黏壤土层），砂土层松散，无结构，中度石灰反应；黏土层呈现层理片状结构，石灰反应强烈。

对比土系　与三府坟系、申奉系、太吕系、小南蛟系同样是河流沉积物，但与那 4 个土系不同的是，本土系土体夹两层黏土层。与宛家庄系不同的是，宛家庄系发育于风成砂质沉积物上，剖面更均匀。

利用性能综述　本土系土层较厚，但通体多为砂质土壤，漏水漏肥。因此，不适宜耕种，最好草灌利用。如果耕种，应发展现代灌溉技术，提高水肥管理水平。

代表性单个土体　剖面位于山西省运城市稷山县稷峰镇苑曲村，35°34′43.91″N，110°59′34.468″E，海拔 368 m，位于河滩地上，但因为堤防已经基本没有洪泛影响。成土母质为河流沉积物。土地利用类型为未利用地，植物种类主要为针茅、铁杆蒿等灌草。野外调查时间为 2016 年 4 月 10 日，编号为 14-089。

Ah： 0～23 cm，浊黄棕色（10YR 6/3，干），浊黄棕色（10YR 5/4，润）；粉砂壤土；无结构；松散；0.5～2 mm 的草本根系，丰度为 3 条/dm²；中度石灰反应；突然平滑过渡。

C1： 23～30 cm，浊黄棕色（10YR 7/3，干），浊黄棕色（10YR 4/3，润）；粉砂壤土；发育弱的 1～10 mm 的片状结构；较坚实；强石灰反应；突然平滑过渡。

2C2： 30～78 cm，浊黄橙色（10YR 7/4，干），浊黄橙色（10YR 6/3，润）；粉砂壤土；无结构；松散；中度石灰反应；突然平滑过渡。

3C3： 78～99 cm，浊黄橙色（10YR 7/3，干），棕色（10YR 4/4，润）；粉砂质黏壤土； 5～30 mm 厚的片状结构；坚实；强石灰反应；突然平滑过渡。

4C4： 99～150 cm，浊黄橙色（10YR 7/4，干），浊黄棕色（10YR 5/4，润）；粉砂壤土；无结构；松散；中度石灰反应。

苑曲村系代表性单个土体剖面

苑曲村系代表性单个土体物理性质

| 土层 | 深度 /cm | 细土颗粒组成 (粒径：mm) /(g/kg) | | | 质地 |
		砂粒 2～0.05	粉粒 0.05～0.002	黏粒 <0.002	
Ah	0～23	180	616	204	粉砂壤土
C1	23～30	352	530	118	粉砂壤土
2C2	30～78	379	535	86	粉砂壤土
3C3	78～99	50	635	315	粉砂质黏壤土
4C4	99～150	403	522	75	粉砂壤土

苑曲村系代表性单个土体化学性质

深度 /cm	pH (H₂O)	有机碳 /(g/kg)	全氮(N) /(g/kg)	全磷(P) /(g/kg)	全钾(K) /(g/kg)	CaCO₃ /(g/kg)	CEC /[cmol(+)/kg]
0～23	8.5	7.91	0.57	0.49	23.3	65.6	10.3
23～30	8.3	5.61	0.63	0.41	25.7	54.1	5.5
30～78	8.7	0.60	0.19	0.52	23.7	63.2	3.9
78～99	8.4	7.35	0.59	0.69	24.9	82.2	12.1
99～150	8.7	0.90	0.16	0.67	24.1	52.6	3.8

10.3.6　宛家庄系（Wanjiazhuang Series）

土　族：硅质混合型冷性-石灰干润砂质新成土
拟定者：张凤荣，王秀丽，靳东升

宛家庄系典型景观

分布与环境条件　属温带大陆性季风气候，春季风大干燥，夏季雨集中，秋季温差大，冬季寒冷少雪。年平均气温 4.57 ℃，平均日温差 15.4 ℃，年均降水量 478.48 mm，全年无霜期 104天。处于内蒙古高原与山西大同盆地交界之处，风大、风多，成土母质为风积砂（风积砂覆盖黄土高原）。土地利用类型为林地，植物为杨树、沙棘、羊草、铁杆蒿、白蒿。

土系特征与变幅　本土系具有砂质沉积物岩性特征、冷性土壤温度、半干润土壤水分状况等诊断层和诊断特性。剖面质地构型为均一的壤质砂土，83 cm 以下由于腐殖质染色作用，质地稍黏，有少量非常弱的屑粒状结构体发育。上部土体有石灰反应，下部没有。

对比土系　与三府坟系、申奉系、太吕系、小南峧系和苑曲村系虽然同为干润砂质新成土土类，但那 5 个土系的母质为河流砂，不是风成砂。

利用性能综述　土层深厚，但通体为壤质砂土，漏水漏肥，且地处严重半干旱区，风沙大，缺乏灌溉水源。因此，不适宜耕种，最好草灌利用，稳定沙丘。

代表性单个土体　剖面位于山西省朔州市右玉县右卫镇宛家庄村，40°09′34.64″N，112°26′43.36″E，海拔 1380 m。处于黄土高原的沙丘地区。成土母质为风积砂。土地利用类型为林地，植物为杨树、针茅、铁杆蒿、白蒿、沙棘。野外调查时间为 2015 年 6月 2 日，编号为 14-013。

Ah： 0～15 cm，黄棕色（10YR 5/6，干），深黄棕色（10YR 4/6，润）；砂质壤土；无结构；非常松脆；1～5 mm 的草本根系，丰度为 8 条/dm²；轻度石灰反应；模糊平滑过渡。

C： 15～83 cm，黄棕色（10YR 5/6，干），深黄棕色（10YR 4/6，润）；壤质砂土；无结构；非常松脆；1～10 mm 的灌草根系，丰度为 5 条/dm²；轻度石灰反应；明显平滑过渡。

BCb： 83～160 cm，黄棕色（10YR 5/4，干），深黄棕色（10YR 4/6，润）；砂质壤土；有少量结构体（非常弱的屑粒）形成；松脆；1～8 mm 的灌草根系，丰度为 4 条/dm²；无石灰反应。

宛家庄系代表性单个土体剖面

宛家庄系代表性单个土体物理性质

土层	深度 /cm	细土颗粒组成 (粒径：mm) /(g/kg)			质地
		砂粒 2～0.05	粉粒 0.05～0.002	黏粒 <0.002	
Ah	0～15	779	145	76	砂质壤土
C	15～83	844	100	56	壤质砂土
BCb	83～160	793	143	64	砂质壤土

宛家庄系代表性单个土体化学性质

深度 /cm	pH (H₂O)	有机碳 /(g/kg)	全氮(N) /(g/kg)	全磷(P) /(g/kg)	全钾(K) /(g/kg)	CaCO₃ /(g/kg)	CEC /[cmol(+)/kg]
0～15	8.1	7.71	0.53	0.67	12.0	18.9	6.6
15～83	8.3	5.66	0.66	0.64	12.0	19.8	6.3
83～160	8.3	5.84	0.74	0.64	21.7	1.5	9.0

10.4　普通湿润砂质新成土

10.4.1　壶口系（Hukou Series）

土　　族：硅质石灰性温性-普通湿润砂质新成土
拟定者：张凤荣，李　超

分布与环境条件　属暖温带半干润大陆性季风气候，四季分明。年均气温 12.96 ℃，年均降水量 576.55 mm（大部分集中于 7～9 月），全年无霜期 172 天。地处黄河东岸的河床部位，成土母质为河流冲积物。土地利用类型为未利用地，周围有少量杂草生长。

壶口系典型景观

土系特征与变幅　本土系具有砂质沉积物岩性特征、温性土壤温度、湿润土壤水分状况等诊断层和诊断特性。剖面位于黄河壶口瀑布下游河床砂岩上，通体为砂土，松散，无结构，通体无石灰反应。虽然沉积层理明显，但质地粗，而先被检索分类为砂质新成土。下伏连续的基岩（砂岩）30～100 m 深，基岩呈倾斜状，有地方河床基岩裸露。该剖面是由上一次洪水携带砂沉积形成，该剖面极有可能遇大洪水而被冲走。

对比土系　与鹳雀楼系相比，鹳雀楼系矿物学类型为砂质混合型，土壤温度状况为热性，土层厚度>1 m，有石灰反应；本系土壤温度状况为温性，土层厚度<1 m，通体无石灰反应，故土族已不同；而且鹳雀楼系没有下伏基岩。与小寨系和三友系不同，那两个土系的土体中粗碎屑即砾石含量高。

利用性能综述　位于河床低位，极有可能遇洪水而被冲走。而且通体砂土，漏水漏肥。不宜耕种。

代表性单个土体　剖面位于山西省临汾市吉县壶口镇壶口瀑布（壶口瀑布下游河床上），36°07′13.325″N，110°26′55.785″E，海拔 407 m。位于黄河壶口瀑布下游河床砂岩上，成土母质为河流冲积物。土地利用类型为未利用地，周围有少量杂草生长。相似的剖面位于其上部，但土层厚度<50 cm。但本剖面极有可能遇大洪水而被冲走。野外调查时间为 2016 年 4 月 12 日，编号为 14-095。

C1：0～30 cm，浊黄橙色（10YR 6/3，干），浊黄棕色（10YR 5/3，润）；砂土；无结构；疏松；石灰反应；模糊平滑过渡。

C2：30～60 cm，浊黄橙色（10YR 6/3，干），浊黄棕色（10YR 5/3，润）；砂土；无结构；疏松；石灰反应；模糊平滑过渡。

C3：60～80 cm，浊黄橙色（10YR 6/3，干），浊黄棕色（10YR 5/3，润）；砂土；无结构；疏松；石灰反应。

壶口系代表性单个土体剖面

壶口系代表性单个土体物理性质

土层	深度 /cm	细土颗粒组成 (粒径：mm) /(g/kg)			质地
		砂粒 2～0.05	粉粒 0.05～0.002	黏粒 <0.002	
C1	0～30	1000	0	0	砂土
C2	30～60	994	6	0	砂土
C3	60～80	990	0	10	砂土

壶口系代表性单个土体化学性质

深度 /cm	pH (H$_2$O)	有机碳 /(g/kg)	全氮(N) /(g/kg)	全磷(P) /(g/kg)	全钾(K) /(g/kg)	CaCO$_3$ /(g/kg)	CEC /[cmol(+)/kg]
0～30	9.4	0.34	0.34	0.40	18.5	65.6	1.0
30～60	9.4	0.01	0.23	0.37	19.3	68.9	1.2
60～80	9.4	0.32	0.25	0.40	20.1	66.2	0.8

10.4.2　鹳雀楼系（Guanquelou Series）

土　　族：硅质混合型石灰性热性-普通湿润砂质新成土
拟定者：张凤荣，李　超，靳东升

分布与环境条件　属暖温带半干润大陆性季风气候，四季分明。年均气温 14.1 ℃，年均降水量 653 mm（大部分集中于 7～9 月），霜冻期在 10 月下旬至次年 3 月下旬，全年无霜期 219 天。地处黄河东岸的河漫滩，成土母质为河流冲积物。土地利用类型为未利用地（滩涂），植物为芦苇、尖草等，覆盖度极低。

鹳雀楼系典型景观

土系特征与变幅　本土系具有砂质沉积物岩性特征、热性土壤温度、湿润土壤水分状况、石灰性等诊断层和诊断特性。剖面通体砂质，因为有两条黑色腐殖质（10YR 4/1；0.5～1 cm 宽）和在距地表有一薄层（<5 cm）质地较黏的粉砂层而使得层理明显；最为明显的特征是剖面挖掘后，在上部较砂质地土层与薄层较黏土层之间因为重力水涌出带出流沙。在 70 cm 左右出现地下水。通体石灰反应。

对比土系　邻近的太吕系已经脱离泛滥影响。与芮城县岸堤村系相比，岸堤村系具有人为灌淤现象，本土系无。与邻近的壶口系比，壶口系温度状况不同，而且壶口系没有石灰性。与小寨系和三友系不同，那两个土系的土体中粗碎屑即砾石含量高。

利用性能综述　通体砂土，漏水漏肥，地下水位埋深浅，不适宜深根作物生长。位于河道边滩，有泛滥威胁，最好保留原生植被。

代表性单个土体　剖面位于山西省运城市永济市蒲州镇鹳雀楼西侧黄河新漫滩上，34°50′46.524″N，110°15′0.122″E，海拔 313 m。地处河漫滩部位，成土母质为冲积物，土地利用类型为未利用地（滩涂），植物为芦苇、尖草等。野外调查时间为 2016 年 4 月 6 日，编号为 14-077。

CA：0～25 cm，浊黄橙色（10YR 6/3，干），浊黄棕色（10YR 5/4，润）；壤质砂土；发育弱的 1 mm 的屑粒状结构；疏松；弱石灰反应；模糊平滑过渡。

C1：25～30 cm，浊黄橙色（10YR 6/3，干），浊黄棕色（10YR 5/4，润）；粉砂壤土；无结构；疏松；极强石灰反应；模糊平滑过渡。

C2：30～43 cm，浊黄橙色（10YR 6/4，干），黄棕色（10YR 5/6，润）；砂土；无结构；疏松；弱石灰反应；模糊平滑过渡。

C3：43～80 cm，浊黄橙色（10YR 6/4，干），黄棕色（10YR 5/6，润）；砂土；无结构；疏松；弱石灰反应。

鹳雀楼系代表性单个土体剖面

鹳雀楼系代表性单个土体物理性质

土层	深度 /cm	细土颗粒组成 （粒径：mm）/(g/kg)			质地
		砂粒 2～0.05	粉粒 0.05～0.002	黏粒 <0.002	
CA	0～25	748	218	34	壤质砂土
C1	25～30	413	505	82	粉砂壤土
C2	30～43	964	27	9	砂土
C3	43～80	991	0	9	砂土

鹳雀楼系代表性单个土体化学性质

深度 /cm	pH (H₂O)	有机碳 /(g/kg)	全氮(N) /(g/kg)	全磷(P) /(g/kg)	全钾(K) /(g/kg)	CaCO₃ /(g/kg)	CEC /[cmol(+)/kg]
0～25	8.7	0.83	0.22	0.36	24.1	43.8	0.4
25～30	8.9	0.46	0.21	0.49	26.5	52.8	1.0
30～43	9.0	0.37	0.25	0.47	29.0	27.0	1.0
43～80	8.8	0.73	0.14	0.31	29.0	20.4	1.2

中国土系志·山西卷

10.4.3　小寨系（Xiaozhai Series）

土　　族：粗骨质混合型石灰性冷性–普通湿润砂质新成土
拟定者：张凤荣，靳东升，李　超

分布与环境条件　属温带半干旱大陆性气候，四季分明，年均气温 5.39 ℃，年均降水量 480.46 mm，全年无霜期 150 天。处于沟谷滩地上，地势低平。成土母质为冲积物。土地利用类型为荒草地，主要植物为艾蒿、羊草。

小寨系典型景观

土系特征与变幅　本土系具有砂质岩性特征、冷性土壤温度、湿润土壤水分状况、石灰性等诊断层和诊断特性。剖面细土物质层厚度<10 cm，其下即为含有大量磨圆砾石的粗砂层，砾石含量达 90%以上。剖面通体具有强石灰反应。

对比土系　与三府坟系、申奉系、太吕系、小南峧系和苑曲村系虽都属于河滩冲积物，但那 5 个土系都不再接受新冲积物，即那 5 个土系既不受地面水影响也不受地下水影响，是干润水分状况。与上湾系、新河峪系、古台系、茶棚滩系、樊村系同样发育于河滩地上，但那 5 个土系的漫滩相层较深厚，形成了土壤结构，均有雏形层，属于雏形土；本土系没有雏形层发育，属于新成土，即土纲已不同。剖面构型上与三友系最相似，但三友系的土壤温度状况为温性的。与屹垯村系的土体质地不同，屹垯村系的质地细。与壶口系和鹳雀楼系不同，那两个土系的土体中无粗碎屑即砾石。

利用性能综述　位于河谷地区的河道上，土层较薄，难以利用。目前仍有泛滥威胁，最好保留原生植被，用以季节性放牧。

代表性单个土体　剖面位于山西省大同市灵丘县东河南镇小寨村，39°22′13.45″N，113°58′39.08″E。海拔 1111 m。处于塘河支流沟谷滩地上。成土母质为冲积物。土地利用类型是荒草地，主要植物为艾蒿、羊草等。野外调查时间为 2015 年 8 月 2 日，编号为 14-020。

Ah：　0～7 cm，亮黄棕色（10YR 6/6，干），棕色（10YR 4/6，
　　　润）；壤质砂土；单粒状；非常松散；0.5～1 mm 的草本
　　　根系，丰度为 20 条/dm²；强石灰反应；明显平滑过渡。

C：　7～70 cm，砂土；单粒状；极松散；土体内含有 2～250 mm
　　　的浑圆状鹅卵石及砾石，丰度为 90%；强石灰反应。

小寨系代表性单个土体剖面

小寨系代表性单个土体物理性质

土层	深度 /cm	细土颗粒组成（粒径：mm）/(g/kg)			质地
		砂粒 2～0.05	粉粒 0.05～0.002	黏粒 <0.002	
Ah	0～7	786	193	21	壤质砂土
C	7～70	933	31	36	砂土

小寨系代表性单个土体化学性质

深度 /cm	pH (H₂O)	有机碳 /(g/kg)	全氮(N) /(g/kg)	全磷(P) /(g/kg)	全钾(K) /(g/kg)	CaCO₃ /(g/kg)	CEC /[cmol(+)/kg]
0～7	8.2	1.26	0.41	0.91	11.2	34.2	3.5
7～70	8.5	1.68	0.30	0.97	14.5	48.1	2.8

10.4.4　三友系（Sanyou Series）

土　　族：粗骨质混合型石灰性温性-普通湿润砂质新成土
拟定者：张凤荣，李　超，董云中

分布与环境条件　属暖温带大陆性季风气候，气候温和，空气湿润，年均气温 9.17 ℃，年均降水量 665.03 mm，全年无霜期 165 天，年均日照总时数 2519 h。处于沁河支流沟谷滩地上，地势低平。成土母质为冲积物。土地利用类型为荒草地，主要植物为艾蒿、羊草。

三友系典型景观

土系特征与变幅　本土系具有温性土壤温度、湿润土壤水分状况、砂质岩性特征、石灰性等诊断层和诊断特性。剖面表层为厚度<10 cm 的粉砂壤土层；之下即为含有大量磨圆度很高的砾石层，砾石之间是粗砂，砾石含量达 90%以上。剖面通体强石灰反应。

对比土系　与三府坟系、申奉系、太吕系、小南峧系和苑曲村系虽都属于河滩冲积物，但那 5 个土系都不再接受新冲积物，即那 5 个土系既不受地面水影响也不受地下水影响，是干润水分状况。与上湾系、新河峪系、古台系、茶棚滩系、樊村系同样发育于河滩地上，但那 5 个土系的漫滩相层较深厚，形成了土壤结构，均有雏形层，属于雏形土；本土系没有雏形层发育，属于新成土，即土纲已不同。与壶口系和鹳雀楼系不同，那两个土系的土体中无粗碎屑即砾石。与圪垯村系的土体质地不同，圪垯村系的质地细。剖面构型上与小寨系最相似，但小寨系的土壤温度状况为冷性的。

利用性能综述　位于河谷地区的河滩地上，土层太薄，下面的砾石层不保水，难以耕种。而且仍有泛滥威胁，最好保留原生植被，用以季节性放牧。

代表性单个土体　剖面位于山西省长治市沁源县沁河镇三友村，36°26′51.248″N，112°19′46.176″E，海拔 958 m。处于沁河支流沟谷滩地上，地势低平。成土母质为冲积物。土地利用类型为荒草地，主要植物为艾蒿、羊草。野外调查时间为 2015 年 9 月 22 日，编号为 14-070。

Ah：0～7 cm，浊黄棕色（10YR 5/4，干），棕色（10YR 4/4，
　　润）；粉砂壤土；发育非常弱的 0.5～1 mm 的屑粒状结构；
　　非常松散；0.5～1.5 mm 的草本根系，丰度为 8 条/dm²；
　　土体内含有直径 2～20 mm 的浑圆状鹅卵石及砾石，丰度
　　为 5%～10%；强石灰反应；明显平滑过渡。

C：7～60 cm；粗砂土；单粒状；极松散；直径 2～200 mm 的
　　鹅卵石及砾石含量达 90%；强石灰反应。

三友系代表性单个土体剖面

三友系代表性单个土体物理性质

土层	深度 /cm	细土颗粒组成（粒径：mm）/(g/kg)			质地
		砂粒 2～0.05	粉粒 0.05～0.002	黏粒 <0.002	
Ah	0～7	395	506	99	粉砂壤土
C	7～60	992	0	8	砂土

三友系代表性单个土体化学性质

深度 /cm	pH (H₂O)	有机碳 /(g/kg)	全氮(N) /(g/kg)	全磷(P) /(g/kg)	全钾(K) /(g/kg)	CaCO₃ /(g/kg)	CEC /[cmol(+)/kg]
0～7	8.3	6.12	0.81	0.49	12.9	89.9	7.1
7～60	8.6	6.08	0.49	0.39	12.1	76.8	9.3

10.5　普通湿润冲积新成土

10.5.1　圪垯村系（Gedacun Series）

土　族：黏壤质混合型石灰性热性-普通湿润冲积新成土
拟定者：张凤荣，李　超

圪垯村系典型景观

分布与环境条件　属暖温带大陆性季风气候，四季分明。年均气温 14.56 ℃，年均降水量 529.89 mm（大部分集中于 7～9 月），年极端最高温度 41.3 ℃，全年无霜期 238 天。地处河谷的河滩地部位，成土母质为河流冲积物。土地利用类型为耕地，种植作物为玉米、油菜。

土系特征与变幅　本土系具有冲积物岩性特征，热性土壤温度、湿润土壤水分状况、石灰性等诊断层和诊断特性。剖面沉积层理明显，表层为厚约 30 cm 的耕层；之下为一厚约 40 cm 的黏土层（该层沉积层理明显，沉积层理 1～5 mm 厚，且有不连续的壤土透镜体）；再下为一厚约 30 cm 的粉砂壤土层，该层有不明显的细沉积层理；再下为粉砂土层，有不明显的细（0.2～0.5 mm）沉积层理。通体具有石灰反应。

对比土系　与三府坟系、申奉系、太吕系、小南峧系和苑曲村系虽都属于河滩冲积物，但那 5 个土系都不再接受新冲积物，即那 5 个土系既不受地面水影响也不受地下水影响，是干润水分状况。与上湾系、新河峪系、古台系、茶棚滩系、樊村系同样发育于河滩地上，但那 5 个土系的漫滩相层较深厚，形成了土壤结构，均有雏形层，属于雏形土；本土系没有雏形层发育，属于新成土，即土纲已不同。与壶口系、鹳雀楼系、三友系和小寨系相比，圪垯村系的土体质地更细。与邻近的岸堤村系相比，虽都属新成土，但岸堤村系质地较轻且表层有人为灌淤现象，而本系土体上部质地较细，表层无灌淤现象。

利用性能综述　处于黄河滩地，依然有洪水泛滥可能，用于耕种要注意防洪。

代表性单个土体　剖面位于山西省运城市平陆县张村镇圪垯村（黄河滩地），34°45′22.817″N，111°03′06.292″E，海拔 302 m。地处黄河滩地，成土母质为河流沉积物，土地利用类型为耕地，种植作物为玉米、油菜。野外调查时间为 2016 年 4 月 8 日，编号为 14-082。

Ap：0~31 cm，浊黄橙色（10YR 6/3，干），棕色（10YR 4/6，润）；粉砂质黏壤土；较强发育的 1~2 mm 屑粒状结构；0.5~2 mm 的作物根系，丰度为 10%；干时较硬；强石灰反应；突然平滑过渡。

C1：31~71 cm，浊棕色（7.5YR 6/3，干），棕色（7.5YR 4/6，润）；粉砂质黏壤土；无结构；0.5~1 mm 的作物根系，丰度为 5%；湿时极坚实；较强塑性；强石灰反应；突然平滑过渡。

C2：71~100 cm，浊黄橙色（10YR 6/3，干），棕色（10YR 4/6，润）；粉砂壤土；无结构；0.5 mm 的作物根系，丰度为 7%；湿时稍坚实；强石灰反应；突然平滑过渡。

C3：100~145 cm，浊黄橙色（10YR 7/3，干），浊黄棕色（10YR 5/4，润）；粉砂土；无结构；湿时松散；中度石灰反应。

圪垯村系代表性单个土体剖面

圪垯村系代表性单个土体物理性质

土层	深度 /cm	细土颗粒组成（粒径：mm）/(g/kg)			质地
		砂粒 2~0.05	粉粒 0.05~0.002	黏粒 <0.002	
Ap	0~31	98	598	304	粉砂质黏壤土
C1	31~71	79	592	329	粉砂质黏壤土
C2	71~100	63	794	143	粉砂壤土
C3	100~145	78	851	71	粉砂土

圪垯村系代表性单个土体化学性质

深度 /cm	pH (H$_2$O)	有机碳 /(g/kg)	全氮(N) /(g/kg)	全磷(P) /(g/kg)	全钾(K) /(g/kg)	CaCO$_3$ /(g/kg)	CEC /[cmol(+)/kg]
0~31	8.3	7.09	0.19	0.58	22.5	107.1	9.0
31~71	8.6	1.51	1.16	0.78	24.9	121.1	9.7
71~100	8.7	1.00	0.56	0.66	25.7	81.4	3.6
100~145	8.7	0.66	0.40	0.58	21.7	74.3	4.3

10.6　普通黄土正常新成土

10.6.1　大沟里系（Dagouli Series）

土　　族：黏壤质混合型温性–普通黄土正常新成土
拟定者：张凤荣，李　超，靳东升

分布与环境条件　属暖温带大陆性季风气候，四季分明，7～9月气温最高。年均气温 8.7 ℃，年均降水量 521.06 mm（大部分集中于 7～9 月），全年无霜期 160 天。位于黄土丘陵的沟谷梯地上，成土母质为离石黄土。土地利用类型为林地，植物主要为狗尾草、羊胡子草、铁杆蒿等。

大沟里系典型景观

土系特征与变幅　本土系具有黄土岩性特征、温性土壤温度、半干润土壤水分状况等诊断层和诊断特性。剖面显示出黄土岩性特征，即大块状，只是颜色比马兰黄土较红，质地较黏，断面风化后呈片状结构，而明显不同于马兰黄土。剖面通体为黄红色粉砂壤土，大块状结构，在孔隙中可见星点黑色细小（<1 mm）斑，110 cm 以下颜色比上部稍淡，但仍为黄红色，而且见少量星点状假菌丝体，而 110 cm 以上没有。

对比土系　与上东村系、赵二坡系、小庄系相比，那 3 个土系的成土母质为马兰黄土，通体强石灰反应，质地为粉砂壤土；本系的成土母质为离石黄土，质地较黏，为粉砂黏壤土，无石灰反应，只有底层有石灰反应。与邻县土门口系相比，土门口系母质为保德红土，黏粒含量高，发育好，具有黏化层、表蚀特征、铁质特性等诊断层和诊断特征，属淋溶土；与保德县墕头系相比，虽成土母质都是离石黄土，但墕头系发育较好，具有黏化层、表蚀特征、铁质特性等诊断层和诊断特征，属淋溶土；本系土体发育不明显，仅具有原始的黄土岩性特征，属新成土。

利用性能综述　土层较厚，细土物质质地较黏重，非常紧实，通透性不强，位于填埋场台阶上，利用时应注意防止水土流失。

代表性单个土体　剖面位于山西省吕梁市离石区红眼川乡大沟里村，37°30′34.862″N，111°11′07.279″E，海拔 1047 m。剖面位于一个前些年开挖的填埋场，断面露出深厚的离石黄土，被修成多层台阶，台阶上栽树绿化后已经有草本生长，在断面上还发育砂姜层，这个填埋场断面有 18～25m 高。成土母质为离石黄土。土地利用类型为林地，植物主要为枣树、山榆、铁杆蒿等。野外调查时间为 2016 年 4 月 19 日，编号为 14-108。

CA：0～7 cm，橙色（7.5YR 6/6，干），棕色（7.5YR 4/6，润）；
　　粉砂壤土；无结构；坚实；<1 mm 的草本根系，丰度为 10
　　条/dm^2；弱石灰反应；模糊平滑过渡。

C1：7～58 cm，橙色（5YR 6/6，干），红棕色（5YR 4/6，润）；
　　粉砂壤土；无结构；极坚实；<1 mm 的草本根系，丰度为
　　5 条/dm^2；无石灰反应；模糊平滑过渡。

C2：58～110 cm，橙色（5YR 6/6，干），红棕色（5YR 4/6，
　　润）；粉砂壤土；无结构；极坚实；无石灰反应；模糊平
　　滑过渡。

C3：110～150 cm，橙色（5YR 6/6，干），亮红棕色（5YR 5/6，
　　润）；粉砂壤土；无结构；极坚实；土体内有5%的白色星
　　点状碳酸钙质假菌丝体；强石灰反应。

大沟里系代表性单个土体剖面

大沟里系代表性单个土体物理性质

土层	深度 /cm	细土颗粒组成（粒径：mm）/(g/kg)			质地
		砂粒 2～0.05	粉粒 0.05～0.002	黏粒 <0.002	
CA	0～7	142	618	240	粉砂壤土
C1	7～58	125	638	237	粉砂壤土
C2	58～110	114	623	263	粉砂壤土
C3	110～150	135	635	230	粉砂壤土

大沟里系代表性单个土体化学性质

深度 /cm	pH (H₂O)	有机碳 /(g/kg)	全氮(N) /(g/kg)	全磷(P) /(g/kg)	全钾(K) /(g/kg)	CaCO₃ /(g/kg)	CEC /[cmol(+)/kg]
0～7	8.5	1.92	0.43	0.35	18.5	54.3	20.8
7～58	8.1	0.47	0.35	0.48	20.1	0.3	18.4
58～110	7.9	1.57	0.42	0.35	20.1	0.3	14.7
110～150	8.9	1.10	0.24	0.60	16.1	91.5	9.9

深度 /cm	全铁 (Fe₂O₃) /(g/kg)	游离铁 (Fe₂O₃) /(g/kg)	有效铁 (Fe) /(mg/kg)	无定形铁氧化物 (Fe₂O₃) /(g/kg)	无定形硅 氧化物 (SiO₂) /(g/kg)	无定形铝氧 化物(Al₂O₃) /(g/kg)	无定形锰氧 化物(MnO) /(g/kg)	无定形钛氧化 物(TiO₂) /(g/kg)
0～7	41.11	17.22	0.79	1.55	1.09	4.94	0.51	0.14
7～58	44.89	21.14	0.61	1.66	1.25	5.23	0.75	0.17
58～110	47.81	21.89	0.63	1.61	1.41	5.20	0.69	0.18
110～150	42.43	17.66	0.64	1.26	1.41	4.50	0.32	0.15

10.7　石质干润正常新成土

10.7.1　街棚系（Jiepeng Series）

土　族：粗骨壤质混合型冷性-石质干润正常新成土
拟定者：董云中，李　超，张凤荣

分布与环境条件　属温带季风
气候，四季分明，十年九旱，夏
季暖热且昼夜温差大，冬季寒
冷。年均气温为 4.9 ℃，年均降
水量 380～500 mm，全年无霜期
120～135 天。地处中山地带的
中下坡部位，坡度约 60°，成
土母质主要为残坡积物。土地利
用类型为荒草地，自然植被为艾
蒿、白草、三桠绣线菊等灌草，
人工栽植油松林。

街棚系典型景观

土系特征与变幅　本土系具有淡薄表层、冷性土壤温度、半干润土壤水分状况、石质接
触面等诊断层和诊断特性。土层厚度 20 cm 左右，细土物质为砂质壤土，且含有大量花
岗岩风化物，之下即为连续的坚硬的花岗岩基岩。

对比土系　与位于灵石县的燕家庄系最相似，也有石质接触界面，基岩上面的土层薄，
但燕家庄系为温性土壤温度，土族因而不同，且因为基岩是不易物理风化的石灰岩，淡
薄表层含有的岩屑少，而且淡薄表层也有石灰反应。与邻近的王明滩系不同，王明滩系
的花岗岩风化物堆积层厚度达 160 cm，未见石质接触面，甚至连准石质接触面也未见到。
与崖头系也不同，崖头系发育于砾质坡积物上，属于石灰干润正常新成土。与姬家庄系
不同，姬家庄系没有石质接触界面，50 cm 深度都是可以铁镐刨动的。

利用性能综述　土层薄，且土壤为粗骨性壤土，保水性差，同时地处陡峭山坡上，极易
形成水土流失危害。因此，应封山育林，即使种植树木时也需采用人造育林坑等方式增
加树木成活率。

代表性单个土体　剖面位于山西省忻州市静乐县堂尔上乡街棚村，38°32′46.17″N，
112°12′48.75″E，海拔 1559 m。地处中山地带的中下坡部位，坡度约 60°，成土母质主
要为残坡积物。土地利用类型为荒草地，自然植被为油松、艾蒿、白草、三桠绣线菊等
灌草。野外调查时间为 2015 年 8 月 8 日，编号为 14-034。

Ah：　0～20 cm，棕色（10YR 4/4，干），暗黄棕色（10YR 3/6，润）；砂质壤土；发育弱的 1 mm 的屑粒状结构；干、湿时均松散；1～2 mm 的草本根系，丰度为 8 条/dm²；直径 2～30 mm 的半风化花岗岩矿物碎屑，丰度为 50%；无石灰反应；突变平滑过渡。

R：　20 cm 以下，花岗岩。

街棚系代表性单个土体剖面

街棚系代表性单个土体物理性质

土层	深度 /cm	细土颗粒组成 (粒径：mm) /(g/kg)			质地
		砂粒 2～0.05	粉粒 0.05～0.002	黏粒 <0.002	
Ah	0～20	734	200	66	砂质壤土

街棚系代表性单个土体化学性质

深度 /cm	pH (H₂O)	有机碳 /(g/kg)	全氮(N) /(g/kg)	全磷(P) /(g/kg)	全钾(K) /(g/kg)	CaCO₃ /(g/kg)	CEC /[cmol(+)/kg]
0～20	8.0	22.69	2.03	0.31	20.9	5.0	10.7

10.7.2 燕家庄系（Yanjiazhuang Series）

土 族：壤质混合型石灰性温性-石质干润正常新成土
拟定者：董云中，李 超，张凤荣

分布与环境条件 属温带大陆性气候，年均气温 10.83 ℃，年降水量 461.88 mm，全年无霜期 140 天。地处低山地带的上坡部位，坡度约 30°，成土母质为黄土。土地利用类型为灌木林地，自然植物种类主要为黄刺梅、铁杆蒿等。

燕家庄系典型景观

土系特征与变幅 本土系具有淡薄表层、温性土壤温度、半干润水分状况、石质接触面、石灰性等诊断层和诊断特性。土层厚度 18 cm 左右，细土物质为壤土，之下即为坚硬的石灰岩基岩。

对比土系 与崖头系属于不同的亚类，崖头系淡薄表层下为深厚的坡积砂石层，本土系淡薄表层下为坚硬的基岩。与街棚系最相似，也有石质接触界面，基岩上面的土层薄，但街棚系为冷性土壤温度，土族因而不同，且因为基岩是易风化的花岗岩，淡薄表层含有大量风化的矿物岩屑，无石灰反应。与王明滩系因土壤水分状况不同而不同。

利用性能综述 土层薄，地处陡峭山坡上，极易水土流失。因此，应封山育林，养育植被，防止水土流失危害。

代表性单个土体 剖面位于山西省晋中市灵石县夏门镇燕家庄村，36°49′30.06″N，111°43′20.02″E，海拔 867 m。地处低山地带的上坡部位，成土母质为黄土。土地利用类型为灌木林地，自然植物种类主要为黄刺梅、铁杆蒿等灌草。野外调查时间为 2015 年 8 月 29 日，编号为 14-044。

Ah：0～18 cm，浊黄棕色（10YR 5/3，干），浊黄棕色（10YR 4/3，润）；壤土；发育弱的<1 mm 的屑粒状结构；干、湿时均松散；0.5～1 mm 的灌草根系，丰度为 12 条/dm²；极强石灰反应；突然平滑过渡。

R： 18 cm 以下，石灰岩。

燕家庄系代表性单个土体剖面

燕家庄系代表性单个土体物理性质

土层	深度 /cm	细土颗粒组成 (粒径：mm) /(g/kg)			质地
		砂粒 2～0.05	粉粒 0.05～0.002	黏粒 <0.002	
Ah	0～18	382	488	130	壤土

燕家庄系代表性单个土体化学性质

深度 /cm	pH (H₂O)	有机碳 /(g/kg)	全氮(N) /(g/kg)	全磷(P) /(g/kg)	全钾(K) /(g/kg)	CaCO₃ /(g/kg)	CEC /[cmol(+)/kg]
0～18	8.6	19.94	2.00	0.19	17.7	72.0	14.1

10.8 石灰干润正常新成土

10.8.1 崖头系（Yatou Series）

土　族：粗骨质混合型温性-石灰干润正常新成土
拟定者：李　超，张凤荣，董云中

分布与环境条件　属温带半干旱大陆性气候，四季分明，年均气温 8.01 ℃，年均降水量 551 mm 左右，全年无霜期 120～140 天。地处中山地带的高阶地上，坡度约 12°。成土母质为坡积物。土地利用类型为林地，植物为铁杆蒿、顺坡溜草、黄刺梅等灌草。

崖头系典型景观

土系特征与变幅　本土系具有温性土壤温度、半干润土壤水分状况、石灰性等诊断层和诊断特性。剖面为上部 20 cm 的坡积黄土，其下即为深厚的岩屑层，岩屑含量均在 80% 以上，细土物质为少量粗砂土，没有土壤结构形成。剖面通体具有极强石灰反应。

对比土系　灵石县的东峪口系，同样发育于坡积物上，但土纲不同；因为东峪口系土体内虽然岩屑含量也多，土族颗粒大小级别为粗骨砂质；但东峪口系的细土物质已经形成土壤结构，而分类为雏形土；而本土系没有形成土壤结构。与位于古交市的姬家庄系亚类不同，姬家庄系土壤颗粒大小级别是粗骨壤质的，姬家庄系发育于岩石风化物上，淡色表层下为块状风化岩石，本土系是磨圆的。与燕家庄系和街棚系不同，这两个土系都发育在基岩上，土层薄，有石质接触界面。

利用性能综述　有效土层厚度较薄，岩屑层深厚，漏水漏肥，且处于中山地带，宜维持其自然状态，防止植被破坏造成的水土流失危害。

代表性单个土体　剖面位于山西省太原市娄烦县天池店乡崖头村，37°56′04.55″N，111°58′27.44″E，海拔 1164 m。处于中山地带下坡位置的山坡上。成土母质为坡积物。土地利用类型是灌木林地，植物为铁杆蒿、顺坡溜草、黄刺梅等灌草。野外调查时间为 2015 年 8 月 27 日，编号为 14-038。

Ah: 0～20 cm，浊黄棕色（10YR 5/3，干），棕色（10YR 4/4，润）；壤土；发育弱的 1 mm 大的屑粒状结构；松散；0.5～2 mm 的草本根系，丰度为 10 条/dm²；土体内含有 5～20 mm 大的岩屑，丰度为 10%；极强石灰反应；清晰平滑过渡。

C1: 20～78 cm，粉砂壤土；无结构；松散；0.5～2 mm 的草本根系，丰度为 6 条/dm²；土体内含有 5～20 mm 大的岩屑，丰度为 80%；极强石灰反应；清晰平滑过渡。

C2: 78～109 cm，砂土；无结构；松散；3～15 mm 大的岩屑，丰度为 95%；极强石灰反应；清晰平滑过渡。

C3: 109～160 cm，砂土；无结构；松散；5～70 mm 的岩屑，丰度为 90%；极强石灰反应。

崖头系代表性单个土体剖面

崖头系代表性单个土体物理性质

土层	深度/cm	细土颗粒组成（粒径：mm）/(g/kg)			质地
		砂粒 2～0.05	粉粒 0.05～0.002	黏粒 <0.002	
Ah	0～20	451	424	125	壤土

崖头系代表性单个土体化学性质

深度/cm	pH (H₂O)	有机碳/(g/kg)	全氮(N)/(g/kg)	全磷(P)/(g/kg)	全钾(K)/(g/kg)	CaCO₃/(g/kg)	CEC/[cmol(+)/kg]
0～20	8.1	21.04	1.51	0.18	15.3	46.5	12.5

10.9　普通干润正常新成土

10.9.1　王明滩系（Wangmingtan Series）

土　族：粗骨砂质混合型冷性-普通干润正常新成土
拟定者：张凤荣，李　超，董云中

分布与环境条件　属温带季风气候，四季分明，十年九旱，夏季暖热且昼夜温差大，冬季寒冷。年均气温 4.4 ℃，年均降水量 380～500 mm，全年无霜期 120～135 天。地处中山地带的下坡部位，坡度约 45°，成土母质主要为坡积物，物质组成是花岗岩风化粗碎屑。土地利用类型为荒草地，植物为白草、三桠绣线菊等低矮灌丛。

王明滩系典型景观

土系特征与变幅　本土系诊断层和诊断特性包括淡薄表层、冷性土壤温度、半干润土壤水分状况。剖面发育于深厚的坡残积物上，厚度＞150 cm，物质组成基本是花岗岩风化的粗碎屑，只是表层有 8 cm 厚的土层细土物质多些，但花岗岩风化的粗碎屑也达 60%之多。

对比土系　与邻近的磨盘沟系不同，磨盘沟系虽然土体也含有花岗岩风化粗碎屑，但以细土物质为主，形成了雏形层，属雏形土纲，土纲已经不同。与邻近的街棚系不同，街棚系土层厚度仅 20 cm，且有石质接触面。与燕家庄系不同，燕家庄系有石质接触界面。与崖头系也不同，崖头系发育于砾质冲积物上。与姬家庄系不同，姬家庄系淡色表层下面的风化物块要大得多。

利用性能综述　土层虽厚，但由花岗岩粗碎屑组成，保水性差，不宜耕种。同时，处于坡面上，坡度大，很容易发生水土流失，适宜利用方向是林地，应封山育林，种植人工林也应是耐旱型。花岗岩粗碎屑可以作为建筑材料。

代表性单个土体　剖面位于山西省忻州市静乐县堂尔上乡王明滩村，38°30′55.94″N，112°16′02.40″E，海拔 1642 m。地处中山地带的下坡部位，坡度约 45°，成土母质为花岗岩风化坡积物。土地利用类型为荒草地，植物为白草、三桠绣线菊等低矮灌丛。野外调查时间为 2015 年 8 月 8 日，编号为 14-035。

Ah：0～8 cm，棕色（10YR 4/6，干），暗黄棕色（10YR 3/6，
润）；壤质砂土；发育弱的直径 1 mm 屑粒状结构；干、
湿时均松散；半风化的直径 2～10 mm 的花岗岩矿物碎屑，
丰度 60%；1～2 mm 的草本根系，丰度为 15 条/dm²；无
石灰反应；清晰平滑过渡。

C：8～160 cm，半风化的花岗岩风化粗碎屑物，细土物质
极少。

王明滩系代表性单个土体剖面

王明滩系代表性单个土体物理性质

土层	深度/cm	细土颗粒组成（粒径：mm）/(g/kg)			质地
		砂粒 2～0.05	粉粒 0.05～0.002	黏粒 <0.002	
Ah	0～8	796	131	73	壤质砂土

王明滩系代表性单个土体化学性质

深度/cm	pH (H₂O)	有机碳/(g/kg)	全氮(N)/(g/kg)	全磷(P)/(g/kg)	全钾(K)/(g/kg)	CaCO₃/(g/kg)	CEC/[cmol(+)/kg]
0～8	8.0	17.48	1.05	0.25	19.3	2.16	9.7

10.9.2　姬家庄系（Jijiazhuang Series）

土　族：粗骨壤质混合型温性-普通干润正常新成土
拟定者：张凤荣，李　超，董云中

分布与环境条件　属暖温带大陆性气候，日照充足，昼夜温差大。年均气温 9.49 ℃，极端最高气温达 40 ℃，最低气温为 –20 ℃，年均降水量 511.5 mm，年均蒸发量 1025 mm，蒸发量大于降水量，雨量集中在每年的 7～9 月，全年无霜期 202 天，年均日照总时数 2808 h。地处低山地带的中坡部位，坡度约 30°。成土母质为紫色砂页岩风化残积物。土地利用类型为林地，自然植物种类主要为沙棘、油松、三桠绣线菊。

姬家庄系典型景观

土系特征与变幅　本土系具有温性土壤温度、半干润土壤水分状况、准石质接触面等诊断层和诊断特性。表层 0～20 cm 为少量黄土与高度风化成土的岩屑混合物，细土物质略呈紫色；下面为紫色与灰白色相间的风化的砂岩风化岩屑，厚度可达 2 m。剖面通体无石灰反应。

对比土系　与王明滩系不同之处是，王明滩系发育于花岗岩风化物坡积物上，大块岩屑很少。与崖头系不同之处是，崖头系发育于坡积物上，岩屑具有一定的磨圆度，且含细土物质的土层厚。与燕家庄系和街棚系不同，这两个土系都发育在基岩上，土层薄，有石质接触界面。

利用性能综述　能够持水的土层薄，且处于山区，坡度较大，不宜农用。应封山育林，保护水土。

代表性单个土体　剖面位于山西省太原古交市马兰镇姬家庄村，37°52′49.57″N，112°03′39.24″E，海拔 1062 m。地处低山地带的中坡部位，成土母质为风化的砂页岩岩屑。土地利用类型为林地，自然植物种类主要为沙棘、油松、三桠绣线菊。野外调查时间为 2015 年 8 月 28 日，编号为 14-040。

Ah：0～20 cm，黑棕色（7.5YR 3/2，干），黑棕色（7.5YR 3/2，润）；壤土；0.5～2 mm 的草本根系，丰度为 15 条/dm²；土体含有直径 2～5 mm 高度风化的紫色岩石矿物碎屑，丰度为 15%；无石灰反应；突然平滑过渡。

C：20～155 cm，壤质砂土；土体含有直径 5～40 mm 半风化的紫色砂页岩碎屑，丰度为 95%；无石灰反应。

姬家庄系代表性单个土体剖面

姬家庄系代表性单个土体物理性质

土层	深度/cm	细土颗粒组成 (粒径：mm) /(g/kg)			质地
		砂粒 2～0.05	粉粒 0.05～0.002	黏粒 <0.002	
Ah	0～20	333	418	249	壤土

姬家庄系代表性单个土体化学性质

深度/cm	pH(H₂O)	有机碳/(g/kg)	全氮(N)/(g/kg)	全磷(P)/(g/kg)	全钾(K)/(g/kg)	CEC/[cmol(+)/kg]
0～20	7.5	10.68	0.66	0.14	10.4	24.8

10.10　普通湿润正常新成土

10.10.1　后店坪系（Houdianping Series）

土　族：粗骨质混合型冷性-普通湿润正常新成土
拟定者：王秀丽，张凤荣，李　超，董云中

分布与环境条件　属温带大陆性季风气候，年均气温 2.4 ℃，极端最低气温–38.1 ℃，极端最高气温 36.7 ℃，昼夜温差悬殊，年均降水量 752.55 mm，降水相对集中在 7～9 月，占全年降水总量的 65%，年蒸发量为 1784.4 mm，全年无霜期 110～130 天。地处中山地带的陡坡上，坡度约 45°，成土母质为花岗岩风化物，但受黄土降尘影响，表层细土物质主要来自黄土。土地利用类型为荒草地，自然植被类型为灌草丛。

后店坪系典型景观

土系特征与变幅　本土系包括冷性土壤温度、湿润土壤水分状况、石灰性等诊断特性。土体基本由风化的花岗岩碎屑组成，没有细土物质；只是在土壤表层含有细土物质，但也属于粗骨壤土；土体没有石灰反应，只是表层土壤有微弱的石灰反应。风化的花岗岩矿物碎屑深厚，越往下岩屑块越大。

对比土系　与邻近的荷叶坪系、洞儿上系根本不同，荷叶坪系、洞儿上系土壤厚度大，均有雏形层发育，属于雏形土，土纲即不同。与石质干润正常新成土的 2 个土系不同，在于其海拔高，湿度大，土壤水分状况不同。与街棚系不同，街棚系虽然也发育在花岗岩残坡积物上，但有石质接触面。与王明滩系不同，王明滩系发育在花岗岩坡积物上，坡积物深厚。与姬家庄系不同，姬家庄系岩石风化碎屑块大。

利用性能综述　地处陡坡上，土层薄，且土体内含有大量的矿物碎屑，因此，不适宜耕种，宜加强坡面固定保护，封山育林育草，减少水土流失危害。

代表性单个土体　剖面位于山西省忻州市五寨县前所乡后店坪村，38°47′45.64″ N，111°54′30.69″ E，海拔 1840 m。地处中山地形的中坡部位，成土母质为花岗岩风化物。土地利用类型为荒草地，植被类型主要为灌草丛。野外调查时间为 2015 年 8 月 7 日，编号为 14-033。

Ah：0～18 cm，棕色（10YR 4/4，干），暗棕色（10YR 3/4，润）；砂质黏壤土；发育弱的 1 mm 的屑粒状结构；松散；0.5～3 mm 的草本根系，丰度为 12 条/dm^2；2～10 mm 的半风化花岗岩碎屑，丰度为 40%左右；弱石灰反应；突然平滑过渡。

C1：18～35 cm，棕色（10YR 4/6，干），暗黄棕色（10YR 3/6，润）；砂土；松散的直径 2～20 mm 的半风化花岗岩碎屑，丰度为 85%左右；无石灰反应；渐变平滑过渡。

C2：35～50 cm，棕色（10YR 4/6，干），暗黄棕色（10YR 3/6，润）；砂土；松散的直径 2～60 mm 的半风化花岗岩碎屑，丰度为 90%左右；无石灰反应。

后店坪系代表性单个土体剖面

后店坪系代表性单个土体物理性质

土层	深度/cm	细土颗粒组成 （粒径：mm）/(g/kg)			质地
		砂粒 2～0.05	粉粒 0.05～0.002	黏粒 <0.002	
Ah	0～18	587	181	232	砂质黏壤土
C1	18～35	869	91	40	砂土
C2	35～50	938	41	21	砂土

后店坪系代表性单个土体化学性质

深度/cm	pH (H$_2$O)	有机碳/(g/kg)	全氮(N)/(g/kg)	全磷(P)/(g/kg)	全钾(K)/(g/kg)	CaCO$_3$/(g/kg)	CEC/[cmol(+)/kg]
0～18	7.2	24.99	2.24	2.90	19.3	0.5	21.5
18～35	7.6	13.04	0.94	5.84	17.7	2.1	20.5
35～50	7.6	9.14	0.73	7.91	15.3	1.2	15.7

参 考 文 献

龚子同. 1999. 中国土壤系统分类: 理论·方法·实践[M]. 北京: 科学出版社.

刘东生. 1985. 黄土与环境[M]. 北京: 科学出版社.

刘耀宗, 张经元. 1992a. 山西土壤[M]. 北京: 科学出版社.

刘耀宗, 张经元. 1992b. 山西土种志[M]. 太原: 山西科学技术出版社.

Smith G. 1998. 土壤系统分类概念的理论基础. 李连捷, 张凤荣, 郝晋民, 等译. 北京: 北京农业大学出
    版社.

张凤荣. 1984. 北京南口山前冲洪积扇部分地区土壤系统分类[D]. 北京: 北京农业大学.

张凤荣. 1988. 北京山地与山前土壤的系统分类[D]. 北京: 北京农业大学.

张凤荣, 刘黎明, 王秀丽, 等. 2017. 中国土系志·北京天津卷[M]. 北京: 科学出版社.

张凤荣, 王秀丽, 梁小宏, 等. 2014. 对全国第二次土壤普查中土类、亚类划分及其调查制图的辨析[J].
    土壤, 46(4): 761-765.

张甘霖, 龚子同. 2012. 土壤调查实验室分析方法[M]. 北京: 科学出版社.

张甘霖, 王秋兵, 张凤荣, 等. 2013. 中国土壤系统分类土族和土系划分标准[J]. 土壤学报, 50(4):
    190-198.

张勇, 李吉均, 赵志军, 等. 2005. 中国北方晚新生代红黏土研究的进展与问题[J]. 中国沙漠, 25(5):
    722-730.

中国科学院南京土壤研究所. 2009. 野外土壤描述与采样手册[M]. 南京: 中国科学院南京土壤研究所.

中国科学院南京土壤研究所土壤系统分类课题组, 中国土壤系统分类课题研究协作组. 2001. 中国土壤
    系统分类检索[M]. 3 版. 合肥: 中国科学技术大学出版社.

附录 山西省土系与土种参比表

土系	土种	土系	土种
南方平系	灌淤土	邵家庄系	多砾洪栗黄土
大寨系	耕绵黄土	铺上系	麻渣土
大北村系	堆垫潮土	沙岭村系	麻渣土
艾家洼系	浮石砾土	龙咀系	麻砂质栗黄土
曲村系	灰盐土	西喂马系	麻渣土
兰玉堡系	苏打白盐土	潞河系	洪潮土
樊村系	湿沼土	万家寨系	砂泥质立黄土
西滩系	湿沼土	岩南山系	麻砾立黄土
红沟梁系	小瓣红土	小庄系	耕绵黄土
南京庄系	少姜红淡栗黄土	上东村系	绵黄土
太安岭系	卧栗黄土	南马会系	
东瓦厂系	黄土质林土	柳沟系	
坪地川系	红黄淋土	大沟系	二合立黄土
窑底系	小瓣红土	车辐系	耕立黄土
下川村系	小瓣红土	西沟系	耕绵黄土
大南社系	浅黏垆红绵垆土	东峪口系	砂渣土
潘家沟系		神郊村系	砂渣土
勾要系	小瓣红土	左家滩系	砂渣土
墕头系	大瓣红土	回马系	砂渣土
土门口系	小瓣红土	黄岭系	砾立黄土
崖底系	小瓣红土	茶棚滩系	底砾沟淤土
段王系	浅黏垆红绵垆土	连伯村系	耕卧黄土
辛庄系	二合立黄土	东台沟系	黄土质林土
南花村系	二合浅黏潮黄土	狮子窝系	草毡土
故驿系	浅黏垆红绵垆土	小马蹄系	麻砂质棕土
南家山系	大瓣红土	鲍家屯系	二合卧栗黄土
北台顶系	薄麻砂质潮毡土	柳子堡系	二合卧淡栗黄土
岭底系	麻砂质潮毡土	瓦窑头系	耕二合红立黄土
五里洼系	潮毡土	贾家庄系	深黏潮黄土
荷叶坪系	灰泥质潮毡土	北孔滩系	耕二合红立黄土
洞儿上系	灰泥质林土	南梁上系	堆垫土
黄庄系	轻白盐潮土	木坂村系	堆垫土
褚村系	轻白盐潮土	上冶峪系	堆垫土
苏家堡系	湿沼土	岸堤村系	耕河漫土
茨林系	湿土	三府坟系	砂河漫土
上湾系	湿土	申奉系	砂河漫土
涑阳系	耕二合潮土	太吕系	脱潮土
古台系	二合潮土	小南峧系	砂河漫土

续表

土系	土种	土系	土种
孙家寨系	耕二合潮土	壶口系	砂河漫土
大白登系	砂潮土	鹳雀楼系	砂河漫土
小铎系	深黏垣黄垆土	小寨系	砂河漫土
五里墩系	耕绵黄土	三友系	砂河漫土
新河峪系	砂河漫土	圪垯村系	耕河漫土
岩头寺系	耕绵黄土	大沟里系	红立黄土
坪上系	栗黄土	街棚系	麻石砾土
磨盘沟系	麻砂质棕土	燕家庄系	麻石砾土
赵二坡系	栗黄土	崖头系	粗渣土
于八里系	夹白干卧栗黄土	王明滩系	麻渣土
上营系	栗黄土	姬家庄系	砂石砾土
苑曲村系	河漫土	后店坪系	粗渣土
宛家庄系	漫砂土		

注：附录土种名称不是来自对应土系代表剖面所在第二次土壤普查土壤图，而是根据对山西科学技术出版社 1992 年出版的《山西土种志》的理解。无对应土种名称的，是因为不好确定。

索　引

(S-0009.01)

ISBN 978-7-5088-5700-8

9 787508 857008 >

定价：268.00 元